高 等 数 学

（课程思政改革版）

主 编 王亚凌 廖建光

副主编 王 佩 曾彩霞

　　　 张冬莲 柳 琦

主 审 唐立新

北京理工大学出版社

BEIJING INSTITUTE OF TECHNOLOGY PRESS

图书在版编目（CIP）数据

高等数学：课程思政改革版 / 王亚凌，廖建光主编. —北京：北京理工大学出版社，2019.9（2021.8 重印）

ISBN 978-7-5682-7643-6

Ⅰ. ①高…　Ⅱ. ①王…　②廖…　Ⅲ. ①高等数学–高等学校–教材　Ⅳ. ①O13

中国版本图书馆 CIP 数据核字（2019）第 220480 号

出版发行 / 北京理工大学出版社有限责任公司		
社　　址 / 北京市海淀区中关村南大街 5 号		
邮　　编 / 100081		
电　　话 / （010）68914775（总编室）		
（010）82562903（教材售后服务热线）		
（010）68944723（其他图书服务热线）		
网　　址 / http://www.bitpress.com.cn		
经　　销 / 全国各地新华书店		
印　　刷 / 北京侨友印刷有限公司		
开　　本 / 787 毫米×1092 毫米　1/16		
印　　张 / 13.5	责任编辑 / 多海鹏	
字　　数 / 312 千字	文案编辑 / 孟祥雪	
版　　次 / 2019 年 9 月第 1 版　2021 年 8 月第 3 次印刷	责任校对 / 周瑞红	
定　　价 / 42.00 元	责任印制 / 施胜娟	

前　言

为深入学习贯彻全国高校思想政治工作会议精神，充分发挥课堂主渠道在高校思想政治工作中的作用，使各类课程与思想政治理论课同向同行，形成协同效应，本书是依据教育部制定的《高职高专教育专业人才培养目标及规格》和《高职高专教育数学课程教学基本要求》，在结合高职教育特点、发展趋势及我们前期教材已有成果的基础上，精心编撰而成的，力求发挥高等数学的文化育人、知识基础和技术应用这三大功能，在选择教学内容和要求时坚持"立德树人""必需、够用"和适用的原则，突出用数学建模的方法，培养学生提出问题、分析问题和解决问题的能力．

在新一轮课改的今天，对我们高职数学的教学来说具有极大的挑战性，数学教育的文化性、人文性日益受到重视，高职数学教育究竟应向学生传达什么样的信息，难道仅仅是解题方法与技巧、运算能力与思维的训练吗？不完全是，数学应作为一种文化传承的工具，传承人类智慧与文明．尤其要明智地持有哲理性强的数学教育观，缺乏这一点就会疏远学习者或阻碍其能力的培养．在知识与能力，认知与情感，理性与非理性，实用与审美，内容与形式等方面来综合建构数学的价值体系，充分发挥数学的教育价值，为学生完美人格的形成和素质全面和谐发展服务．数学蕴含着前人积累的文明成果，并将负载今人的智慧和结晶，一直传承下去．

与同类教材相比，本书具有以下特点：

（1）本书最大的特点就是增加了课外阅读——数学中蕴含的思想政治教育元素的内容，体现了数学的德育作用．在教授学生数学知识的同时，应通过数学知识内容，教会学生如何体会数学美，挖掘其中的文化内涵，品味和提炼出能使人明辨是非曲直的哲理，指引人生．

（2）注意高职新教材内容紧密衔接，在学生已有知识经验的基础上提供专业学习必需的数学基础知识、数学方法和计算工具．

（3）对概念、命题多作描述性说明，适当降低数学学习难度和严谨性要求．例如，一般从几何意义、物理意义和生活背景等实际问题引入数学概念，对部分难以理解的概念不严格定义，只作定性描述，对部分较难的定理，只从实例中抽象概括出来，而不给严谨的证明．

（4）本书扩大了适用面，在保证教学基本要求的前提下，视专业差异优选了与专业有关的不同经典案例，给教学内容选择留有一定的弹性．

（5）突出会用会算的技能，使学生通过各专题的学习形成数学观念，养成数学的应用意识，学会应用数学解决实际问题的一些基本方法．

（6）本书在解决数学问题时，比较突出数学软件的工具作用，尽量训练学生使用数学软件和数学工具书，为日后利用数学知识解决实际问题培养一些基本素养.

（7）本书逻辑清晰、叙述详细、通俗浅显、例题较多，有相应配套练习册和网上课程资源，便于自学.

各章节编写人员：全书由王亚凌和廖建光主编、统稿和定稿。唐立新担任主审，对全书的框架结构、内容编写等方面提供了指导意见；副主编由王佩、曾彩霞、张冬莲和柳琦担任，参加编写的老师们都提供了重要的编写资料和建设性的编写建议，其中曾彩霞参与课程思政的编写。本书还得到了兄弟院校——湖南软件职业学院廖建光老师的大力支持。本书的编写也参考了大量的论文、教材、专著等，参考文献未能一一列出，在此向所有文献的作者表示感谢！

由于编审人员水平有限，不足之处在所难免，恳请有关专家和同人使用本书时进行批评和指正，并将在使用教材过程中遇到的问题、改进意见及时反馈给我们，以利于我们再版此书时作改进.

编　者

目　　录

第一章 函数、极限与连续

[**目标**] 理解函数的概念和基本性质，知道极限和连续的概念，掌握复合函数的复合过程，掌握极限的四则运算法则和两个重要的极限公式.

[**导读**] 初等数学研究的主要是常量及其运算，而高等数学所研究的主要是变量及变量之间的依赖关系. 函数正是这种依赖关系的体现，极限方法是研究变量之间依赖关系的基本方法. 本章将在复习高中所学的函数概念的基础上，进一步学习函数极限的概念、运算以及函数的连续性.

§1.1 函　　数

§1.1.1 函数的概念

一、常量与变量

在观察自然现象或技术过程时，常常会遇到各种不同的量，其中有的量在过程中不起变化，也就是保持一定的数值，这种量叫作常量；还有一些量在过程中是变化着的，也就是可以取不同的数值，这种量叫作变量.

例如，把一个密闭容器内的气体加热时，气体的体积和气体的分子个数保持一定，它们是常量；而气体的温度和压力在变化，则是变量，它们取得越来越大的数值.

一个量是常量还是变量，要根据具体情况作出具体分析. 例如，就小范围地区来说，重力加速度可以看作常量，但就广大地区来说，重力加速度则是变量.

理解常量与变量时，应注意下面几点：

（1）常量和变量依赖于所研究的过程. 同一量，在某一过程中可以认为是常量，而在另一过程中则可能是变量；反之亦然.

（2）在几何意义上，常量对应着实数轴上的定点，变量则对应着实数轴上的动点.

（3）一个变量所能取的数值的集合叫作这个变量的变动区域.

通常用字母 a、b、c 等表示常量，用字母 x、y、t 等表示变量.

二、函数概念

在同一个自然现象或技术过程中，往往同时有几个变量在变化着. 这几个变量并不是孤立地在变，而是相互联系并遵循着一定的变化规律. 本章只讨论两个变量的情况. 先看下面的例子.

例如：考虑圆的面积 A 与它的半径 r 之间的相依关系. 我们知道，它们之间的关系由公式

$$A = \pi \cdot r^2$$

给定. 当半径 r 在区间 $(0,+\infty)$ 内任意取定一个数值时，由上式就可以确定圆面积 A 的相应数值.

例如：自由落体运动. 设物体下落的时间为 t，落下的距离为 s. 假定开始下落的时刻为 $t=0$，那么 s 与 t 之间的相依关系由公式

$$s = \frac{1}{2}gt^2$$

给定，其中，g 是重力加速度. 假定物体着地的时刻为 $t=T$，那么当时间 t 在闭区间 $[0,T]$ 上任意取定一个数值时，由上式就可以确定下落距离 s 的相应数值.

抽去上面几个例子中所考虑的量的实际意义，它们都表达了两个变量之间的相依关系，这种相依关系给出了一种对应法则，根据这一法则，当其中一个变量在其变化范围内任意取定一个数值时，另一个变量就有确定的值与之对应. 两个变量间的这种对应关系就是函数概念的实质.

定义 1.1 设 x 和 y 是两个变量，若当变量 x 在非空数集 D 内任取一数值时，变量 y 依照某一规则 f 总有一个确定的数值与之对应，则称变量 y 为变量 x 的函数，记作 $y=f(x)$，x 称为自变量，f 是函数符号，它表示 y 与 x 的对应规则.

集合 D 称为函数的定义域，相应的 y 值的集合则称为函数的值域.

当自变量 x 在其定义域内取定某确定值 x_0 时，因变量 y 按照所给函数关系 $y=f(x)$ 求出的对应 y_0 叫作当 $x=x_0$ 时的函数值，记作 $y\big|_{x=x_0}$ 或 $f(x_0)$.

例 1 已知 $f(x)=\dfrac{1-x}{1+x}$，求：$f(0)$，$f\left(\dfrac{1}{2}\right)$，$f\left(\dfrac{1}{x}\right)$，$f(x+1)$.

解 $f(0)=\dfrac{1-0}{1+0}=1$；$\qquad\qquad\qquad f\left(\dfrac{1}{2}\right)=\dfrac{1-\dfrac{1}{2}}{1+\dfrac{1}{2}}=\dfrac{1}{3}$；

$f\left(\dfrac{1}{x}\right)=\dfrac{1-\dfrac{1}{x}}{1+\dfrac{1}{x}}=\dfrac{x-1}{x+1}$；$\qquad\qquad f(x+1)=\dfrac{1-(x+1)}{1+(x+1)}=\dfrac{-x}{x+2}$.

例 2 求下列函数的定义域：

（1）$f(x)=\dfrac{3}{5x^2+2x}$；（2）$f(x)=\sqrt{9-x^2}$；（3）$f(x)=\lg(4x-3)$.

解 （1）在分式 $\dfrac{3}{5x^2+2x}$ 中，分母不能为零，所以 $5x^2+2x\neq0$，解得 $x\neq-\dfrac{2}{5}$，且 $x\neq0$，即定义域为

$$\left(-\infty,-\frac{2}{5}\right)\cup\left(-\frac{2}{5},0\right)\cup(0,+\infty).$$

（2）$9-x^2\geq0$，解得 $-3\leq x\leq3$，即定义域为 $[-3,3]$.

（3）$4x-3>0$，得 $x>\dfrac{3}{4}$，即定义域为 $\left(\dfrac{3}{4},+\infty\right)$.

三、分段函数

把定义域分成若干部分，函数关系由不同的式子分段表达的函数称为分段函数. 例如：

$$y = |x| = \begin{cases} x, & x \geqslant 0, \\ -x, & x < 0. \end{cases}$$

例 3　设函数 $y = f(x) = \begin{cases} x^2 + 1, & x > 0, \\ 2, & x = 0, \\ 3x & x < 0. \end{cases}$

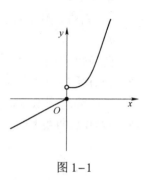

解　当 x 取 $(0, +\infty)$ 内的值时，y 的值由关系式 $y = x^2 + 1$ 来计算；当 $x = 0$ 时，$y = 2$；当 x 取 $(-\infty, 0)$ 内的值时，y 的值由关系式 $y = 3x$ 来计算. 例如，$f(3) = 3^2 + 1 = 10$，$f(-5) = 3 \times (-5) = -15$. 它的图像如图 1-1 所示.

注意：分段函数是指由几个关系式合起来表示一个函数，而不是几个函数. 对于自变量 x 在定义域内的某个值，分段函数 y 只能确定唯一的值. 分段函数的定义域是各段自变量取值集合的并集.

图 1-1

例 4　设函数 $f(x) = \begin{cases} \sin x, & -4 \leqslant x < 1, \\ 1, & 1 \leqslant x < 3, \\ 5x - 1, & x \geqslant 3. \end{cases}$

求 $f(-\pi)$，$f(1)$，$f(3.5)$ 及函数的定义域.

解　因为 $-\pi \in [-4, 1)$，所以 $f(-\pi) = \sin(-\pi) = 0$；因为 $1 \in [1, 3)$，所以 $f(1) = 1$；因为 $3.5 \in [3, +\infty)$，所以 $f(3.5) = 5 \times (-3.5) - 1 = 16.5$；函数 $f(x)$ 的定义域为 $[-4, +\infty)$.

例 5　用分段函数表示函数 $y = 3 - |2 - x|$，并画出图形.

解　根据绝对值定义可知，当 $x \leqslant 2$ 时，$|2 - x| = 2 - x$；当 $x > 2$ 时，$|2 - x| = x - 2$. 于是

$$有 y = \begin{cases} 3 - (2 - x), & x \leqslant 2, \\ 3 - (x - 2), & x > 2. \end{cases}$$

$$即 y = \begin{cases} 1 + x, & x \leqslant 2, \\ 5 - x, & x > 2. \end{cases}$$

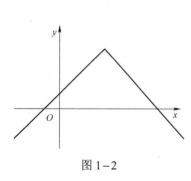

其图像如图 1-2 所示.

注意：分段函数是由几个关系式合起来表示一个函数，而不是几个函数，对于自变量 x 在定义域内的某个值，分段函数 y 只能确定唯一的值，分段函数的定义域是各段自变量取值集合的并集.

图 1-2

§1.1.2　函数的基本性质

一、有界性

定义 1.2　设函数 $y = f(x)$ 在数集 D 上有定义，如果存在一个正数 M，对于所有的

$x \in D$，恒有 $|f(x)| \leqslant M$，则称函数 $f(x)$ 在 D 上是有界的. 如果不存在这样的正数 M，则称 $f(x)$ 在 D 上是无界的. 注意：

（1）当一个函数 $y = f(x)$ 在区间 (a,b) 内有界时，正数 M 的取法不是唯一的.

（2）有界性是依赖于数集的，$y = \dfrac{1}{x}$ 在区间 $(1,2)$ 内是有界的，在区间 $(0,1)$ 内则无界.

二、奇偶性

定义 1.3 设函数 $y = f(x)$ 的定义域 D 关于原点对称，如果对任意的 $x \in D$，恒有 $f(-x) = f(x)$，则称 $f(x)$ 为偶函数，如果对任意的 $x \in D$，恒有 $f(-x) = -f(x)$，则称 $f(x)$ 为奇函数.

偶函数的图像是对称于 y 轴的，如图 1-3 所示. 因为 $f(-x) = f(x)$，所以如果点 $P(x,f(x))$ 是曲线上的点，则它关于 y 轴的对称点 $Q(-x,f(x))$ 也是曲线上的点.

奇函数的图像是对称于原点的，如图 1-4 所示. 因为 $f(-x) = -f(x)$，所以如果点 $P(x,f(x))$ 是曲线上的点，则它关于原点的对称点 $Q(-x,-f(x))$ 也是曲线上的点.

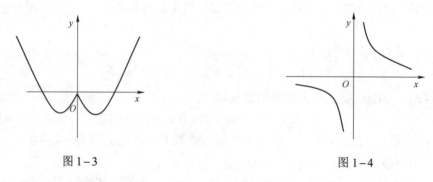

图 1-3   图 1-4

例 6 判断下列函数的奇偶性：

（1）$f(x) = 3x^4 - 5x^2 + 7$；（2）$f(x) = 2x^2 + \sin x$；

（3）$f(x) = \dfrac{1}{2}(a^{-x} - a^x)$.

解 由定义

（1）因为 $f(-x) = 3(-x)^4 - 5(-x)^2 + 7 = 3x^4 - 5x^2 + 7 = f(x)$，

所以 $f(x) = 3x^4 - 5x^2 + 7$ 是偶函数.

（2）因为 $f(-x) = 2(-x)^2 + \sin(-x) = 2x^2 - \sin(-x) \neq f(x)$，

同样可以得到 $f(-x) \neq -f(x)$，

所以 $f(x) = 2x^2 + \sin x$ 既非奇函数，也非偶函数.

（3）因为 $f(-x) = \dfrac{1}{2}(a^{-(-x)} - a^{-x}) = \dfrac{1}{2}(a^x - a^{-x}) = -\dfrac{1}{2}(a^{-x} - a^x) = -f(x)$，

所以 $f(x) = \dfrac{1}{2}(a^{-x} - a^x)$ 是奇函数.

三、单调性

定义 1.4 设函数 $y = f(x)$ 在区间 I 内有定义，如果对于 I 内的任意两点 x_1 和 x_2，当 $x_1 < x_2$ 时，有 $f(x_1) < f(x_2)$，则称函数 $f(x)$ 在区间 I 内是单调增加的；如果对于 I 内的任意两点 x_1 和 x_2，当 $x_1 < x_2$ 时，有 $f(x_1) > f(x_2)$，则称函数 $f(x)$ 在区间 I 内是单调减少的.

单调增加函数与单调减少函数称为单调函数.

单调增加的函数的图像是沿 x 轴正向逐渐上升的，如图 1-5 所示；单调减少的函数的图像是沿 x 轴正向逐渐下降的，如图 1-6 所示.

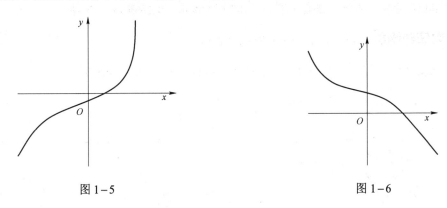

图 1-5 图 1-6

例 7 验证函数 $y = 3x - 2$ 在区间 $(-\infty, +\infty)$ 内是单调增加的.

证 在区间 $(-\infty, +\infty)$ 内任取两点 $x_1 < x_2$，于是
$$f(x_1) - f(x_2) = (3x_1 - 2) - (3x_2 - 2) = 3(x_1 - x_2) < 0,$$
即 $f(x_1) < f(x_2)$，

所以 $y = 3x - 2$ 在区间 $(-\infty, +\infty)$ 内是单调增加的.

四、周期性

定义 1.5 设函数 $y = f(x)$ 的定义域为 D，如果存在非零实数 T，对于任意的 $x \in D$，有 $x \pm T \in D$，且 $f(x \pm T) = f(x)$ 恒成立，则称此函数为周期函数，满足这个等式的最小正数 T，称为函数 $y = f(x)$ 的最小正周期（简称为周期）.

§1.1.3 反函数

定义 1.6 设 $y = f(x)$ 是 x 的函数，其值域为 M，如果对于 M 中的每一个 y 值，都有一个确定的且满足 $y = f(x)$ 的 x 值与之对应，则得到一个定义在 M 上的以 y 为自变量，x 为因变量的新函数，称它为 $y = f(x)$ 的反函数，记作 $x = f^{-1}(y)$，并称 $y = f(x)$ 为直接函数.

为了叙述方便，一般将 $x = f^{-1}(y)$ 改写为 $y = f^{-1}(x)$. 单调函数一定有反函数.

求反函数的过程：① 从 $y = f(x)$ 解出 $x = f^{-1}(y)$；② 交换字母 x 和 y.

例 8 求 $y = 4x - 1$ 的反函数.

解 由 $y = 4x - 1$ 得到 $x = \dfrac{y+1}{4}$，然后交换 x 和 y，得 $y = \dfrac{x+1}{4}$，

即 $y = \dfrac{x+1}{4}$ 是 $y = 4x - 1$ 的反函数.

可以证明，函数 $y = f(x)$ 与其反函数 $y = f^{-1}(x)$ 的图形关于直线 $y = x$ 对称. 例 8 中的一对反函数的图像如图 1–7 所示.

§1.1.4 基本初等函数

基本初等函数包括常值函数、幂函数、指数函数、对数函数、三角函数、反三角函数六大类，它们是微积分中所研究对象的基础. 大部分函数在中学已经学过，我们在这里系统地讨论它们的定义域、值域、图像和性质，读者应该很好地掌握这些内容.

一、常值数函数 $y = C$, $D : (-\infty, +\infty), x \in D$

$y = C$ 是过 $(0, C)$ 且平行于 x 轴的一条直线，如图 1–8 所示，偶函数.

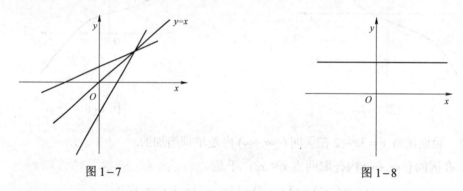

图 1–7　　　　　　　　　　　　　　图 1–8

二、幂函数 $y = x^{\alpha}(\alpha \in \mathbf{R})$

幂函数的情况比较复杂，我们分 $\alpha > 0$ 和 $\alpha < 0$ 来讨论.

当 α 取不同值时，幂函数的定义域不同，为了便于比较，我们只讨论 $x \geq 0$ 的情形，而 $x < 0$ 时的图像可根据函数的奇偶性确定.

$\alpha > 0$ 函数的图像通过原点 $(0,0)$ 和点 $(1,1)$，在 $(0, +\infty)$ 内单调增加且无界，如图 1–9 所示.

$\alpha < 0$ 函数的图像通过点 $(1,1)$，在 $(0, +\infty)$ 内单调减少且无界，以 x 轴和 y 轴为渐近线，如图 1–10 所示.

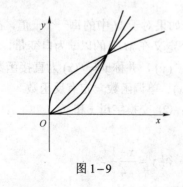

图 1–9

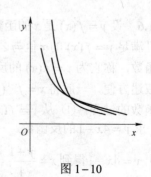

图 1–10

三、指数函数 $y = a^x (a > 0$ 且 $a \neq 1)$

它的定义域 $D : (-\infty, +\infty)$，$x \in D$，由于无论 x 取何值，总有 $a^x > 0$，且 $a^0 = 1$，因此它的图像在 x 轴上方，且过点 $(0,1)$．即它的值域 $M : (0, +\infty)$．

当 $a > 1$ 时，函数单调增加且无界，曲线以 x 轴为渐近线；

当 $0 < a < 1$ 时，函数单调减少且无界，曲线以 x 轴为渐近线，如图 1-11 所示．

四、对数函数 $y = \log_a x (a > 1$ 且 $a \neq 1)$

它的定义域 $D : (0, +\infty)$，$x \in D$ 图像全部在 y 轴右方，且过点 $(1,0)$，值域 $M : (-\infty, +\infty)$．

当 $a > 1$ 时，函数单调增加且无界，曲线以 y 轴为渐近线；

当 $0 < a < 1$ 时，函数单调减少且无界，曲线以 y 轴为渐近线，如图 1-12 所示．

对数函数 $y = \log_a x$ 和指数函数 $y = a^x$ 互为反函数，它们的图像关于 $y = x$ 对称．

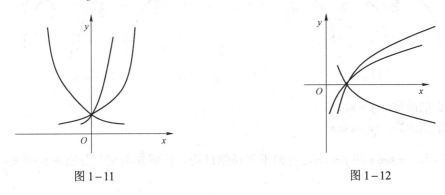

图 1-11   图 1-12

五、三角函数

三角函数包括下面六个函数：

（1）正弦函数：$y = \sin x$ 的定义域 D：$\mathbf{R}$；值域 $M : [-1,1]$；奇函数；$T = 2\pi$；有界．一个周期内的图像如图 1-13 所示．

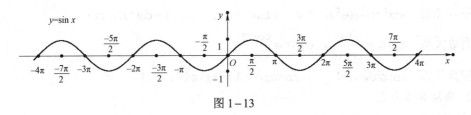

图 1-13

（2）余弦函数：$y = \cos x$ 的定义域 D：$\mathbf{R}$；值域 $M : [-1,1]$；偶函数；$T = 2\pi$；有界．一个周期内的图像如图 1-14 所示．

（3）正切函数：$y = \tan x$ 的定义域 $D : x \neq k\pi + \dfrac{\pi}{2}$；值域 $M : (-\infty, +\infty)$；奇函数；$T = \pi$；无界．一个周期内的图像如图 1-15 所示．

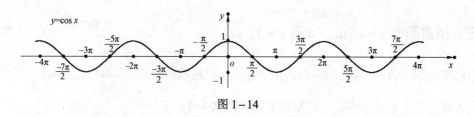

图 1-14

（4）余切函数：$y = \cot x$ 的定义域 $D : x \neq k\pi$；值域 $M : (-\infty, +\infty)$；奇函数；$T = \pi$；无界. 一个周期内的图像如图 1-16 所示.

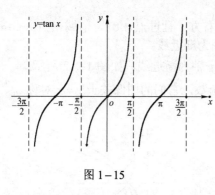

图 1-15

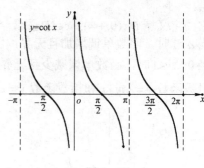

图 1-16

（5）正割函数：$y = \sec x$.

（6）余割函数：$y = \csc x$.

关于函数 $y = \sec x$ 和 $y = \csc x$ 我们不作详细讨论，只需知道它们分别为 $\sec x = \dfrac{1}{\cos x}$ 和 $\csc x = \dfrac{1}{\sin x}$.

在微积分中，三角函数的自变量 x 采用弧度制，而不用角度制. 角度制与弧度制之间可利用公式：π 弧度 $= 180°$ 来换算.

高等数学中常常用到的三角函数公式如下：

1. 同角三角函数间的关系

平方关系　$\sin^2 \alpha + \cos^2 \alpha = 1$，$1 + \tan^2 \alpha = \sec^2 \alpha$，$1 + \cot^2 \alpha = \csc^2 \alpha$；

商数关系　$\tan \alpha = \dfrac{\sin \alpha}{\cos \alpha}$，$\cot \alpha = \dfrac{\cos \alpha}{\sin \alpha}$；

倒数关系　$\sin \alpha \csc \alpha = 1$，$\cos \alpha \sec \alpha = 1$，$\tan \alpha \cot \alpha = 1$.

2. 两角和差公式

$\sin(x \pm y) = \sin x \cos y \pm \cos x \sin y$，

$\cos(x \pm y) = \cos x \cos y \mp \sin x \sin y$，

$\tan(x \pm y) = \dfrac{\tan x \pm \tan y}{1 \mp \tan x \tan y}$.

3. 倍角公式

$\sin 2x = 2 \sin x \cos x$，

$$\cos 2x = \cos^2 x - \sin^2 x = 2\cos^2 x - 1 = 1 - 2\sin^2 x .$$

4. 降幂公式

$$\sin^2 x = \frac{1 - \cos 2x}{2} .$$

六、反三角函数

常用的反三角函数有四个：

（1）反正弦函数 $y = \arcsin x$ 定义域 $D:[-1,1]$，值域 $M:\left[-\dfrac{\pi}{2}, \dfrac{\pi}{2}\right]$，增函数，奇函数，有界，如图 1−17 所示.

（2）反余弦函数 $y = \arccos x$ 定义域 $D:[-1,1]$，值域 $M:[0,\pi]$，减函数，有界，如图 1−18 所示.

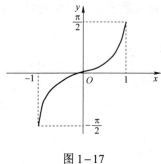

图 1−17

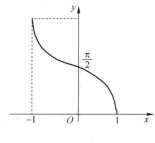

图 1−18

（3）反正切函数 $y = \arctan x$ 定义域 $D:(-\infty, +\infty)$，值域 $M:\left(-\dfrac{\pi}{2}, \dfrac{\pi}{2}\right)$，增函数，奇函数，有界，如图 1−19 所示.

（4）反余切函数 $y = \arctan x$ 定义域 $D:(-\infty, +\infty)$，值域 $M:[0,\pi]$，减函数，奇函数，有界，如图 1−20 所示.

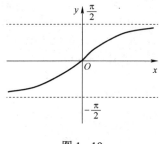

图 1−19

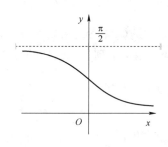

图 1−20

§1.1.5 复合函数与初等函数

一、复合函数

定义 1.7 设 y 是变量 u 的函数 $y = f(u)$，而 u 又是变量 x 的函数 $u = \varphi(x)$，那么 y 通过 u 的联系而成为 x 的函数，叫作由 $y = f(u)$ 和 $u = \varphi(x)$ 复合而成的函数，简称复合函数，记作

$$y = f[\varphi(x)]$$

其中，u 叫作中间变量. 注意：

（1）不是任何两个函数都可以构成一个复合函数.

（2）复合函数不仅可以有一个中间变量，还可以有多个中间变量，这些中间变量是经过多次复合产生的.

（3）复合函数通常不一定是由纯粹的基本初等函数复合而成，而更多的是由基本初等函数经过四则运算形成的简单函数构成的，这样，复合函数的合成和分解往往是对简单函数的.

例 9 将以下各题中的 y 表示成 x 的函数，并求函数的定义域：

（1）$y = e^u$，$u = -v$，$v = \dfrac{1}{x}$；

（2）$y = u^2$，$u = \sin v$，$v = \dfrac{x}{2}$.

解 （1）将 $v = \dfrac{1}{x}$ 代入 $u = -v$，得 $u = -\dfrac{1}{x}$，再将

$u = -\dfrac{1}{x}$ 代入 $y = e^u$，得 $y = e^{-\frac{1}{x}}$.

函数定义域是 $x \neq 0$，即 $(-\infty, 0) \bigcup (0, +\infty)$.

（2）将 $v = \dfrac{x}{2}$ 代入 $u = \sin v$，得 $u = \sin \dfrac{x}{2}$，

再将 $u = \sin \dfrac{x}{2}$ 代入 $y = u^2$，得 $y = \sin^2 \dfrac{x}{2}$，

函数定义域是 $(-\infty, +\infty)$.

例 10 指出下列复合函数的复合过程：

（1）$y = (1+x)^2$；　　　　（2）$y = \sin\left(3x + \dfrac{\pi}{4}\right)$；

（3）$y = \lg \dfrac{1-x}{1+x}$；　　　　（4）$y = e^{\sin\frac{1}{x}}$.

解 （1）$y = (1+x)^2$ 是由 $y = u^2$ 和 $u = 1 + x$ 复合而成的；

（2）$y = \sin\left(3x + \dfrac{\pi}{4}\right)$ 是由 $y = \sin u$ 和 $u = 3x + \dfrac{\pi}{4}$ 复合而成的；

（3）$y = \lg \dfrac{1-x}{1+x}$ 是由 $y = \lg u$ 和 $u = \dfrac{1-x}{1+x}$ 复合而成的；

（4）$y = \mathrm{e}^{\sin\frac{1}{x}}$ 是由 $y = \mathrm{e}^u$，$u = \sin v$，$v = \dfrac{1}{x}$ 复合而成的.

二、初等函数

由基本初等函数经过有限次四则运算和有限次的复合步骤所构成的函数叫作初等函数.
例如，

$$y = \sqrt{1-x^2}, \quad y = \frac{\mathrm{e}^x + \mathrm{e}^{-x}}{2}, \quad y = \frac{1}{\sqrt{2\pi}}\mathrm{e}^{-\frac{x^2}{2}}, \quad y = \frac{\sin x}{x}.$$

注意：并非所有的函数都是初等函数，例如，符号函数

$$f(x) = \begin{cases} 1 & x > 0, \\ 0 & x = 0, \\ -1 & x < 0. \end{cases}$$

又如，取整函数 $f(x) = [x]$，$x \in \mathbf{R}$，$[x]$ 表示不超过 x 的最大整数.
它们都不是初等函数.

§1.1.6 经济中常用的函数（经济管理系选讲）

一、需求函数与价格函数

一种商品的需求量 Q 与该种商品的价格 p 密切相关，如果不考虑其他因素的影响，则商品的需求量 Q 可看作价格 p 的函数，称为需求函数，记作 $Q = f(p)$.

评注：（1）一般地，当商品的价格增加时，商品的需求量将会减少，因此，需求函数 $Q = f(p)$ 是价格 p 的减少函数.

（2）在企业管理和经济中常见的需求函数有：

线性需求函数：$Q = a - bp$，其中，$b \geq 0$，$a \geq 0$ 均为常数；

二次需求函数：$Q = a - bp - cp^2$，其中，$a \geq 0$，$b \geq 0$，$c \geq 0$ 均为常数；

指数需求函数：$Q = A\mathrm{e}^{-bp}$，其中，$A \geq 0$，$b \geq 0$ 均为常数；

幂函数需求函数：$Q = AP^{-a}$，其中，$A \geq 0$，$a > 0$ 均为常数.

二、供给函数

"供给量"是在一定价格水平下，生产者愿意出售并且有可供出售的商品量，如果不考虑价格以外的其他因素，则商品的供给量 S 是价格 p 的函数，记作 $S = S(p)$.

评注：（1）一般地，供给量随价格的上升而增大，因此，供给函数 $S = S(p)$ 是价格 p 的单调增加函数.

（2）常见的供给函数有线性函数、二次函数、幂函数和指数函数等.

（3）如果市场上某种商品的需求量与供求量相等，则该商品市场处于平衡状态，这时的商品价格 $\overline{P}$ 就是供、需平衡的价格，叫作**均衡价格**. $\overline{Q}$ 就是**均衡数量**.

例 11 已知某商品的供给函数是 $S = \dfrac{2}{3}p - 4$，需求函数是 $Q = 50 - \dfrac{4}{3}p$，试求该商品处于市场平衡状态下的均衡价格和均衡数量.

解 令 $S = Q$，解方程组 $\begin{cases} Q = \dfrac{2}{3}p - 4, \\ Q = 50 - \dfrac{4}{3}p \end{cases}$ 得均衡价格 $\overline{P} = 27$，均衡数量 $\overline{Q} = 14$.

说明：供给函数 $S = \dfrac{2}{3}p - 4$ 与需求函数 $Q = 50 - \dfrac{4}{3}p$ 的图像交点的横坐标就是市场均衡价格. 高于这个价格，供大于求；低于这个价格，求大于供.

三、总成本函数

总成本是工厂生产一种产品所需费用的总和，它通常分为固定成本和变动成本两部分. 固定成本指不受产量变化影响的成本，如厂房、机器设备的费用等，常用 C_1 表示. 可变成本指随产量变化而发生变化的成本，如原材料费、工人工资、包装费等，常用 C_2 表示，它是产量 q 的函数，即 $C_2 = C_2(q)$.

生产 q 个单位某种产品时的可变成本 C_2 与固定成本 C_1 之和，称为总成本函数，记作 C，即 $C = C(q) = C_1 + C_2(q)$.

评注：（1）总成本函数 $C(q)$ 是产量 q 的单调增加函数.

（2）常见的成本函数有线性函数、二次函数、三次函数等.

（3）要评价企业的生产状况，还需要计算产品的**平均成本**，即生产 q 个单位产品时，单位产品的成本，记作 $\overline{C}(q)$，即 $\overline{C}(q) = \dfrac{C(q)}{q} = \dfrac{C_1}{q} + \dfrac{C_2(q)}{q}$，其中，$\dfrac{C_2(q)}{q}$ 称为平均可变成本.

例 12 生产某种商品的总成本（单位：元）是 $C(q) = 500 + 4q$，求生产 50 件这种商品的总成本和平均成本.

解 生产 50 件这种商品的总成本为 $C(50) = 500 + 4 \times 50 = 700$（元）；

平均成本为 $A(50) = \dfrac{C(q)}{q}\Big|_{q=50} = \dfrac{700}{50} = 14$（元/件）.

四、收益（收入）函数与利润函数

1. 收益函数

收益是指销售某种商品所获得的收益，又可分为总收益和平均收益.

总收益是销售者售出一定数量商品所得的全部收益，常用 R 表示.

平均收益是售出一定数量的商品时，平均每售出一个单位商品的收益，也就是销售一定数量商品时的单位商品的销售价格，常用 $\overline{R}$ 表示.

总收益和平均收益都是售出商品数量的函数.

设 P 为商品价格，q 为商品的销售量，则有

$$R = R(q) = qP(q)，\quad \overline{R} = \dfrac{R(q)}{q} = P(q)，\quad \text{其中，} P(q) \text{ 是商品的价格函数.}$$

例 13 设某商品的价格函数是 $P = 50 - \frac{1}{5}q$，试求该商品的收入函数，并求出销售 10 件商品时的总收入和平均收入.

解 收入函数为 $R = Pq = 50q - \frac{1}{5}q^2$；

平均收入为 $\overline{R} = \frac{R}{q} = P = 50 - \frac{1}{5}q$；

销售 10 件商品时的总收入和平均收入分别为

$$R(10) = 50 \times 10 - \frac{1}{5} \times 10^2 = 480，$$

$$\overline{R}(10) = 50 - \frac{1}{5} \times 10 = 48.$$

2. 利润函数

总利润指生产一定数量的产品的总收入与总成本之差，记作 L，即 $L = L(q) = R(q) - C(q)$，其中，q 是产品数量.

平均利润记作 $\overline{L} = \overline{L}(q) = \frac{L(q)}{q}$.

例 14 已知生产某种商品 q 件时的总成本（单位：万元）为 $C(q) = 10 + 6q + 0.1q^2$，如果该商品的销售单价为 9 万元，试求：

（1）该商品的利润函数；

（2）生产 10 件该商品时的总利润和平均利润；

（3）生产 30 件该商品时的总利润.

解 （1）该商品的收入函数为 $R(q) = 9q$，得到利润函数为

$$L(q) = R(q) - C(q) = 3q - 10 - 0.1q^2.$$

（2）生产 10 件该商品时的总利润为 $L(10) = 3 \times 10 - 10 - 0.1 \times 10^2 = 10$（万元），

此时的平均利润为 $\overline{L} = \frac{L(10)}{10} = \frac{10}{10} = 1$（万元/件）.

（3）生产 30 件该商品时的总利润为

$$L(30) = 3 \times 30 - 10 - 0.1 \times 30^2 = -10 \text{（万元）.}$$

评注：一般地，收入随着销售量的增加而增加，但利润并不总是随销售量的增加而增加. 它可出现三种情况：

（1）如果 $L(q) = R(q) - C(q) > 0$，则生产处于盈利状态；

（2）如果 $L(q) = R(q) - C(q) < 0$，则生产处于亏损状态；

（3）如果 $L(q) = R(q) - C(q) = 0$，则生产处于保本状态. 此时的产量 q_0 称为无盈亏点.

例 15 已知某商品的成本函数为 $C = 12 + 3q + q^2$，若销售单价定为 11 元/件，试求：

（1）该商品经营活动的无盈亏点；

（2）若每天销售 10 件该商品，为了不亏本，销售单价应定为多少才合适？

解 （1）利润函数：

$$L(q) = R(q) - C(q) = 11q - (12 + 3q + q^2) = 8q - 12 - q^2.$$

由 $L(q) = 0$，即 $8q - 12 - q^2 = 0$，

解得两个无盈亏点 $q_1 = 2$ 和 $q_2 = 6$；

由 $L(q) = (q - 2)(6 - q)$ 可看出，

当 $q < 2$ 或 $q > 6$ 时，都有 $L(q) < 0$，生产经营是亏损的；

当 $2 < q < 6$ 时，$L(q) > 0$，生产经营是盈利的.

因此，$q = 2$ 件和 $q = 6$ 件分别是盈利的最低产量和最高产量.

（2）设定价为 p 元/件，则利润函数 $L(q) = pq - (12 + 3q + q^2)$，为使生产经营不亏本，须有 $L(10) \geqslant 0$，即 $10p - 142 \geqslant 0$，得 $p \geqslant 14.2$. 所以，为了不亏本，销售单价应不低于 14.2 元/件.

习 题 1.1

1. 设 $f(x) = 2x^2 - 3x + 7$，求 $f(0)$，$f(4)$，$f\left(-\dfrac{1}{2}\right)$，$f(a)$，$f(x + 1)$.

2. 设 $f(x) = \begin{cases} 1 + x, & -\infty < x \leqslant 0, \\ 2^x, & 0 < x < +\infty. \end{cases}$ 求 $f(-2)$，$f(-1)$，$f(0)$，$f(1)$.

3. 求函数的定义域：

（1）$y = \dfrac{2}{x} - \sqrt{1 - x^2}$；　　　　　（2）$y = \ln(\ln x)$；

（3）$y = \arcsin \dfrac{x - 1}{2}$；　　　　　　（4）$y = \dfrac{2x}{x^2 - 3x + 2}$.

4. 将函数 y 表示成 x 的复合函数：

（1）$y = \sqrt{u}$，$u = 2 + v^2$，$v = \cos x$；

（2）$y = \operatorname{arccot} u$，$u = 3^v$，$v = x^2$.

5. 已知 $f(t) = 3t^2 - 2t - \dfrac{2}{t} + \dfrac{3}{t^2}$，证明：$f(t) = f\left(\dfrac{1}{t}\right)$.

6. 判定下列函数的奇偶性：

（1）$f(x) = x^2 + \cos x$；　　　　　　（2）$f(x) = \ln \dfrac{1 - x}{1 + x}$；

（3）$f(x) = \dfrac{\mathrm{e}^x - 1}{\mathrm{e}^x + 1}$；　　　　　　（4）$f(x) = \ln(x + \sqrt{x^2 + 1})$.

7. 求下列反三角函数的值：

（1）$\arcsin 1$；　　　　（2）$\arccos 0$；　　　　（3）$\arcsin \dfrac{1}{2}$；

（4）$\arccos \dfrac{\sqrt{3}}{2}$；　　　（5）$\arctan 0$；　　　　（6）$\arctan(-1)$.

8. 某产品的成本函数为 $C(q) = 18 - 7q + q^2$，收入函数为 $R(q) = 4q$，求：

（1）该产品的盈亏平衡点；

（2）该产品销量为 5 时的利润；

（3）该产品销量为 10 时能否盈利？

9. 某种品牌的电视机每台售价为 500 元时，每月可以销售 2 000 台，每台售价为 450 元时，每月可以多销售 400 台，试求该电视机的线性需求函数.

10. 某手表厂每天生产 60 只手表的成本为 300 元，每天生产 80 只手表的成本为 340 元，求其线性成本函数，并求每天的固定成本和生产一只手表的可变成本.

课外阅读：函数图像中的人生哲理

数学是一门古老而年轻的科学，有文明就必须有数学. 现代人类的物质文明与精神文明的发展无一不烙上数学文化的印记，特别是数字时代、知识经济时代的到来，数学已成为人们生活中必不可少的一个组成部分. 数学不仅是知识的汇集，更是一个开放性的文化体系. 数学的广泛应用不仅在于改善人类的生存环境，具有工具性价值，而且具有文化价值，数学教育对形成完美人格，对发展人们的各方面具有不可估量的价值.

人的一生之中，充满起承转合，跌宕起伏，或有阴晴圆缺，或是悲欢聚散，其实都蕴含在了许许多多的数学函数中.

1. 比如我们习惯称之为"永恒"的指数函数（见图 1），0 和 1 这个坐标代表一个人呱呱坠地时所获得的初始能量，以便开始之后将近一个世纪的一生. 在此之前，我们从一粒尘埃变成一颗希望，再发育成一个胚胎，从母亲腹中初次接触这个世界，做好一切准备，都只是为了降临这个世界.

而在这之后，我们以身高、阅历、情商等为横坐标，时间为纵坐标，它们在少年时期是否得到很快的增长，取决于底数是否大于 1，这就取决于青春的力量是否坚实. 若我们在青春期获得足够的力量，就足以保障之后的增长. 然后，我们到了壮年以至老年时期，横坐标上的数值增长变缓趋于停滞. 但是，时间不会磨灭一切，就像这个底数大于 1 的函数一样，始终在增长不曾停留. 纵使脚步蹒跚，依旧不失进取之心.

再来看这有着"九曲回肠"的复杂特性的函数的图像（见图 2）：**每一个转折都是一次人生的蜕变**，无论是极大值或是极小值，都必然经历过上升和下落. 或者说，只经历了风雨，才有了真正意义上的成功.

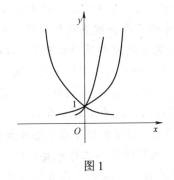

图 1

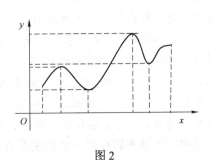

图 2

2. 定义域和值域也包含了一些人生哲理，比如正弦函数 $y = \sin x$ 的定义域为 **R**，值域为 $[-1, 1]$. 定义域如同时间一般，而值域就好比我们的经历，随着时间的推移，我们的经历越来越丰富，成功和失败不断地交替到来. 最大值就像是我们取得的成功与巅峰，而最小值好比是我们遇到的失败与低谷. 而当且仅当 $x=k\pi+\dfrac{\pi}{2}$ 时取到最值，反映的只是瞬间或短暂时刻方可取得最值，说明你获得成功也好失败也罢，都只是暂时的. 不可能永远处于成功或永远处于失败的状态，更多的则是 $x\neq k\pi+\dfrac{\pi}{2}$ 时的情形，也就是成功与失败的潜伏期. 当我们处于潜伏期时，我们必须能够忍受寂寞和困处的磨炼，积蓄力量，因为这是获得成功的重要储备阶段. 没有相当量的积累，不可能达到顶峰. 如果你每天放松自己一点点，就会变成温水中的青蛙，离失败也就不远了. 这是事物发展过程中暂时性与连续性辩证统一的思想.

3. 周期性：$y=\sin x$ 的函数值按照一定的规律不断重复取得，依据的就是周期性. 最大值与最小值的反复交替出现，恰恰反映了事物发展的周期性. 最大值是对事物的肯定，而最小值则是对事物的否定，下一个最大值又是对最小值的否定，即否定之否定的观点，也就是肯定了最大值，体现了肯定—否定—否定之否定的辩证法思想. 告诫我们**生活中不要因为一时的成功而骄傲自满，更不能因为暂时的失败和挫折而灰心丧气，要以一颗平和的心态去面对一切，积极进取.** 一时的成功与失败并说明不了问题，关键是持之以恒的进取心. 在学习中也是如此，每隔一段时间我们就应该及时复习，这样我们才能巩固旧知识，更好地理解和掌握新知识.

4. 函数的单调性也包含了很多人生哲理，事物产生之初，欣欣向荣，蓬勃发展，随着时间的推移和量的积累，迅速走向成功，以至巅峰，就是增函数的性质，而后要经历来自各方的责难和考验，遇到挫折与失败，到达低谷，这就是减函数的性质. 在慢慢地经受住了考验之后，不断反思、总结，积蓄力量，又逐步向前发展. 这一整体过程反映着量变—质变—新的量变质量互变规律. **量变是必要的准备阶段，没有量的积累，就不会有质的改变.** 质变是量变的必然结果，是新事物产生的标志；然后又是新的量变. 告诫我们做事要循序渐进，不能拔苗助长. 对我们学习生活更是如此，学习数学更是一个循序渐进，连续不断的长期积累的过程，不能存在侥幸心理，投机取巧.

5. 描绘函数图像也给我们以启迪：以 $y=\sin x\,(x\in\mathbf{R})$ 时情形为例加以分析. 我们先作一个周期 $y=\sin x\,(x\in[0,2\pi])$ 的图像，再加以推广而得到 $y=\sin x\,(x\in\mathbf{R})$ 时的情形. 这一过程的推广中就体现着由特殊到一般，由个别到整体的辩证法思想. 在我们的学习和生活中，我们学习或做事不可能面面俱到，总是选取一些典型问题或实例来学习和研究，以探明事理总结规律，然后再把其加以推广，到达指引的目的. 这种方法就是做试验的方法. 在以后解题时，当要求不太高时我们就可以根据作图过程中的五个关键点来作简图，称为"五点法". 因为根据这五点，基本上就可以把正弦函数的图像中的趋势反映出来了，没有必要非得把很标准的图像都作出才能解题. 尤其是在做些简单题和利用数形结合解题时，"五点法"的优越性更加突出. 这五点分别是正弦函数图像与 x 轴的交点、图像的最高点和最低点，比较形象和直观地勾画出正弦函数图像的特点，抓住了正弦函数图像的本质和中心，达到提纲挈领的目的，将复杂作图简单化，便于今后的快速作图. 这里体现了我们**解决问题时要抓住事物的主要矛盾和抓矛盾的主要方面的重点论思想.** 我们学习和工作也要这样，因为我们的时间和精力总是有限的，应在有限的时间内尽量提高效率，这就更需我们前期认真分析和把握住问题的中心和实质在哪里，哪些方面需放主要精力，哪些方面需要兼顾. 哲学上的观点是抓主要矛盾和矛盾的主要方面，兼顾次要矛盾和矛盾的次要方面. 否则处理不当，次要矛盾和矛盾的次要方面可能会上升为主要矛盾，影响并改变事物的性质和发展方向. 这就提醒在校大学生，现阶段的主要任务是学习，而其他方面的事情是次要的，但要处理得当，否则就可能影响主要矛盾.

让数学生活化，走进我们的生活. 这样学生学习才能事半功倍，举一反三，学习变得轻松愉快. 作为高职数学教育工作者，要积极研究和尝试，教会学生学习的方法、思考问题的方法和解决问题的方法，远远要比教会学生几个数学公式、几个数学定理有用. 我们教给学生的首先是思考问题的角度与方法，其次是处理问题时的心态与对事物的态度.

随着教育改革的不断深化发展，数学教育的文化功能将更广泛地被发掘. 数学作为文化传承的工具，承载人类文明的结晶的工具性会更加突出.

§1.2 函数的极限

本节首先讨论数列的极限，然后推广到一般函数的极限，认识无穷小与无穷大，并给出极限的性质与极限存在准则.

§1.2.1 数列的极限

一、数列

无穷多个按一定规则排列的一串数 x_1，x_2，$\cdots$，x_n，$\cdots$称作数列，简记作 $\{x_n\}$，其中，x_1 叫作数列的第一项，x_2 叫作数列的第二项，$\cdots$，x_n 叫作数列的第 n 项，又称一般项.

例如：

（1）1，$\dfrac{1}{2}$，$\dfrac{1}{3}$，$\dfrac{1}{4}$，$\cdots$，$\dfrac{1}{n}$，$\cdots$；

（2）$\dfrac{1}{2}$，$\dfrac{2}{3}$，$\dfrac{3}{4}$，$\cdots$，$\dfrac{n}{n+1}$，$\cdots$；

（3）$\dfrac{1}{2}$，$-\dfrac{1}{2^2}$，$\dfrac{1}{2^3}$，$\cdots$，$\dfrac{(-1)^{n+1}}{2^n}$，$\cdots$；

（4）1，-1，1，-1，$\cdots$，$(-1)^{n+1}$，$\cdots$；

（5）3，$3\dfrac{1}{2}$，$3\dfrac{2}{3}$，$3\dfrac{3}{4}$，$\cdots$，$4-\dfrac{1}{n}$，$\cdots$.

数列可以看作定义域为全体正整数的函数.

二、数列的极限

考查上面几个数列的变化趋势：

当 n 无限增大时，数列（1）的取值能无限接近常数.

定义 1.8 对于数列 $\{x_n\}$，如果当 n 无限增大时，x_n 趋于一个常数 A，则称当 n 趋于无穷大时，数列 $\{x_n\}$ 以 A 为极限，记作

$$\lim_{x \to \infty} x_n = A \text{ 或 } x_n \to A \, (n \to \infty).$$

亦称数列 $\{x_n\}$ 收敛于 A；如果数列 $\{x_n\}$ 没有极限，就称数列 $\{x_n\}$ 是发散的.

§1.2.2　函数的极限

一、$x \to \infty$ 时，函数 $f(x)$ 的极限

定义 1.9　如果当 x 的绝对值无限增大时，函数 $f(x)$ 无限趋近于确定的常数 A，那么 A 就叫作函数 $f(x)$ 当 $x \to \infty$ 时的极限，

$$\text{记作} \lim_{x \to \infty} f(x) = A \text{ 或 } f(x) \to A \ (x \to \infty).$$

定义 1.9　如果当 $x > 0$ 且无限增大时，函数 $f(x)$ 无限趋近于确定的常数 A，那么 A 就叫作函数 $f(x)$ 当 $x \to +\infty$ 时的极限，

$$\text{记作} \lim_{x \to +\infty} f(x) = A \text{ 或 } f(x) \to A \ (x \to +\infty).$$

定义 1.9　如果当 $x < 0$ 且 x 的绝对值无限增大时，函数 $f(x)$ 无限趋近于确定的常数 A，那么 A 就叫作函数 $f(x)$ 当 $x \to -\infty$ 时的极限，

$$\text{记作} \lim_{x \to -\infty} f(x) = A \text{ 或 } f(x) \to A \ (x \to -\infty).$$

一般地，$\lim\limits_{x \to \infty} f(x) = A$ 的充要条件是

$$\lim_{x \to +\infty} f(x) = \lim_{x \to -\infty} f(x) = A.$$

例 1　观察函数图像，写出下列极限：

（1）$\lim\limits_{x \to +\infty} \left(\dfrac{1}{3}\right)^x$；（2）$\lim\limits_{x \to -\infty} 3^x$.

解　分别作出已知函数的图像.

（1）观察图 1-21，当 $x \to +\infty$ 时，$y = \left(\dfrac{1}{3}\right)^x \to 0$，即 $\lim\limits_{x \to +\infty} \left(\dfrac{1}{3}\right)^x = 0$.

（2）观察图 1-22，当 $x \to -\infty$ 时，$y = 3^x \to 0$，即 $\lim\limits_{x \to -\infty} 3^x = 0$.

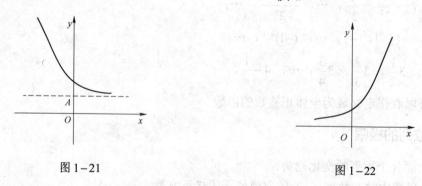

图 1-21　　　　　　　　　　　　　　　图 1-22

例 2　讨论函数 $f(x) = \begin{cases} 1, & x > 0, \\ 0, & x = 0, \\ -1, & x < 0. \end{cases}$ 当 $x \to +\infty$、$x \to -\infty$ 和 $x \to \infty$ 时函数的极限.

解　函数图像如图 1-23 所示，由图像可以看出当 x 取正值无限增大时，函数 $f(x) = 1$，

因此有 $\lim\limits_{x \to +\infty} f(x) = 1$.

当 x 取负值且绝对值无限增大时，函数 $f(x) = -1$，

因此有 $\lim\limits_{x \to -\infty} f(x) = -1$.

显然，当 $x \to +\infty$ 和 $x \to -\infty$ 时，$f(x)$ 的极限各自存在，但不相等，即 $\lim\limits_{x \to +\infty} f(x) \neq \lim\limits_{x \to -\infty} f(x)$，所以当 $x \to \infty$ 时，函数 $f(x)$ 的极限不存在.

二、$x \to x_0$ 时函数 $f(x)$ 的极限

定义 1.10 如果当 x 无限趋近于 x_0（x 可以不等于 x_0）时，函数 $f(x)$ 无限趋近于常数 A，那么 A 就叫作函数 $f(x)$ 当 $x \to x_0$ 时的极限，

$$记作 \lim\limits_{x \to x_0} f(x) = A \ 或 \ f(x) \to A \ (x \to x_0).$$

例 3 写出当 $x \to 2$ 时，$f(x) = \dfrac{x^2 - 4}{x - 2}$ 的极限.

解 函数 $f(x)$ 在 $x = 2$ 没有定义，当 $x \to 2$ 时，$x \neq 2$，$x - 2 \neq 0$，

因此分式的分子和分母可以约去公因式 $x - 2$，得

$$\frac{x^2 - 4}{x - 2} = \frac{(x-2)(x+2)}{x-2} = x + 2.$$

作函数图像，由图 1-24 可以看出 $\lim\limits_{x \to 2} \dfrac{x^2 - 4}{x - 2} = 4$.

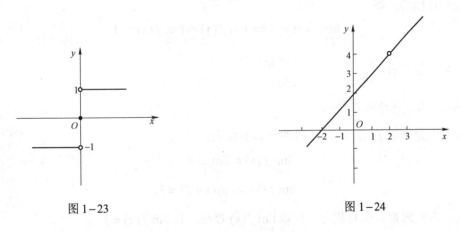

图 1-23   图 1-24

函数 $f(x) = \dfrac{x^2 - 4}{x - 2}$ 在 $x = 2$ 处无定义，但是，当 $x \to 2$ 时，$f(x) \to 4$，这说明函数 $f(x)$ 在点 x_0 处的极限与在点 x_0 处是否有定义无关.

例 4 写出 $x \to x_0$ 时，$f(x) = 3$ 的极限.

解 $x \to x_0$ 时，函数 $f(x)$ 的值都等于 3，因此有 $\lim\limits_{x \to x_0} 3 = 3$.

一般地，设 C 为常数，则 $\lim\limits_{x \to x_0} C = C$.

例 5 写出 $x \to x_0$ 时，$f(x) = x$ 的极限.

解 当 $x \to x_0$ 时，函数 $f(x) = x \to x_0$，因此有 $\lim\limits_{x \to x_0} x = x_0$.

例 6 写出 $x \to \dfrac{\pi}{2}$ 时，$f(x) = \sin x$ 的极限.

解 观察函数 $f(x) = \sin x$ 的图像（见图 1-13），可以看出 $\lim\limits_{x \to \frac{\pi}{2}} \sin x = 1$.

例 7 指出当 $x \to \infty$ 时，函数 $f(x) = \sin x$ 是否有极限.

解 当 $x \to \infty$ 时，函数 $f(x) = \sin x$ 取得 -1 到 1 的一切值，不能无限趋近于一个确定的常数，因此，函数极限不存在.

三、$x \to x_0$ 时，函数的左极限和右极限

定义 1.11 如果当 x 从 x_0 的左侧 $(x < x_0)$ 无限趋近于 x_0（记为 $x \to x_0^-$）时，函数 $f(x)$ 无限趋近于常数 A，那么 A 就是叫作函数 $f(x)$ 在 x_0 处的左极限，记作 $\lim\limits_{x \to x_0^-} f(x) = A$ 或 $f(x) \to A \ (x \to x_0^-)$.

如果当 x 从 x_0 的右侧 $(x > x_0)$ 无限趋近于 x_0（记为 $x \to x_0^+$）时，函数 $f(x)$ 无限趋近于常数 A，那么 A 就是叫作函数 $f(x)$ 在 x_0 处的右极限，记作 $\lim\limits_{x \to x_0^+} f(x) = A$ 或 $f(x) \to A \ (x \to x_0^+)$.

左极限和右极限统称为函数 $f(x)$ 的单侧极限.

定理 1.1 函数 $f(x)$ 在点 x_0 处极限存在的充要条件是 $f(x)$ 在点 x_0 处的左极限与右极限都存在并且相等，即

$$\lim_{x \to x_0} f(x) = A \Leftrightarrow \lim_{x \to x_0^-} f(x) = \lim_{x \to x_0^+} f(x) = A.$$

例 8 设 $f(x) = \begin{cases} x + 2, & x \geqslant 1, \\ 3x, & x < 1. \end{cases}$

试判断 $\lim\limits_{x \to 1} f(x)$ 是否存在.

解 先分别求 $f(x)$ 当 $x \to 1$ 时的左、右极限：

$$\lim_{x \to 1^-} f(x) = \lim_{x \to 1^-} 3x = 3 ;$$
$$\lim_{x \to 1^+} f(x) = \lim_{x \to 1^+} (x + 2) = 3.$$

左、右极限都存在且相等，所以 $\lim\limits_{x \to 1} f(x)$ 存在，且 $\lim\limits_{x \to 1} f(x) = 3$.

例 9 判断 $\lim\limits_{x \to 0} e^{\frac{1}{x}}$ 是否存在.

解 $\lim\limits_{x \to 0^+} e^{\frac{1}{x}} = \infty$；$\lim\limits_{x \to 0^-} e^{\frac{1}{x}} = 0$.

左极限存在，而右极限不存在，由充分必要条件可知 $\lim\limits_{x \to 0} e^{\frac{1}{x}}$ 不存在.

§1.2.3 极限的性质与存在准则

为便于叙述极限的性质，我们先给出邻域的定义.

一、邻域

设 $x_0 \in \mathbf{R}$，$\mathbf{R}$ 上所有与 x_0 的距离小于正数 δ 的点集，称为 x_0 的 δ 邻域，记作 $U(x_0, \delta)$．由定义可见，x_0 的 δ 邻域就是以 x_0 为中心，以 δ 为半径的开区间，即

$$U(x_0, \delta) = \left\{ x \middle| |x - x_0| < \delta \right\} = (x_0 - \delta, x_0 + \delta).$$

特别地，不包含中心点的邻域称为 x_0 的去心 δ 邻域，记作

$$\overset{0}{U}(x_0, \delta) = \left\{ x \middle| 0 < |x - x_0| < \delta \right\}.$$

二、极限的性质

性质 1.5（唯一性） 若极限 $\lim f(x)$ 存在，则极限值唯一．

性质 1.6（有界性） 若极限 $\lim f(x)$ 存在，则函数 $f(x)$ 在 x_0 的某个去心邻域内有界．

性质 1.7（保号性） 若极限 $\lim\limits_{x \to x_0} f(x) = A$，且 $A > 0$（或 $A < 0$），则在 x_0 的某个去心邻域内 $f(x) > 0$（或 $f(x) < 0$）．

若极限 $\lim\limits_{x \to x_0} f(x) = A$，且在 x_0 的某个去心邻域内恒有 $f(x) \geqslant 0$（或 $f(x) \leqslant 0$），则 $A \geqslant 0$（或 $A \leqslant 0$）．

三、极限存在的准则

准则 I（单调有界准则） 如果数列 $\{x_n\}$ 单调有界，那么 $\lim\limits_{n \to \infty} x_n$ 一定有界．

准则 II（夹逼准则） 如果函数 $f(x)$、$g(x)$、$h(x)$ 在同一变化过程中满足

$$g(x) \leqslant f(x) \leqslant h(x)$$

且 $\lim g(x) = \lim h(x) = A$，那么 $\lim f(x)$ 存在且等于 A．

习 题 1.2

1. 选择题.

（1）下列数列中极限存在的是（ ）．

A. $x_n = \dfrac{n^2 + 1}{n}$ B. $x_n = n$ C. $x_n = \dfrac{n+1}{n}$ D. $x_n = (-1)^{n+1}$

（2）若极限 $\lim\limits_{x \to x_0} f(x) = a$（常数），则函数 $f(x)$ 在点 x_0（ ）．

A. 有定义且 $f(x_0) = a$ B. 不能有定义

C. 有定义，但 $f(x_0)$ 可以为任意数值   D. 可以有定义也可以没有定义

（3）已知数列 $\{x_n\} = \{1 + (-1)^n\}$，则（ ）．

A. $\lim\limits_{n \to \infty} x_n = 0$ B. $\lim\limits_{n \to \infty} x_n$ 不存在   C. $\lim\limits_{n \to \infty} x_n = \infty$ D. $\lim\limits_{n \to \infty} x_n = 2$

（4）设 $f(x) = \begin{cases} x-1, & -1<x\leqslant 0, \\ x, & 0<x\leqslant 1. \end{cases}$ 则 $\lim\limits_{x\to 0} f(x) = ($).

A. 不存在　　　　　　B. 1　　　　　　C. 0　　　　　　D. -1

2. 指出下列数列的极限：

（1）$x_n = \dfrac{1}{n} + 5$；

（2）$x_n = \dfrac{n+2}{n-2}$；

（3）$x_n = \cos n\pi$；

（4）$x_n = (-1)^n$.

3. 求函数 $f(x) = \begin{cases} x+4, x<1, \\ 2x-1, x\geqslant 1 \end{cases}$ 的左极限 $\lim\limits_{x\to 1^-} f(x)$ 及右极限 $\lim\limits_{x\to 1^+} f(x)$，并确定 $\lim\limits_{x\to 1} f(x)$ 是否存在.

§1.3　极限的运算

§1.3.1　极限的运算法则

函数极限的运算法则：

设 $\lim\limits_{x\to x_0} f(x) = A$，$\lim\limits_{x\to x_0} g(x) = B$，则有

（1）$\lim\limits_{x\to x_0}[f(x)\pm g(x)] = \lim\limits_{x\to x_0} f(x) \pm \lim\limits_{x\to x_0} g(x) = A\pm B$；

（2）$\lim\limits_{x\to x_0}[f(x)\cdot g(x)] = \lim\limits_{x\to x_0} f(x) \lim\limits_{x\to x_0} g(x) = A\cdot B$；

（3）$\lim\limits_{x\to x_0}\left[\dfrac{f(x)}{g(x)}\right] = \dfrac{\lim\limits_{x\to x_0} f(x)}{\lim\limits_{x\to x_0} g(x)} = \dfrac{A}{B}(B\neq 0)$.

这些法则对于 $x\to\infty$ 时的情况也成立.

由法则 2 可以推出：

$\lim\limits_{x\to x_0}[Cf(x)] = C\lim\limits_{x\to x_0} f(x)$（$C$是常数）；

$\lim\limits_{x\to x_0}[f(x)]^n = \left[\lim\limits_{x\to x_0} f(x)\right]^n$（$n\in \mathbf{N}_+$）.

注意：（1）法则要求函数必须为有限个，并且每个参与运算的函数的极限存在.

（2）商的极限的运算法则有个重要前提，即分母的极限不能为零.

例1　求 $\lim\limits_{x\to 2}\dfrac{x^3-2x}{x^2-1}$.

解　当 $x\to 2$ 时，分子和分母都有极限，且分母极限不等于 0，因此有

$$\lim\limits_{x\to 2}\dfrac{x^3-2x}{x^2-1} = \dfrac{\lim\limits_{x\to 2}(x^3-2x)}{\lim\limits_{x\to 2}(x^2-1)} = \dfrac{8-4}{4-1} = \dfrac{4}{3}.$$

例2　求 $\lim\limits_{x\to\infty}\left[\left(2+\dfrac{1}{x}\right)\left(3-\dfrac{1}{x^2}\right)\right]$.

解　$\lim\limits_{x\to\infty}\left[\left(2+\dfrac{1}{x}\right)\left(3-\dfrac{1}{x^2}\right)\right]=\lim\limits_{x\to\infty}\left(2+\dfrac{1}{x}\right)\lim\limits_{x\to\infty}\left(3-\dfrac{1}{x^2}\right)=2\times3=6$.

例 3　求 $\lim\limits_{x\to4}\dfrac{x^2-16}{x-4}$.

解　$\lim\limits_{x\to4}\dfrac{x^2-16}{x-4}=\lim\limits_{x\to4}\dfrac{(x-4)(x+4)}{x-4}=\lim\limits_{x\to4}(x+4)=8$.

例 4　求 $\lim\limits_{x\to\infty}\dfrac{2x^2+3}{3x^2-2x}$.

解　$\lim\limits_{x\to\infty}\dfrac{2x^2+3}{3x^2-2x}=\lim\limits_{x\to\infty}\dfrac{\dfrac{2x^2}{x^2}+\dfrac{3}{x^2}}{\dfrac{3x^2}{x^2}-\dfrac{2x}{x^2}}=\lim\limits_{x\to\infty}\dfrac{2+\dfrac{3}{x^2}}{3-\dfrac{2}{x}}=\dfrac{2+0}{3-0}=\dfrac{2}{3}$.

例 5　求 $\lim\limits_{x\to-1}\left(\dfrac{1}{x+1}-\dfrac{3}{x^3+1}\right)$.

解　当 $x\to-1,\dfrac{1}{x+1},\dfrac{3}{x^3+1}$ 时全没有极限，故不能直接用法则，但当 $x\neq-1$ 时，

$\dfrac{1}{x+1}-\dfrac{3}{x^3+1}=\dfrac{(x+1)(x-2)}{(x+1)(x^2-x+1)}=\dfrac{x-2}{x^2-x+1}$ ，所以

$$\lim\limits_{x\to-1}\left(\dfrac{1}{x+1}-\dfrac{3}{x^3+1}\right)=\lim\limits_{x\to-1}\dfrac{x-2}{x^2-x+1}=\dfrac{-1-2}{(-1)^2-(-1)+1}=-1.$$

例 6　求 $\lim\limits_{x\to2}\dfrac{\sqrt{x+2}-2}{\sqrt{x+7}-3}$. " $\dfrac{0}{0}$ " 型

解　分子、分母同时有理化

$$\lim\limits_{x\to2}\dfrac{\sqrt{x+2}-2}{\sqrt{x+7}-3}=\lim\limits_{x\to2}\dfrac{\left(\sqrt{x+2}-2\right)\left(\sqrt{x+2}+2\right)\left(\sqrt{x+7}+3\right)}{\left(\sqrt{x+7}-3\right)\left(\sqrt{x+7}+3\right)\left(\sqrt{x+2}+2\right)}$$

$$=\lim\limits_{x\to2}\dfrac{(x-2)\left(\sqrt{x+7}+3\right)}{(x-2)\left(\sqrt{x+2}+2\right)}=\lim\limits_{x\to2}\dfrac{\sqrt{x+7}+3}{\sqrt{x+2}+2}=\dfrac{3}{2}.$$

§1.3.2　两个重要极限

一、公式 1

$$\lim\limits_{x\to0}\dfrac{\sin x}{x}=1. \tag{1.3.1}$$

证　因为 $\dfrac{\sin(-x)}{-x}=\dfrac{-\sin x}{-x}=\dfrac{\sin x}{x}$ ，即 x 改变符号时， $\dfrac{\sin x}{x}$ 的值不变，所以只讨论 x 由正值趋于零的情形就可以了.

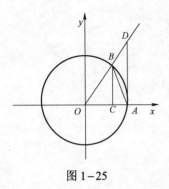

图 1-25

作单位圆，如图 1-25 所示，设圆心角 $\angle AOB = x$，延长 OB 交过点 A 的切线于 D，则 $\triangle AOB$ 的面积 < 扇形 AOB 的面积 < $\triangle AOD$ 的面积，即

$$\frac{1}{2}\sin x < \frac{1}{2}x < \frac{1}{2}\tan x . \qquad (1.3.2)$$

这时，显然有 $\sin x < x \qquad \left(0 < x < \frac{\pi}{2}\right).$ $\qquad (1.3.3)$

式 (1.3.2) 都除以 $\frac{1}{2}\sin x$，得

$$1 < \frac{x}{\sin x} < \frac{1}{\cos x} .$$

三项都为正数，取它们的倒数，有

$$1 > \frac{\sin x}{x} > \cos x .$$

即

$$\cos x < \frac{\sin x}{x} < 1 .$$

另一方面，由式 (1.3.3) 可得 $\cos x = 1 - 2\sin^2 \frac{x}{2} > 1 - \frac{1}{2}x^2$，于是有

$$1 - \frac{1}{2}x^2 < \cos x < \frac{\sin x}{x} < 1 .$$

因为 $\lim\limits_{x \to 0}\left(1 - \frac{1}{2}x^2\right) = 1$，由夹逼准则可得

$$\lim\limits_{x \to 0}\frac{\sin x}{x} = 1 .$$

例 7 求极限 $\lim\limits_{x \to 0}\dfrac{\tan x}{x}$.

解 $\lim\limits_{x \to 0}\dfrac{\tan x}{x} = \lim\limits_{x \to 0}\left(\dfrac{\sin x}{\cos x}\dfrac{1}{x}\right) = \lim\limits_{x \to 0}\left(\dfrac{\sin x}{x}\dfrac{1}{\cos x}\right)$

$\qquad\qquad = \lim\limits_{x \to 0}\dfrac{\sin x}{x}\lim\limits_{x \to 0}\dfrac{1}{\cos x} = 1 \times 1 = 1 .$

例 8 求极限 $\lim\limits_{x \to 0}\dfrac{\sin 3x}{x}$.

解法 1 设 $t = 3x$，则 $x = \dfrac{t}{3}$ 且当 $x \to 0$ 时，$t \to 0$.

于是 $\quad \lim\limits_{x \to 0}\dfrac{\sin 3x}{x} = \lim\limits_{t \to 0}\dfrac{\sin t}{\dfrac{t}{3}} = 3\lim\limits_{t \to 0}\dfrac{\sin t}{t} = 3 \times 1 = 3 .$

解法 2 $\lim\limits_{x\to 0}\dfrac{\sin 3x}{x}=\lim\limits_{x\to 0}\left(3\,\dfrac{\sin 3x}{3x}\right)=3\lim\limits_{x\to 0}\dfrac{\sin 3x}{3x}=3\times 1=3$.

例 9 求极限 $\lim\limits_{x\to 0}\dfrac{\cos x-1}{x}$.

解 因为 $\cos x=1-2\sin^2\dfrac{x}{2}$,

所以 $\lim\limits_{x\to 0}\dfrac{\cos x-1}{x}=\lim\limits_{x\to 0}\dfrac{-2\sin^2\dfrac{x}{2}}{x}=\lim\limits_{x\to 0}\dfrac{\sin\dfrac{x}{2}}{\dfrac{x}{2}}\left(-\sin\dfrac{x}{2}\right)=1\times 0=0$.

二、公式 2

$$\lim_{x\to\infty}\left(1+\frac{1}{x}\right)^x=\mathrm{e}. \tag{1.4.4}$$

等式右端的字母 e 就是在第一节里介绍过的自然对数的底，这个等式的正确性可以利用单调有界准则来证明. 为了帮助大家理解，下面给出一个直观说明.

当 $x\to\infty$ 时，函数 $f(x)=\left(1+\dfrac{1}{x}\right)^x$ 之值的变化情况如表 1-1 所示：

表 1-1 $x\to\infty$ 时 $\left(1+\dfrac{1}{x}\right)^x$ 之值的变化情况

x	1	2	3	4	5	6	10	100	1 000	$\cdots$
$\left(1+\dfrac{1}{x}\right)^x$	2	2.25	2.37	2.441	2.488	2.522	2.594	2.705	2.717	$\cdots$

从表 1-1 中不难看出，当 $x\to\infty$ 时，函数 $f(x)=\left(1+\dfrac{1}{x}\right)^x$ 的值是无限接近于 e 的.

如果设 $t=\dfrac{1}{x}$，则当 $x\to\infty$ 时，$t\to 0$. 于是有

$$\lim_{t\to 0}(1+t)^{\frac{1}{t}}=\lim_{x\to\infty}\left(1+\frac{1}{x}\right)^x=\mathrm{e}.$$

也可以写成 $\qquad\qquad\lim\limits_{x\to 0}(1+x)^{\frac{1}{x}}=\mathrm{e}. \tag{1.4.5}$

例 10 求极限 $\lim\limits_{x\to\infty}\left(1+\dfrac{1}{x}\right)^{3x}$.

解 $\lim\limits_{x\to\infty}\left(1+\dfrac{1}{x}\right)^{3x}=\lim\limits_{x\to\infty}\left[\left(1+\dfrac{1}{x}\right)^x\right]^3=\mathrm{e}^3$.

例 11 求下列极限：

（1）$\lim\limits_{x\to 0}(1+2x)^{\frac{1}{x}}$；（2）$\lim\limits_{x\to\infty}\left(1-\dfrac{1}{x}\right)^{x}$.

解 （1）设 $t=2x$，则 $x=\dfrac{t}{2}$，$\dfrac{1}{x}=\dfrac{2}{t}$，当 $x\to 0$ 时，$t\to 0$.

所以 $\lim\limits_{x\to 0}(1+2x)^{\frac{1}{x}}=\lim\limits_{t\to 0}(1+t)^{\frac{2}{t}}=\lim\limits_{t\to 0}\left[(1+t)^{\frac{1}{t}}\right]^{2}=\mathrm{e}^{2}$.

（2）设 $t=-x$，则 $x=-t$，当 $x\to\infty$ 时，$t\to\infty$.

所以 $\lim\limits_{x\to\infty}\left(1-\dfrac{1}{x}\right)^{x}=\lim\limits_{t\to\infty}\left(1+\dfrac{1}{t}\right)^{-t}=\lim\limits_{t\to\infty}\left[\left(1+\dfrac{1}{t}\right)^{t}\right]^{-1}=\lim\limits_{t\to\infty}\dfrac{1}{\left(1+\dfrac{1}{t}\right)^{t}}=\dfrac{1}{\mathrm{e}}$.

习 题 1.3

1. 求下列极限：

（1）$\lim\limits_{x\to -2}\left(3x^{2}-5x+2\right)$；

（2）$\lim\limits_{x\to\sqrt{3}}\dfrac{x^{2}-3}{x^{4}+x^{2}+1}$；

（3）$\lim\limits_{x\to 0}\left(1-\dfrac{2}{x-3}\right)$；

（4）$\lim\limits_{x\to 2}\dfrac{x^{2}-3}{x-2}$；

（5）$\lim\limits_{x\to\infty}\dfrac{(2x-1)^{30}(3x+2)^{20}}{(5x+1)^{50}}$；

（6）$\lim\limits_{x\to 3}\dfrac{x^{2}-5x+6}{x^{2}-8x+15}$；

（7）$\lim\limits_{x\to 3}\dfrac{5x^{2}-7x-24}{x^{2}+2}$；

（8）$\lim\limits_{x\to\frac{1}{4}}\dfrac{x^{3}-2x^{2}+5x-1}{3x^{3}-2}$；

（9）$\lim\limits_{x\to\sqrt{2}}\dfrac{3x^{3}+4x^{2}-x+1}{5x^{2}+14}$；

（10）$\lim\limits_{x\to\infty}\dfrac{x^{2}+1}{x^{3}+1}(3+\cos x)$.

2. 求下列极限：

（1）$\lim\limits_{x\to 0}\dfrac{\sin 5x}{\sin 3x}$；

（2）$\lim\limits_{x\to\pi}\dfrac{\sin x}{x-\pi}$；

（3）$\lim\limits_{x\to 0}\dfrac{\cos x-\cos 3x}{x^{2}}$；

（4）$\lim\limits_{x\to 0}\dfrac{2\arcsin x}{3x}$；

（5）$\lim\limits_{x\to\infty}x\cdot\sin\dfrac{2}{x}$；

（6）$\lim\limits_{x\to 0}\dfrac{1-\cos 2x}{x\sin x}$.

3. 求下列极限：

（1）$\lim\limits_{x\to\infty}\left(1+\dfrac{4}{x}\right)^{2x}$；

（2）$\lim\limits_{x\to\infty}\left(1-\dfrac{2}{x}\right)^{\frac{x}{2}-1}$；

（3）$\lim\limits_{x\to 0}\left(\dfrac{3-x}{3}\right)^{\frac{2}{x}}$；

（4）$\lim\limits_{x\to\infty}\left(\dfrac{x-1}{x+1}\right)^{x}$；

（5）$\lim\limits_{x\to1^+}(1+\ln x)^{\frac{5}{\ln x}}$；　　　　　　　（6）$\lim\limits_{x\to\frac{\pi}{2}}(1+\cos x)^{\sec x}$.

§1.4　无穷小与无穷大

§1.4.1　无穷小与无穷大

一、无穷小量

定义 1.12　若函数 $y=f(x)$ 在自变量 x 的某个变化过程中以零为极限，则称在该变化过程中，$f(x)$ 为无穷小量，简称无穷小. 经常用希腊字母 α,β,γ 表示无穷小量. 注意：

（1）定义中所说的变化过程，包括前面所定义的函数极限的六种形式.

（2）无穷小的定义对数列也适用.

（3）无穷小量是以零为极限的变量，不要把绝对值很小的常数误认为是无穷小量.

（4）不能笼统地说某个函数是无穷小量，必须指出它的极限过程，因为无穷小量与极限过程是相联系的. 在某个变化过程中的无穷小量，在其他过程中则不一定是无穷小量.

函数、函数极限与无穷小之间有如下的关系：

定理 1.2　函数 $f(x)$ 以 A 以为极限的充分必要条件是：函数 $f(x)$ 可以表示为 A 与一个无穷小量 α 之和，即

$$\lim_{x\to x_0}f(x)=A\Leftrightarrow f(x)=A+\alpha\quad(\lim_{x\to x_n}\alpha=0).$$

二、无穷大量

定义 1.13　若在自变量 x 的某个变化过程中，函数 $y=\dfrac{1}{f(x)}$ 是无穷小量，即 $\lim\dfrac{1}{f(x)}=0$，则称在该变化过程中，$f(x)$ 为无穷大量，简称无穷大. 注意：

（1）无穷大量的定义，对数列也适用.

（2）无穷大量是一个变化的量，不论多么大的一个数，都不能作为无穷大量.

（3）函数在变化过程中绝对值越来越大且可以无限增大时，才能称为无穷大量.

（4）当说某个函数是无穷大量时，必须同时指出它的极限过程.

三、无穷小量和无穷大量的关系

定理 1.3　在自变量的同一变化过程中，如果 $\lim f(x)=\infty$，那么 $\lim\dfrac{1}{f(x)}=0$；反之，如果 $\lim f(x)=0$（且 $f(x)\neq0$），那么 $\lim\dfrac{1}{f(x)}=\infty$. 证明从略.

例 1　$\lim\limits_{x\to\infty}\dfrac{3x^3-x^2+5}{x^2+4}$.

解　$\lim\limits_{x\to\infty}\dfrac{x^2+4}{3x^3-x^2+5}=\lim\limits_{x\to\infty}\dfrac{\dfrac{x^2}{x^3}+\dfrac{4}{x^3}}{\dfrac{3x^3}{x^3}-\dfrac{x^2}{x^3}+\dfrac{5}{x^3}}=\lim\limits_{x\to\infty}\dfrac{\dfrac{1}{x}+\dfrac{4}{x^3}}{3-\dfrac{1}{x}+\dfrac{5}{x^3}}=0.$

所以

$$\lim\limits_{x\to\infty}\dfrac{3x^3-x^2+5}{x^2+4}=\infty.$$

例 2　求 $\lim\limits_{x\to\infty}\dfrac{2x^2+x-3}{3x^2-x+2}.$

解　$\lim\limits_{x\to\infty}\dfrac{2x^2+x-3}{3x^2-x+2}=\lim\limits_{x\to\infty}\dfrac{\dfrac{2x^2+x-3}{x^2}}{\dfrac{3x^2-x+2}{x^2}}=\lim\limits_{x\to\infty}\dfrac{2+\dfrac{1}{x}-\dfrac{3}{x^2}}{3-\dfrac{1}{x}+\dfrac{2}{x^2}}=\dfrac{2}{3}.$

结论：如果 $f(x)=\dfrac{a_0x^n+a_1x^{n-1}+a_2x^{n-2}+\cdots+a_n}{b_0x^m+b_1x^{m-1}+b_2x^{m-2}+\cdots+b_m}\ (a_0\neq0,b_0\neq0),$

则

$$\lim\limits_{x\to\infty}f(x)=\begin{cases}0,&\text{当}m>n,\\[2mm]\dfrac{a_0}{b_0},&\text{当}m=n,\\[2mm]\infty,&\text{当}m<n.\end{cases}$$

四、无穷小量的性质

性质 1.1　有限个无穷小量的代数和仍然是无穷小量.

性质 1.2　有界变量乘无穷小量仍是无穷小量.

性质 1.3　常数乘无穷小量仍是无穷小量.

性质 1.4　无穷小量乘无穷小量仍是无穷小量.

例 3　求 $\lim\limits_{x\to0}x\sin\dfrac{1}{x}.$

解　因为 $\left|\sin\dfrac{1}{x}\right|\leqslant1$，所以 $\sin\dfrac{1}{x}$ 是有界变量；当 $x\to0$ 时，x 是无穷小量. 根据性质 1.2，乘积 $x\sin\dfrac{1}{x}$ 是无穷小量，即

$$\lim\limits_{x\to0}x\sin\dfrac{1}{x}=0.$$

从以上的性质中容易知道，无穷小量与有界函数、常数、无穷小量的乘积仍然是无穷小量，但不能认为无穷小量与任何量的乘积都是无穷小量. 事实上，无穷小量与无穷大量的乘积就不一定是无穷小量. 因此，在遇到乘积中有无穷小量时，应特别注意条件.

例 4　求（1）$\lim\limits_{n\to\infty}\left(\dfrac{1}{n^2}+\dfrac{2}{n^2}+\dfrac{3}{n^2}+\dfrac{4}{n^2}\right);$

（2）$\lim\limits_{n\to\infty}\left(\dfrac{1}{n^2}+\dfrac{2}{n^2}+\cdots+\dfrac{n}{n^2}\right).$

解 （1）原式=0+0+0+0=0.

（2）当 $n \to \infty$ 时，这是无穷多项相加，故不能用极限运算法则，先变形：

$$原式 = \lim_{n \to \infty} \frac{1}{n^2}(1+2+\cdots+n) = \lim_{n \to \infty} \frac{1}{n^2} \cdot \frac{n(n+1)}{2} = \lim_{n \to \infty} \frac{n+1}{2n} = \frac{1}{2}.$$

无穷小的性质：有限个无穷小的和是无穷小，上例说明了无限个无穷小的和不一定是无穷小. 这就告诉我们：

（1）勿以善小而不为，勿以恶小而为之.

（2）每个人的生活都是由一件件小事组成的，养小德才能成大德. ——习近平

（3）体现量变到质变的规律.

（4）学习和爱心，哪怕再小的努力也不嫌少.

懂得做任何事情，需要恒心和毅力，坚持就是胜利.

例 5 求极限 $\lim\limits_{x \to \infty} \dfrac{\sin x}{x}$.

解 原式 $= \lim\limits_{x \to \infty} \dfrac{1}{x} \cdot \sin x$（恒等变形）.

因为当 $x \to \infty$ 时，$\dfrac{1}{x} \to 0$，即 $\dfrac{1}{x}$ 是当 $x \to \infty$ 时的无穷小，而

$|\sin x| \leqslant 1$，即 $\sin x$ 是有界函数，由无穷小的性质：

有界函数乘无穷小仍是无穷小，得 $\lim\limits_{x \to \infty} \dfrac{\sin x}{x} = 0$.

§1.4.2 无穷小量的阶

从表 1-2 中看到，当 $x \to \infty$ 时 $\dfrac{1}{x}$，$\dfrac{2}{x}$，$\dfrac{1}{x^2}$ 趋于零的速度明显不同，$\dfrac{1}{x^2}$ 比 $\dfrac{1}{x}$，$\dfrac{2}{x}$ 要快得多，为了比较无穷小量，我们引入阶的概念.

表 1-2　$\dfrac{1}{x}$，$\dfrac{2}{x}$，$\dfrac{1}{x^2}$ 趋于零的情况

x	1	10	100	1 000	10 000	$\cdots$	$\to \infty$
$\dfrac{1}{x}$	1	0.1	0.01	0.001	0.000 1	$\cdots$	$\to 0$
$\dfrac{2}{x}$	2	0.2	0.02	0.002	0.000 2	$\cdots$	$\to 0$
$\dfrac{1}{x^2}$	1	0.01	0.000 1	0.000 001	0.000 000 01	$\cdots$	$\to 0$

定义 1.14 设 α、β 是同一变化过程中的两个无穷小量，

（1）若 $\lim \dfrac{\beta}{\alpha} = 0$，则称 β 是比 α 高阶的无穷小量，记作 $\beta = °(\alpha)$；

（2）若 $\lim\dfrac{\beta}{\alpha}=\infty$，则称 β 是比 α 低阶的无穷小量；

（3）若 $\lim\dfrac{\beta}{\alpha}=c$（$c$ 是不等于零的常数），则称 β 是与 α 同阶的无穷小量，特别地，若 $c=1$，则称 β 是与 α 等价的无穷小量，记作 $\beta\sim\alpha$.

由定义知，$\dfrac{1}{x^2}$ 是比 $\dfrac{1}{x}$，$\dfrac{2}{x}$ 高阶无穷小量，而 $\dfrac{1}{x}$ 与 $\dfrac{2}{x}$ 是同阶无穷小量.

关于等价的无穷小有下面重要的定理：

定理 设 α，β，α'，β' 为同一变化过程中的无穷小，若 $\alpha\sim\alpha'$，$\beta\sim\beta'$，且 $\lim\dfrac{\beta'}{\alpha'}$ 存在，则有

$$\lim\frac{\beta}{\alpha}=\lim\frac{\beta'}{\alpha'}.$$

这个定理告诉我们，在求两个无穷小之比的极限时，可将分子、分母用等价的无穷小来代替，这样做可以简化极限运算.

下面是几个常用的等价无穷小：当 $x\to 0$ 时，有

$$\sin x\sim x，\quad \tan x\sim x，\quad \arcsin x\sim x，$$
$$\arctan x\sim x,\ln(1+x)\sim x,\mathrm{e}^x-1\sim x,$$
$$1-\cos x\sim\frac{x^2}{2},\sqrt[n]{1+x}-1\sim\frac{1}{n}x.$$

例 4 求 $\lim\limits_{x\to 0}\dfrac{\sin 3x}{x}$.

解 因为当 $x\to 0$ 时，$\sin 3x\sim 3x$，所以

$$\lim_{x\to 0}\frac{\sin 3x}{x}=\lim_{x\to 0}\frac{3x}{x}=3.$$

例 5 求 $\lim\limits_{x\to 0}\dfrac{\tan x-\sin x}{x^3}$.

解 因为

$$\tan x-\sin x=\tan x(1-\cos x)，当 x\to 0 时，\tan x\sim x,1-\cos x\sim\frac{x^2}{2}，$$

所以

$$\lim_{x\to 0}\frac{\tan x-\sin x}{x^3}=\lim_{x\to 0}\frac{\tan x(1-\cos x)}{x^3}=\lim_{x\to 0}\frac{x\cdot\dfrac{x^2}{2}}{x^3}=\frac{1}{2}.$$

应用等价无穷小求极限时，要注意以下两点：

（1）分子、分母都是无穷小；

（2）用等价的无穷小代替时，只能替换整个分子或分母中的因子，而不能替换分子或分母中的项.

习 题 1.4

1. 下列各题中哪些是无穷小量，哪些是无穷大量？

（1）$\dfrac{1+x}{x^2}(x \to \infty)$；

（2）$\dfrac{3x-1}{x}(x \to 0)$；

（3）$\ln|x|(x \to 0)$；

（4）$\mathrm{e}^{\frac{1}{x}}(x \to 0)$.

2. 当 $x \to +\infty$ 时，下列无穷小中哪些与无穷小 $\dfrac{1}{x}$ 是同阶、等价、高阶的无穷小？

（1）$\dfrac{1}{3x}$；　　　　　　（2）$\dfrac{1}{x^3}$；　　　　　　（3）$\dfrac{1}{|x|}$.

3. 利用等价无穷小求下列函数的极限：

（1）$\lim\limits_{x \to 0} \dfrac{\sin^k x}{x^k}$；

（2）$\lim\limits_{x \to 0} \dfrac{1-\cos x}{x^2}$；

（3）$\lim\limits_{x \to 0} \dfrac{\sin 3x}{\tan 2x}$；

（4）$\lim\limits_{x \to 0} \dfrac{\ln(1+\sin x)}{\mathrm{e}^x - 1}$.

§1.5 函数的连续性

§1.5.1 函数的连续性

一、函数的增量

定义 设函数 $y = f(x)$ 在 x_0 的某个领域内有定义，当自变量从 x_0 变化到 x（x 仍在领域内）时，称 $\Delta x = x - x_0$ 为自变量的增量. 与此同时，函数值也由 $f(x_0)$ 变化到 $f(x)$，即 $f(x_0 + \Delta x)$，称

$$\Delta y = f(x) - f(x_0) = f(x_0 + \triangle x) - f(x_0)$$

为函数的增量（或改变量）.

二、函数连续性概念

定义 1.16 设函数 $y = f(x)$ 在点 x_0 处及其附近有定义，如果

$$\lim\limits_{x \to x_0} f(x) = f(x_0),$$

就说函数 $f(x)$ 在点 x_0 处连续.

根据定义 1.15，函数 $y = f(x)$ 在点 x_0 连续必须满足以下三个条件：

（1）函数 $f(x)$ 在点 x_0 处有定义；

（2）$\lim\limits_{x \to x_0} f(x)$ 存在；

（3）$\lim_{x \to x_0} f(x) = f(x_0)$.

例1 用定义证明函数 $y = 2x + 1$ 在点 $x = 3$ 处连续.

证 函数 $f(x)$ 在点 $x = 3$ 处有定义，且 $f(3) = 2 \times 3 + 1 = 7$.

因为 $\lim_{x \to 3}(2x + 1) = \lim_{x \to 3} 2x + \lim_{x \to 3} 1 = 2 \times 3 + 1 = 7 = f(3)$，所以函数 $y = 2x + 1$ 在点 $x = 3$ 处连续.

定义 1.17 设函数 $y = f(x)$ 在点 x_0 处及其附近有定义，如果

$$\lim_{\Delta x \to 0} \Delta y = \lim_{\Delta x \to 0}\left[f(x_0 + \Delta x) - f(x_0)\right] = 0 ,$$

就说函数 $f(x)$ 在点 x_0 处连续.

结论：（1）若函数 $y = f(x)$ 在点 x_0 连续，则 $y = f(x)$ 在点 x_0 处的极限一定存在；反之，若 $y = f(x)$ 在点 x_0 处的极限存在，则函数 $y = f(x)$ 在点 x_0 处不一定连续.

（2）若函数 $y = f(x)$ 在点 x_0 连续，要求 $x \to x_0$ 时 $f(x)$ 的极限只需求出 $y = f(x)$ 在点 x_0 处的函数值 $f(x_0)$ 即可.

（3）当函数 $y = f(x)$ 在点 x_0 连续时，有

$$\lim_{x \to x_0} f(x) = f(x_0) = f\left(\lim_{x \to x_0} x\right) .$$

这个等式的成立意味着在函数连续的前提下，极限符号与函数符号可以互相交换.

三、函数在区间内的连续性

定义 1.18 如果函数 $f(x)$ 在区间 (a,b) 内每一点处都连续，就说 $f(x)$ 在区间 (a,b) 内连续，或说 $f(x)$ 是区间 (a,b) 内的连续函数，区间 (a,b) 叫作函数 $f(x)$ 的连续区间.

如果函数 $f(x)$ 在区间 $[a,b]$ 上有定义，在开区间 (a,b) 内连续，且在区间端点处满足 $\lim_{x \to a^+} f(x) = f(a)$，$\lim_{x \to b^-} f(x) = f(b)$，就说函数 $f(x)$ 在闭区间 $[a,b]$ 上连续.

四、初等函数的连续性

定理 1.4 若函数 $f(x)$ 与 $g(x)$ 在点 x_0 连续，则这两个函数的和 $f(x) + g(x)$、差 $f(x) - g(x)$、积 $f(x) \cdot g(x)$、商 $\dfrac{f(x)}{g(x)} (g(x_0) \neq 0)$ 在点 x_0 连续.

定理 1.5 若函数 $u = \varphi(x)$ 在点 x_0 处连续，$y = f(u)$ 在点 u_0 处连续，且 $u_0 = \varphi(x_0)$，则复合函数 $y = f[\varphi(x)]$ 在点 u_0 处连续.结论：

（1）基本初等函数在其定义域内都是连续的.

（2）连续函数经过有限次的四则运算和复合之后，得到的函数仍然是连续的.

（3）一切初等函数在其定义区间内都是连续的，初等函数的连续区间就是其定义区间，初等函数在其定义区间内点 x_0 处的极限值就是其函数值 $f(x_0)$.

例2 求下列函数的连续区间：

（1）$y = \dfrac{x}{x^2 - 3x + 2}$；　　　　　　（2）$y = \ln(x^2 - 1)$.

解 （1）由 $x^2 - 3x + 2 = 0$，得 $x = 1$ 或 $x = 2$.

可知，函数的定义域是 $x \neq 1$ 或 $x \neq 2$，即

$$(-\infty, 1) \cup (1, 2) \cup (2, +\infty).$$

所以函数的连续区间是 $(-\infty, 1)$、$(1, 2)$、$(2, +\infty)$.

（2）由 $x^2 - 1 > 0$，$x^2 > 1$，得 $x < -1$ 或 $x > 1$.

可知，函数的定义域是 $(-\infty, -1) \cup (1, +\infty)$.

所以函数的连续区间是 $(-\infty, -1)$、$(1, +\infty)$.

例 3 求下列函数的极限：

（1）$\lim\limits_{x \to \frac{\pi}{4}} \ln(\tan x)$；（2）$\lim\limits_{x \to 1} \sqrt{x^2 - 5x + 9}$.

解（1）$\lim\limits_{x \to \frac{\pi}{4}} \ln(\tan x) = \ln\left(\tan \frac{\pi}{4}\right) = \ln 1 = 0$；

（2）$\lim\limits_{x \to 1} \sqrt{x^2 - 5x + 9} = \sqrt{2^2 - 5 \times 2 + 9} = \sqrt{3}$.

例 4 求 $\lim\limits_{x \to 0} \dfrac{\sqrt{1+x} - 1}{x}$.

解 $\lim\limits_{x \to 0} \dfrac{\sqrt{1+x} - 1}{x} = \lim\limits_{x \to 0} \dfrac{(\sqrt{1+x} - 1)(\sqrt{1+x} + 1)}{x(\sqrt{1+x} + 1)}$

$$= \lim\limits_{x \to 0} \frac{x}{x(\sqrt{1+x} + 1)} = \lim\limits_{x \to 0} \frac{1}{\sqrt{1+x} + 1} = \frac{1}{2}.$$

§1.5.2 函数的间断点

定义 1.19 若函数 $y = f(x)$ 在点 x_0 不连续，则称为 x_0 为 $y = f(x)$ 的一个间断点.

由函数在某点连续的定义可知，如果 $y = f(x)$ 在点 x_0 处有下列三种情况之一，则点 x_0 是 $y = f(x)$ 的一个间断点.

（1）函数 $f(x)$ 在点 x_0 处没有定义；

（2）$\lim\limits_{x \to x_0} f(x)$ 不存在；

（3）虽然 $\lim\limits_{x \to x_0} f(x)$ 存在，但 $\lim\limits_{x \to x_0} f(x) \neq f(x_0)$.

例 5 判断函数 $y = f(x) = \dfrac{1}{x+1}$ 在点 $x = -1$ 处的连续性.

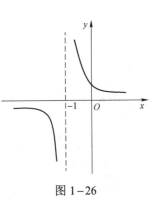

图 1-26

解 因为 $f(x) = \dfrac{1}{x+1}$ 在点 $x = -1$ 处没有定义，所以 $x = -1$ 是

$f(x) = \dfrac{1}{x+1}$ 的一个间断点，如图 1-26 所示.

又因为 $\lim\limits_{x \to -1} \dfrac{1}{x+1} = \infty$，所以点 $x = -1$ 称为 $f(x)$ 的无穷间断点.

例 6 判断函数 $f(x) = \begin{cases} 2x + 1, & x \geq 0, \\ x, & x < 0 \end{cases}$ 在点 $x = 0$ 处是否连续.

33

解 虽然在点 $x=0$ 处 $f(x)$ 有定义，且 $f(0)=0$，但是在 $x=0$ 处，有

$$\lim_{x\to 0^-} f(x) = \lim_{x\to 0^-} x = 0,$$

$$\lim_{x\to 0^+} f(x) = \lim_{x\to 0^+} (2x+1) = 1.$$

即 $f(x)$ 在 $x=0$ 处左、右极限不相等，由定理 1.1 可知，$f(x)$ 在 $x=0$ 处极限不存在.所以 $x=0$ 是 $f(x)$ 的一个跳跃间断点.如图 1-27 所示.

例 7 判断函数 $y=f(x)=\begin{cases} \dfrac{x^2-4}{x+2}, & x\neq -2, \\ 4, & x=-2 \end{cases}$ 在点 $x=-2$ 处是否连续.

解 虽然在点 $x=-2$ 处 $f(x)$ 有定义，$f(-2)=4$，且点 $x=-2$ 处函数的极限存在，即

$$\lim_{x\to -2} f(x) = \lim_{x\to -2} \frac{x^2-4}{x+2} = \lim_{x\to -2}(x-2) = -4,$$

但是

$$\lim_{x\to -2} f(x) \neq f(-2).$$

所以，$x=-2$ 是 $f(x)$ 的一个间断点，如图 1-28 所示.从图中不难看出，只要在 x_0 点改变定义与补充定义，就可以使 $f(x)$ 在该点连续.因此称 $x\to x_0$ 时极限存在的间断点为可去间断点.

函数的间断点通常分为两类：设 x_0 是 $f(x)$ 的间断点，如果 x 在 x_0 的左右极限都存在，则称 x_0 是 $f(x)$ 的第一类间断点. 在第一类间断点中，若 x 在 x_0 的左右极限都存在且相等，则称 x_0 为可去间断点；若 x 在 x_0 的左右极限都存在但不相等，则称 x_0 为跳跃间断点. 第一类间断点以外的其他间断点统称为第二类间断点. 无穷间断点是第二类间断点.

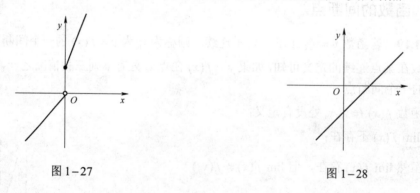

图 1-27　　　　　　　　　　　　　　　　　图 1-28

例 8 已知函数 $f(x)=\begin{cases} x^2+1, & x<0, \\ 2x+b, & x\geq 0 \end{cases}$ 在点 $x=0$ 处连续，求 b 的值.

解 $\lim_{x\to 0^-} f(x) = \lim_{x\to 0^-}(x^2+1) = 1$，

$\lim_{x\to 0^+} f(x) = \lim_{x\to 0^+}(2x+b) = b$.

因为 $f(x)$ 在点 $x=0$ 处连续，则 $\lim_{x\to 0^-} f(x) = \lim_{x\to 0^+} f(x)$.

即 $b=1$.

§1.5.3 闭区间上连续函数的性质

定理 1.6 如果函数 $f(x)$ 在闭区间 $[a,b]$ 上连续，那么 $f(x)$ 在闭区间上有最大值和最小值.

例如，在图 1−29 中，$f(x)$ 在闭区间 $[a,b]$ 上连续，在点 x_1 处取得最小值 m 和点 b 处取得最大值 M.

定理 1.7 如果函数 $f(x)$ 在闭区间 $[a,b]$ 上连续，M 和 m 分别为 $f(x)$ 在 $[a,b]$ 上的最大值与最小值，则对介于 m 和 M 之间的任一实数 C，至少存在一点 $\xi \in (a,b)$，使得 $f(\xi)=C$.

定理 1.7 一般称为介值定理，它还有下面的推论.

推论 如果函数 $f(x)$ 在闭区间 $[a,b]$ 上连续，且 $f(a)$ 与 $f(b)$ 异号，则至少存在一点 $\xi \in (a,b)$，使得 $f(\xi)=0$.

例如在图 1−30 中，连续曲线 $y=f(x)$ 与直线 $y=C$ 相交于两点，其横坐标分别为 ξ_1，ξ_2，$f(\xi_1)=f(\xi_2)=C$.

在图 1−31 中，连续曲线 $y=f(x)$ $(f(a)<0,f(b)>0)$ 与 x 轴相交于点 ξ 处，$f(\xi)=0$.

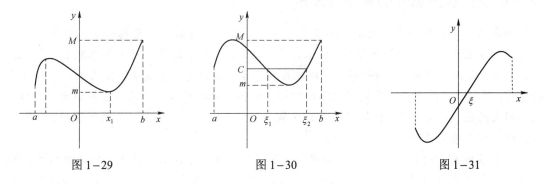

图 1−29   图 1−30   图 1−31

习 题 1.5

1. 要使 $f(x)$ 连续，常数 a,b 各应取何值？

$$f(x)=\begin{cases} \dfrac{1}{x}\sin x, & x<0, \\ a, & x=0, \\ x\sin\dfrac{1}{x}+b, & x>0. \end{cases}$$

2. 指出下列函数的间断点：

（1）$f(x)=\dfrac{1}{x^2-1}$；   （2）$f(x)=\mathrm{e}^{\frac{1}{x}}$；

$(3)\ f(x) = \begin{cases} x, & x \neq 1, \\ \dfrac{1}{2}, & x = 1; \end{cases}$ $\qquad$ $(4)\ f(x) = \begin{cases} \dfrac{1}{x+1}, & x < -1, \\ x, & -1 \leqslant x \leqslant 1, \\ (x-1)\sin\dfrac{1}{x-1}, & x > 1. \end{cases}$

3. 求下列极限:

$(1)\ \lim\limits_{x\to 1}\ln(e^x + |x|);$ $\qquad$ $(2)\ \lim\limits_{x\to 4}\dfrac{\sqrt{2x+1}-3}{\sqrt{x-2}-\sqrt{2}};$

$(3)\ \lim\limits_{x\to 0}\dfrac{\log_a(1+3x)}{x};$ $\qquad$ $(4)\ \lim\limits_{x\to 0^-}\dfrac{2^{\frac{1}{x}}-1}{2^{\frac{1}{x}}+1}.$

4. 证明：方程 $4x - 2^x = 0$ 在 $\left(0, \dfrac{1}{2}\right)$ 内至少有一个实根.

课外阅读：极限思想的起源与发展

如果把数学比作一个浩瀚无边而又奇异神秘的宇宙，那么极限思想就是这个宇宙中最闪亮最神秘最牵动人心的恒星之一. 极限，单从字面上来讲，就足以让人浮想联翩，发散思维，引发出无限的想象. "挑战极限，超越自我"曾是我们高三时期激励自己努力学习的铮铮誓言. 然而这只是生活中我们对极限的理解，还很幼稚很肤浅，与数学上所讲的"极限"还有很大的区别. 我们可以把极限思想的发展历程大致分为三个阶段——萌芽阶段、发展阶段、进一步发展完善阶段.

数学家拉夫纶捷夫曾说："数学极限法的创造是对那些不能够用算术、代数和初等几何的简单方法来求解的问题进行了许多世纪的顽强探索的结果." 极限思想的历史可谓源远流长，一直可以追溯到 2 000 多年前. 这一时期可以称作极限思想的萌芽阶段. 其突出特点为人们已经开始意识到极限的存在，并且会运用极限思想解决一些实际问题，但是还不能够对极限思想得出一个抽象的概念. 也就是说，这时的极限思想建立在一种直观的原始基础上，没有上升到理论层面，人们还不能够系统而清晰地利用极限思想解释现实问题. 极限思想的萌芽阶段以希腊的芝诺，中国古代的惠施、刘徽、祖冲之等为代表.

提到极限思想，就不得不提到著名的阿基里斯悖论——一个困扰了数学界十几个世纪的问题. 阿基里斯悖论是由古希腊的著名哲学家芝诺提出的，他的话援引如下："阿基里斯（希腊的神学太保，以跑步快而闻名）要追上在前面的乌龟，必须先到达乌龟的出发点，而那时乌龟又已经跑过前面一段路了，如此等等，因而永远不能追上乌龟. 从概念上，面临这样一个倒退，他甚至不可能开始，因此运动是不可能的." 就是这样一个从直觉与现实两个角度都不可能的问题困扰了世人十几个世纪. 直至十七世纪，随着微积分的发展，极限的概念得到进一步的完善，阿基里斯悖论对人们造成的困惑才得以解除.

无独有偶，我国春秋战国时期的哲学名著《庄子》记载着惠施的一句名言"一尺之棰，日取其半，万事不竭." 也就是说，从一尺长的竿，每天截取前一天剩下的一半，随着时间的流逝，竿会越来越短，长度越来越趋近于零，但又永远不会等于零. 这更是从直观上体现了极限思想. 我国古代的刘徽和祖冲之计算圆周率时所采用的"割圆术"则是极限思想的一种基本应用. 所谓"割圆术", 就是用半径为 R 的圆的内接正多边形的边数 n 一倍一倍地增多, 多边形的面积 A_n 就越来越接近于圆的面积 πR^2. 在有限次的过程中, 用正多边形的面积来逼近圆的面积, 只能达到近似的程度. 但可以想象, 如果把这个过程无限次地继续下去, 就能得到精确的圆面积.

以上诸多内容都是极限思想萌芽阶段的一些表现, 尽管在这一阶段人们没有明确提出极限这一概念, 但是哲人们留下的这些生动事例却是激发后人继续积极探索极限、发展极限思想的不竭动力. 极限思想的发展阶段大致在十六七世纪. 在这一阶段, 真正意义上的极限得以产生. 从这一时期开始, 极限与微积分开始形成密不可分的关系, 并且最终成为微积分的直接基础. 尽管极限概念被明确提出, 可是它仍然过于直观, 与数学上追求严密的原则相抵触.

例如, 在瞬时速度这一问题上, 牛顿曾说: "两个量和量之比, 如果在有限时间内不断趋于相等, 且在这一时间终止前互相靠近, 使得其差小于任意给定的差, 则最终就成为相等." 牛顿所运用的极限概念, 只是接近于下列直观性的语言描述: "如果当 n 无限增大时, x_n 无限地接近于常数 A, 那么就说 x_n 以 A 为极限." 这只是 "在运动观点的基础上凭借几何图像产生的直觉用自然语言作出的定性描述". 这一概念固然直观、清晰、简单易懂, 但是从数学的角度审视, 对极限的认识不能仅停留在直观的认识阶段. 极限需要有一个严格意义上的概念描述.

于是, 人们继续对极限进行深入的探索, 推动极限进入了发展的第三个阶段. 值得注意的是, 极限思想的完善与微积分的严格化密切相关. 18 世纪时, 罗宾斯、达朗贝尔与罗伊里艾等人先后明确地表示必须将极限作为微积分的基础, 并且都对极限作出了定义. 然而他们仍然没有摆脱对几何直观的依赖. 尽管如此, 他们对极限的定义也是有所突破的, 极限思想也是无时无刻不在进步着.

直至 19 世纪, 维尔斯特拉斯提出了极限的静态定义. 其定义如下: 所谓 $x_n = A$, 是指 "如果对任何 $\varepsilon > 0$, 总存在自然数 N, 使得当 $n > N$ 时, 不等式 $|x_n - A| < \varepsilon$ 恒成立." 在这一定义中, "无限""接近"等字眼消失了, 取而代之的是数字及其大小关系. 排除了极限概念中的直观痕迹, 这一定义被认为是严格的. 数学极限的 "$\varepsilon - N$" 定义远没有建立在运动和直观基础上的描述性定义易于理解. 这也体现出了数学概念的抽象性, 越抽象越远离原型, 然而越能精确地反映原型的本质. 不管怎么说, 极限终于迎来了属于自己的严格意义上的定义, 为以后极限思想的进一步发展以及微积分的发展开辟了新的道路.

在极限思想的发展历程中, 变量与常量, 有限与无限, 近似与精确的对立统一关系体现得淋漓尽致. 从这里, 我们可以看出数学并不是自我封闭的学科, 它与其他学科有着千丝万缕的联系. 正如一位哲人所说 "数学不仅是一种方法, 一门艺术或一种语言, 数学更是一门有着丰富内容的知识体系." 在探求极限起源与发展的过程中, 我发现数学确实是一个美丽的世界, 享受数学是一个美妙的过程. 以前总是觉得数学枯燥艰涩, 可是通过近段时间对极限思想的探究, 我真切地感受到数学之美. 在数学推理的过程中, 我们可以尽情发散自己的思维, 抛开身边的一切烦恼, 插上智慧的双翼遨游于浩瀚无疆的数学世界. 什么琐事都不要想, 全身心投入其中, 享受智慧的自由飞翔, 这种感觉真的很美.

培根说: "数学使人精细." 我觉得应该再加上一句——数学使人尽情享受思维飞翔的美感.

本 章 小 结

一、函数的概念和性质

（1）理解函数的定义，掌握函数的性质及判定，会求函数的定义域.

（2）熟练掌握基本初等函数的图像和性质.

（3）掌握复合函数的复合过程.

二、极限的定义

数列极限的定义，函数极限存在的充分必要条件：

（1） $\lim\limits_{x \to \infty} f(x) = A \to \lim\limits_{x \to +\infty} f(x) = \lim\limits_{x \to -\infty} f(x) = A$.

（2） $\lim\limits_{x \to x_0} f(x) = A \to \lim\limits_{x \to x_0^-} f(x) = \lim\limits_{x \to x_0^+} f(x) = A$.

三、极限的运算法则

设 $\lim\limits_{x \to x_0} f(x) = A$ ， $\lim\limits_{x \to x_0} g(x) = B$ ，则有

（1） $\lim\limits_{x \to x_0} [f(x) \pm g(x)] = \lim\limits_{x \to x_0} f(x) \pm \lim\limits_{x \to x_0} g(x) = A \pm B$.

（2） $\lim\limits_{x \to x_0} [f(x) \cdot g(x)] = \lim\limits_{x \to x_0} f(x) \lim\limits_{x \to x_0} g(x) = A \cdot B$.

（3） $\lim\limits_{x \to x_0} \dfrac{f(x)}{g(x)} = \dfrac{\lim\limits_{x \to x_0} f(x)}{\lim\limits_{x \to x_0} g(x)} = \dfrac{A}{B} (B \neq 0)$.

由法则 2 可以推出：

$\lim\limits_{x \to x_0} [Cf(x)] = C \lim\limits_{x \to x_0} f(x)$ （C是常数）.

$\lim\limits_{x \to x_0} [f(x)]^n = \left[\lim\limits_{x \to x_0} f(x) \right]^n (n \in \mathbf{N}^+)$.

这些法则对于 $x \to \infty$ 时的情况也成立.

四、求极限的方法小结

（1）利用函数的连续性求极限：直接代入法.

（2）利用极限的四则运算法则来求极限.

（3）利用重要极限公式求极限：

① $\lim\limits_{x \to 0} \dfrac{\sin x}{x} = 1$ ；② $\lim\limits_{x \to \infty} \left(1 + \dfrac{1}{x}\right)^x = e$.

（4）利用无穷小量的性质求极限.

（5）利用等阶无穷小量替换求极限.

（6）对于有理分式的极限，可以按照下面归纳的方法计算：

① $x \to x_0$ 时，分母极限不为 0 时，直接代入求极限；当分母极限为 0 时，先做初等变换再求极限.

② $x \to \infty$ 时，有以下结果：

$$\lim_{x \to \infty} \frac{a_0 x^m + a_1 x^{m-1} + \cdots + a_m}{b_0 x^n + b_1 x^{n-1} + \cdots + b_n} = \begin{cases} \dfrac{a_0}{b_0}, & m = n, b_0 \neq 0, \\ 0, & m < n, \\ \infty, & m > n. \end{cases}$$

五、闭区间连续函数的性质

最值定理： 如果函数 $f(x)$ 在闭区间 $[a,b]$ 上连续，那么 $f(x)$ 在闭区间上有最大值和最小值.

介质定理： 如果函数 $f(x)$ 在闭区间 $[a,b]$ 上连续，M 和 m 分别为 $f(x)$ 在 $[a,b]$ 上的最大值与最小值，则对介于 m 和 M 之间的任一实数 C，至少存在一点 $\xi \in (a,b)$，使得 $f(\xi) = C$.

推论（零点定理） 如果函数 $f(x)$ 在闭区间 $[a,b]$ 上连续，且 $f(a)$ 与 $f(b)$ 异号，则至少存在一点 $\xi \in (a,b)$，使得 $f(\xi) = 0$.

六、经济中常用的函数（经济管理系选学）

1. 需求函数与价格函数

线性需求函数：$Q = a - bp$，其中，$b \geqslant 0$，$a \geqslant 0$ 均为常数；

二次需求函数：$Q = a - bp - cp^2$，其中，$a \geqslant 0$，$b \geqslant 0$，$c \geqslant 0$ 均为常数；

指数需求函数：$Q = A\mathrm{e}^{-bp}$，其中，$A \geqslant 0$，$b \geqslant 0$ 均为常数；

幂函数需求函数：$Q = AP^{-a}$，其中，$A \geqslant 0$，$a > 0$ 均为常数.

2. 供给函数

"供给量"是在一定价格水平下，生产者愿意出售并且有可供出售的商品量，如果不考虑价格以外的其他因素，则商品的供给量 S 是价格 p 的函数，记作 $S = S(p)$.

3. 总成本函数

生产 q 个单位某种产品时的可变成本 C_2 与固定成本 C_1 之和，称为总成本函数，记作 C，即 $C = C(q) = C_1 + C_2(q)$.

4. 收益函数

$$R = R(q) = qP(q)，\quad \overline{R} = \frac{R(q)}{q} = P(q)，$$

其中，$P(q)$ 是商品的价格函数.

5. 利润函数

总利润 $L = L(q) = R(q) - C(q)$，其中，q 是产品数量.

平均利润记作 $\overline{L} = \overline{L}(q) = \dfrac{L(q)}{q}$.

评注：一般地，收入随着销售量的增加而增加，但利润并不总是随销售量的增加而增加. 它可出现三种情况：

（1）如果 $L(q) = R(q) - C(q) > 0$，则生产处于盈利状态；

（2）如果 $L(q) = R(q) - C(q) < 0$，则生产处于亏损状态；

（3）如果 $L(q) = R(q) - C(q) = 0$，则生产处于保本状态. 此时的产量 q_0 称为无盈亏点.

数学实验与应用一

【实验课题】

1. 用 Mathematica 求复合函数.

基本语句：

  f[x_]: =含 x 的表达式

功能：自定义一元函数.

  ReplaceAll[expr, Rule[x, value]]

功能：在表达式 expr 中用 value 替换 x.

FullSimplify[expr, assum]

功能：在 assum 条件下化简 expr.

2. 用 Mathematica 作一元函数的图像.

通过图像认识函数，利用图像观察分析函数的特性.

基本语句：

Plot[f, {x, a, b}]

功能：作函数 $f(x)$ 在 (a,b) 内的图像.

ParametricPlot[{x[t], y[t]}, {t, a, b}]

功能：作参数方程形式下函数的图像.

3. 用 Mathematica 求极限.

基本语句：

Limit[f[n], n−>Infinity]

功能：求 $f(n)$ 当 n 趋于 ∞ 时的极限.

Limit[f[x], x−>a]

功能：求 $f(x)$ 当 x 趋于 a 时的极限.

Limit[f[x], x−>a, Direction−>1]

功能：求 $f(x)$ 当 x 趋于 a 时的左极限（若选 Direction−>−1 项，为右极限）.

【实验内容】

1. 求 $f = \dfrac{1-x^2}{1+x^2}, x = \cos(t)$ 的复合函数.

输入并运行下列 Mathematica 语句：

F[x_]: =（1−x^2）/（1+x^2）

ReplaceAll[f[x], Rule[x, Cos[t]]]

结果显示：$\dfrac{1-\cos[t]^2}{1+\cos[t]^2}$.

FullSimplify[ReplaceAll[f[x]，Rule[x，Cos[t]]]]

结果显示：$-1+\dfrac{4}{3+\cos[2t]}$.

即 $f[x(t)]=-1+\dfrac{4}{3+\cos(2t)}$.

2. 作以下函数的图像.

（1）$f(x)=\dfrac{1-x^2}{1+x^2}$；

f[x_]：=（1 − x^2）/（1 + x^2）
Plot[f[x]，{x，−5，5}]
图像如图 1−32 所示.

（2）$\begin{cases} x=\cos^3 t, \\ y=\sinh^3 t; \end{cases}$　$(0\leqslant t\leqslant 2\pi)$

x[t_]：=Cos[t]^3；
y[t_]：=Sin[t]^3；
ParametricPlot[{x[t]，y[t]}，{t，0，2*Pi}]
图像如图 1−33 所示.

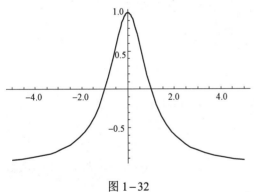

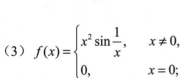

图 1−32

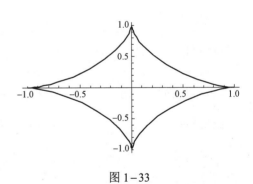

图 1−33

（3）$f(x)=\begin{cases} x^2\sin\dfrac{1}{x}, & x\neq 0, \\ 0, & x=0; \end{cases}$

图像如图 1−34 所示.
f[x_]：=x^2*Sin[1/x]；
Plot[f[x]，{x，−1，1}].
观察图像可知，当 $x\to 0$ 时函数的变化趋势.

（4） $f(x)=\begin{cases} x-1, & x\geqslant 0, \\ x^2, & -1<x<0, \\ \sin x, & x\leqslant -1. \end{cases}$

输入并运行下列 Mathematica 语句：

f[x_] : = x − 1/; x >= 0;

f[x_] : = x^2/; （x > −1） && （x < 0）；

f[x_] : = Sin[x]/; x <= −1;

Plot[f[x]，{x，−2，2}]

图像如图 1−35 所示.

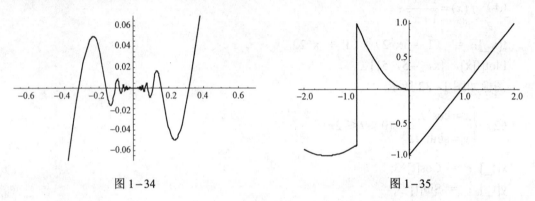

图 1−34   图 1−35

3. 求下列极限：

（1） $\lim\limits_{x\to 0}(1+\cos 2x)^{\sin x}$ ；   （2） $\lim\limits_{\Delta x\to 0^+}\dfrac{x}{|x|}$ ；   （3） $\lim\limits_{n\to +\infty}\dfrac{2n^3+n-5}{n^2-3n^3}$.

输入并运行下列 Mathematica 语句：

Limit[1 + Cos[2x]^Sin[x]，x −> 0]

Limit[x/Abs[x]，x −> 0，Direction −> −1]

Limit[（2n^3 + n − 5）/ （n^2 − 3n^3），n −> Infinity]

结果显示：   2   1 $-\dfrac{2}{3}$.

4. 已知函数 $y=f(x)$ 有下列数据点：（1，2），（2，5），（3，10），（4，17），作出这组数据点的散点图，并且连点成线.

输入并运行下列 Mathematica 语句：

b = {{1，2}，{2，5}，{3，10}，{4，17}};

ListPlot[b，PlotStyle −> PointSize[0.02]]

ListPlot[b，PlotJoined −> True]

结果显示如下：{{1，2}，{2，5}，{3，10}，{4，17}}.

图像如图 1−36、图 1−37 所示.

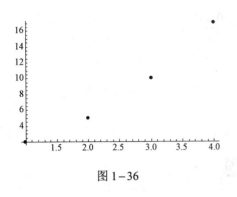

图 1-36

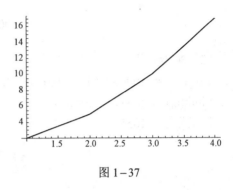

图 1-37

5. 某储户将 10 万元以活期的形式存入银行，年利率为 5%. 如果银行允许储户在一年内可任意次结算，在不计利息的情况下，若储户等间隔地结算 n 次，每次结算后将本息全部存入银行，问：一年后该储户的本息和是多少？随着结算次数的无限增加，一年后该储户是否会成为百万富翁？

（1）问题分析：

若该储户每季度结算一次，则每季度利率为 $\dfrac{0.05}{4}$，故第一季度后储户本息共计

$$100\,000\left(1+\dfrac{0.05}{4}\right).$$

第二季度后储户本息共计

$$100\,000\left(1+\dfrac{0.05}{4}\right)^2.$$

依此，一年后该储户本息共计

$$100\,000\left(1+\dfrac{0.05}{4}\right)^4.$$

若该储户每月结算一次，月利率为 $\dfrac{0.05}{12}$，按上面的方法可知一年后储户本息共计

$$100\,000\left(1+\dfrac{0.05}{12}\right)^{12}.$$

若该储户每 5 天结算一次，一年后该储户本息共计

$$100\,000\left(1+\dfrac{0.05}{73}\right)^{73}.$$

若该储户等间隔的结算 n 次，一年后该储户本息共计

$$100\,000\left(1+\dfrac{0.05}{n}\right)^{n}.$$

随着结算次数的无限增加，即在上式中当 $n\to\infty$ 时，故一年后储户本息共计

$$\lim_{n\to\infty}100\,000\left(1+\frac{0.05}{n}\right)^{n}.$$

（2）实验步骤：

a[n_] : = 100000（1 + 0.05/n）^n;

Limit[a[n], n –> Infinity]

结果显示：105127.

复 习 题 一

1. 填空题：

（1）设 $f(x)=\begin{cases}1, & |x|\leqslant 1,\\ 0, & |x|>1,\end{cases}$ 则 $f[f(x)]=$_____；

（2）设 $f(x)=\begin{cases}x+1, & |x|<2,\\ 1, & 2\leqslant x\leqslant 3,\end{cases}$ 则 $f(x+1)$ 的定义域为_____；

（3）函数 $f(x)=\sqrt{x}+\ln(3-x)$ 在_____连续；

（4）$\displaystyle\lim_{x\to 0}\left(x^{2}\sin\frac{1}{x^{2}}+\frac{\sin 3x}{x}\right)=$_____；

（5）$\displaystyle\lim_{x\to\infty}\left(1+\frac{k}{x}\right)^{x}=$_____；

（6）设 $f(x)$ 在 $x=1$ 处连续，且 $f(x)=3$，则 $\displaystyle\lim_{x\to 1}f(x)\left(\frac{1}{x-1}-\frac{2}{x^{2}-1}\right)=$_____；

（7）当 $x\to\infty$ 时，无穷小量 $\dfrac{1}{x^{k}}$ 与 $\dfrac{1}{x^{3}}+\dfrac{1}{x^{2}}$ 等价，则 $k=$_____；

（8）$x=0$ 是函数 $f(x)=x\sin\dfrac{1}{x}$ 的_____间断点.

2. 选择题：

（1）$y=x^{2}+1$，$x\in[-\infty,0)$ 的反函数是（　　）.

A. $y=\sqrt{x-1}$，$x\in[1,+\infty)$ B. $y=-\sqrt{x}-1,x\in[0,+\infty)$

C. $y=-\sqrt{x-1},x\in[1,+\infty)$ D. $y=\sqrt{x-1},x\in[1,+\infty)$

（2）当 $x\to\infty$ 时，下列函数中有极限的是（　　）.

A. $\sin x$ B. $\dfrac{1}{e^{x}}$ C. $\dfrac{x+1}{x^{2}-1}$ D. $\arctan x$

（3）$f(x)=\begin{cases}0, & x\leqslant 0,\\ \dfrac{1}{x}, & x>0\end{cases}$ 在点 $x=0$ 不连续是因为（　　）.

A. $\lim_{x \to 0^-} f(x)$ 不存在   B. $\lim_{x \to 0^+} f(x)$ 不存在

C. $\lim_{x \to 0^+} f(x) \neq f(0)$ D. $\lim_{x \to 0^-} f(x) \neq f(0)$

（4）设 $f(x) = x^2 + \operatorname{arc\,cot} \dfrac{1}{x-1}$，则 $x-1$ 是 $f(x)$ 的（　　）.

A. 可去间断点   B. 跳跃间断点
C. 无穷间断点   D. 连续点

（5）设 $f(x) = \begin{cases} \cos x - 1, & x < 0, \\ k, & x > 0, \end{cases}$ 则 $k = 0$ 是 $\lim_{x \to 0} f(x)$ 存在的（　　）.

A. 充分但非必要条件   B. 必要但非充分条件
C. 充分必要条件   D. 无关条件

（6）当 $x \to x_0$ 时，α 和 $\beta(\neq 0)$ 都是无穷小. 当 $x \to x_0$ 时，下列变量中可能不是无穷小的是（　　）.

A. $\alpha + \beta$ B. $\alpha - \beta$

C. $\alpha \cdot \beta$ D. $\dfrac{\alpha}{\beta}$

（7）当 $n \to \infty$ 时，若 $\sin^2 \dfrac{1}{n}$ 与 $\dfrac{1}{n^k}$ 是等价无穷小，则 $k=$（　　）.

A. 2   B. $\dfrac{1}{2}$ C. 1   D. 3

（8）当 $x \to 0$ 时，下列函数中为 x 的高阶无穷小的是（　　）.

A. $1 - \cos x$ B. $x + x^2$ C. $\sin x$ D. $\sqrt{x}$

3. 求下列函数的极限：

（1）$\lim_{x \to 4} \dfrac{\sqrt{2x+1}-3}{\sqrt{x}-2}$；   （2）$\lim_{x \to 1} \dfrac{\sin(x-1)}{x^2+x-2}$；

（3）$\lim_{x \to +\infty} \left(\dfrac{x^2-1}{x^2+1} \right)^{x^2}$；   （4）$\lim_{x \to 0} \dfrac{\sin x^3}{(\sin x)^3}$；

（5）$\lim_{x \to 0} \dfrac{\sqrt{1+x}-\sqrt{1-x}}{\sin 3x}$；   （6）$\lim_{x \to \infty} \dfrac{x+3}{x^2-x}(\sin x + 2)$；

（7）$\lim_{x \to +\infty} \dfrac{\arctan x}{x}$；   （8）$\lim_{x \to \infty} \left(1 - \dfrac{1}{x}\right)x + 3$.

4. 设 $f(x) = \begin{cases} x-1, & x < 0, \\ 0, & x = 0, \\ x+1, & x > 0. \end{cases}$ 讨论 $f(x)$ 在点 $x = 0$ 处的极限是否存在.

5. 设 $f(x)=\begin{cases}\dfrac{\cos x}{x+2}, & x\geqslant 0, \\ \dfrac{\sqrt{a}-\sqrt{a-x}}{x}, & x<0, a>0.\end{cases}$ 当 a 取何值时，$f(x)$ 在 $x=0$ 处连续.

6. 已知当 $x\to 0$ 时，$(1+ax^2)^{\frac{1}{3}}-1$ 与 $1-\cos x$ 是等价无穷小，求 a.

7. 设 $\lim\limits_{x\to -1}\dfrac{x^3+ax-x+4}{x+1}=b$（常数），求 a,b.

8. 用等价无穷小代换定理，求下列极限：

（1）$\lim\limits_{x\to 0}\dfrac{1-\cos x}{x\sin x}$；

（2）$\lim\limits_{x\to 0^+}\dfrac{\sin ax}{\sqrt{1-+\cos x}}$ $(a\neq 0)$.

9. 讨论下列函数的连续性，如有间断点，指出其类型：

（1）$y=\dfrac{x^2-1}{x^2-3x+2}$；

（2）$y=\dfrac{\tan 2x}{x}$；

（3）$y=\begin{cases}e^{\frac{1}{x}}, & x<0, \\ 1, & x=0, \\ x, & x>0;\end{cases}$

（4）$y=\dfrac{2^{\frac{1}{x}}-1}{2^{\frac{1}{x}}+1}$.

10. 设 $f(x)=\begin{cases}1+e^x, & x<0, \\ x+2a, & x>0.\end{cases}$ 常数 a 取何值时，函数 $f(x)$ 在 $(-\infty,+\infty)$ 内连续？

11. 证明：方程 $x-2\sin x=1$ 至少有一个正根小于 3.

第二章　导数与微分

[**目标**] 理解导数的概念及其几何意义，掌握基本初等函数的导数公式、导数的运算法则，能熟练地求出函数的一阶、二阶导数，了解微分的概念，会求函数的微分.

[**导读**] 微积分学是微分学与积分学的统称，它是高等数学的核心内容. 导数、微分又构成了微分学的总体. 本章将从两个实际例子出发，抽象出导数概念，进而介绍导数的计算. 在此基础上，进一步讨论微分学的理论.

§2.1　导　数　概　念

导数的概念是许多自然现象在数量关系上的抽象. 例如，物体运动的瞬时速度，化学反应速度，放射性物质的衰变速度，人口增长率，细胞增殖速度等，都是导数问题.

§2.1.1　实例

一、引例 1：切线的斜率问题

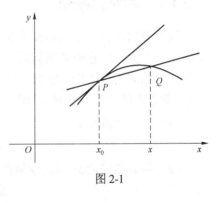

切线的概念在中学已见过. 从几何上看，在某点的切线就是一直线，它在该点和曲线相切. 准确地说，曲线在其上某点 P 的切线是割线 PQ 当 Q 沿该曲线无限地接近于点 P 的极限位置.

设曲线方程为 $y = f(x)$，点 P 的坐标为 $P(x_0, y_0)$，动点 Q 的坐标为 $Q(x, y)$，要求出曲线在点 P 的切线，只需求出点 P 切线的斜率 k（见图 2-1）. 由上知，k 恰好为割线 PQ 的斜率的极限. 我们不难求得 PQ 的斜率为：

$\dfrac{f(x) - f(x_0)}{x - x_0}$；因此，当 $P \to Q$ 时，若其极限存在，其值就是 k，

图 2-1

即

$$k = \lim_{x \to x_0} \frac{f(x) - f(x_0)}{x - x_0}. \tag{1}$$

若 α 为切线的倾角，则有 $k = \tan\alpha$.

二、引例 2：变速直线运动的瞬时速度

设有一质点沿直线做变速直线运动，其运动规律（函数）为

$$s = s(t)$$

其中，t 是时间，s 是位移，下面讨论在时刻 t_0 的瞬时速度. 当时间由 t_0 变到 $t_0 + \Delta t$ 时（Δt 是时间的改变量，又叫增量），位移由 $s = s(t_0)$ 变化到 $s + \Delta s = s(t_0 + \Delta t)$，故有位移的增量 Δs

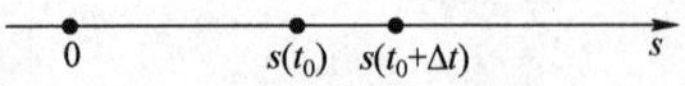

图 2-2

（是物体在 Δt 时间内运动的距离，见图 2-2）：

$$\Delta s = s(t_0 + \Delta t) - s(t_0) ,$$

则质点 M 在时间 Δt 内的平均速度为

$$\bar{v} = \frac{\Delta s}{\Delta t} = \frac{s(t_0 + \Delta t) - s(t_0)}{\Delta t} .$$

当 Δt 变化时，平均速度 $\bar{v}$ 也随之变化. 若质点 M 做匀速运动，则平均速度 $\bar{v}$ 是一常数，且为任意时刻的速度. 若质点 M 做变速运动，当 $|\Delta t|$ 较小时，平均速度 $\bar{v}$ 是质点在时刻 t_0 的"瞬时速度"的近似值. 显然，$|\Delta t|$ 越小，它的近似程度越高. 当 $\Delta t \to 0$ 时，若 $\bar{v}$ 趋于确定值，则该值就是质点 M 在时刻 t_0 的瞬时速度 v，即

$$v = \lim_{\Delta t \to 0} \bar{v} = \lim_{\Delta t \to 0} \frac{\Delta s}{\Delta t} = \lim_{\Delta t \to 0} \frac{s(t_0 + \Delta t) - s(t_0)}{\Delta t} . \tag{2}$$

瞬时速度 v 反映了位移函数 $s(t)$ 相对于时间 t 变化的快慢程度，在此，称其为函数 $s(t)$ 相对于自变量 t 的变化率.

在自然科学和工程技术领域内，还有许多问题都可以归结为求这种极限，如加速度、电流、角速度等，我们撇开这种极限的具体意义，抓住其数学上的共性加以研究，就得出了导数的概念.

§2.1.2 导数的概念

以上我们研究了平面曲线上切线的斜率和变速直线运动的瞬时速度问题，尽管它们的实际意义不同，但它们处理问题的数学方法却是完全一致的，式（1）和式（2）的数学结构是完全相同的. 它们都是通过以下步骤，抽象出函数的增量与自变量的增量之比的极限（当自变量的增量趋于 0 时），即

（1）当自变量在给定 x_0 处有一增量 Δx，函数 $y = f(x)$ 相应地有一增量 Δy

$$\Delta y = f(x_0 + \Delta x) - f(x_0) .$$

（2）函数的增量 Δy 与自变量的增量 Δx 的比值

$$\frac{\Delta y}{\Delta x} = \frac{f(x_0 + \Delta x) - f(x_0)}{\Delta x}$$

就是函数在区间 $(x_0, x_0 + \Delta x)$ 或 $(x_0 + \Delta x, x_0)$ 内的平均变化率.

（3）当自变量的增量 $\Delta x \to 0$ 时，平均变化率的极限（如果存在的话）

$$\lim_{\Delta x \to 0} \frac{\Delta y}{\Delta x} = \lim_{\Delta x \to 0} \frac{f(x_0 + \Delta x) - f(x_0)}{\Delta x}$$

就是函数 $y = f(x)$ 在点 x_0 处的瞬时变化率，我们称其为导数.

定义 设函数 $y = f(x)$ 在点 x_0 的某邻域内有定义，当自变量 x 在 x_0 处有增量 Δx（ $x_0 + \Delta x$ 点仍在该邻域内）时，函数相应地有增量 $\Delta y = f(x_0 + \Delta x) - f(x_0)$. 如果极限

$$\lim_{\Delta x \to 0} \frac{\Delta y}{\Delta x} = \lim_{\Delta x \to 0} \frac{f(x_0 + \Delta x) - f(x_0)}{\Delta x}$$

存在，则称函数 $y = f(x)$ 在点 x_0 处可导，此极限值称为函数 $y = f(x)$ 在点 x_0 处的**导数**，记为

$$f'(x_0), y' = \left|_{x=x_0}, \frac{\mathrm{d}y}{\mathrm{d}x}\right|_{x=x_0}, \frac{\mathrm{d}f(x)}{\mathrm{d}x}\right|_{x=x_0}.$$

即

$$y'\big|_{x=x_0} = \lim_{\Delta x \to 0} \frac{\Delta y}{\Delta x} = \lim_{\Delta x \to 0} \frac{f(x_0 + \Delta x) - f(x_0)}{\Delta x}. \tag{3}$$

如果极限不存在，就称函数 $y = f(x)$ 在点 x_0 处不可导. 当 $\Delta x \to 0$ 时，$\frac{\Delta y}{\Delta x} \to \infty$（导数不存在），也说 $f(x)$ 在点 x_0 处的导数为无穷大，也可以写为 $f'(x_0) = \infty$.

如果函数 $y = f(x)$ 在区间 (a,b) 内的每一点都可导，就说 $y = f(x)$ **在区间 (a,b) 内可导**. 这时，对于 (a,b) 内的每一个 x 值，都有唯一确定的导数值与它相对应，这就构成了 x 的一个新的函数，这个新的函数称为原来函数 $y = f(x)$ 的**导函数**，记为

$$f'(x), y', \frac{\mathrm{d}y}{\mathrm{d}x} \text{ 或 } \frac{\mathrm{d}f(x)}{\mathrm{d}x}.$$

在式（3）中，把 x_0 换成 x，即得 $y = f(x)$ 的导函数公式

$$y' = \lim_{\Delta x \to 0} \frac{\Delta y}{\Delta x} = \lim_{\Delta x \to 0} \frac{f(x + \Delta x) - f(x)}{\Delta x}.$$

显然，函数 $y = f(x)$ 在点 x_0 处的导数 $f'(x_0)$ 就是导函数 $f'(x)$ 在 $x = x_0$ 处的函数值，即

$$f'(x_0) = f'(x)\big|_{x=x_0}.$$

为了方便，导函数也简称**导数**.

由上可见，函数增量与自变量增量之比 $\frac{\Delta y}{\Delta x}$ 是函数在区间 $(x_0, \Delta x + x_0)$ 或 $(x_0 + \Delta x, x_0)$ 内的平均变化率，而导数 $y'\big|_{x=x_0}$ 则是函数 $y = f(x)$ 在点 x_0 处的瞬时变化率，它反映了函数 $y = f(x)$ 在点 x_0 处变化的快慢程度.

有了导数的概念以后，我们可以将前面所讨论的两个实例用导数的概念表述如下：平面曲线某点切线的斜率 k：

$$k = \lim_{x \to x_0} \frac{f(x) - f(x_0)}{x - x_0} = \frac{\mathrm{d}f(x)}{\mathrm{d}x} = \frac{\mathrm{d}y}{\mathrm{d}x}\big|_{x=x_0}.$$

变速直线运动在每个时刻 t 的瞬时速度是位移 s 对时间 t 的导数，即

$$v(t) = \frac{\mathrm{d}s}{\mathrm{d}t}.$$

§2.1.3　求导举例

由定义可知求导数的步骤为：

（1）求增量：$\Delta y = f(x_0 + \Delta x) - f(x_0)$.

（2）算比值：$\dfrac{\Delta y}{\Delta x} = \dfrac{f(x_0 + \Delta x) - f(x_0)}{\Delta x}$.

（3）求极限：$y'\big|_{x=x_0} = \lim\limits_{\Delta x \to 0} \dfrac{\Delta y}{\Delta x} = \lim\limits_{\Delta x \to 0} \dfrac{f(x_0 + \Delta x) - f(x_0)}{\Delta x}$.

例 1 求函数 $y = x^2$ 的导数，并求在 $x = 0, x = 1$ 处的导数.

解 $\Delta y = (x + \Delta x)^2 - x^2 = 2x\Delta x + (\Delta x)^2$,

$$\frac{\Delta y}{\Delta x} = 2x + \Delta x.$$

$$y' = \lim_{\Delta x \to 0} \frac{\Delta y}{\Delta x} = \lim_{\Delta x \to 0} 2x + \Delta x = 2x.$$

$$y'\big|_{x=0} = 2 \times 0 = 0, \quad y'\big|_{x=1} = 2 \times 1 = 2.$$

例 2 求函数 $y = x^3 + 1$ 的导数，并求在 $x = 0, x = 1$ 处的导数.

解 $\Delta y = [(x + \Delta x)^3 + 1] - (x^3 + 1) = 3x^2\Delta x + 3x(\Delta x)^2 + (\Delta x)^3$,

$$\frac{\Delta y}{\Delta x} = 3x^2 + 3x\Delta x + (\Delta x)^2.$$

$$y' = \lim_{\Delta x \to 0} \frac{\Delta y}{\Delta x} = \lim_{\Delta x \to 0} \left[3x^2 + 3x\Delta x + (\Delta x)^2 \right] = 3x^2.$$

$$y'\big|_{x=0} = 3 \times 0^2 = 0, \quad y'\big|_{x=1} = 3 \times 1^2 = 3.$$

§2.1.4 导数的几何意义

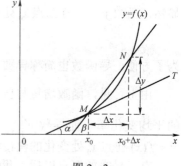

图 2-3

如图 2-3 所示，在横坐标轴上取一点 x_0，并给其增量 Δx，曲线 $y = f(x)$ 上相应的点分别为 $M(x_0, f(x_0))$ 和 $N(x_0 + \Delta x, f(x_0 + \Delta x))$，直线 MN 为曲线的一条割线. 割线的斜率为

$$K_{MT} = \tan \beta = \frac{\Delta y}{\Delta x} = \frac{f(x_0 + \Delta x) - f(x_0)}{\Delta x}.$$

当 $\Delta x \to 0$ 时，点 N 沿着曲线 $y = f(x)$ 无限接近于点 M，此时，割线 MN 以点 M 为支点转动趋向于直线 MT，割线 MN 的极限位置 MT 叫作曲线 $y = f(x)$ 的切线. 切线 MT 的斜率为

$$K_{MT} = \tan \alpha = \lim_{N \to M} K_{MN} = \lim_{\beta \to \alpha} \tan \beta = \lim_{\Delta x \to 0} \frac{\Delta y}{\Delta x} = \lim_{\Delta x \to 0} \frac{f(x_0 + \Delta x) - f(x_0)}{\Delta x} = f'(x_0).$$

即函数 $y = f(x)$ 的导数的几何意义是：$f'(x_0)$ 表示曲线 $y = f(x)$ 在点 $M(x_0, f(x_0))$ 处的切线的斜率.

如果 $y = f(x)$ 在点 x_0 处的导数为无穷大，即 $\tan \alpha$ 不存在，这时曲线 $y = f(x)$ 的割线以垂直于 x 轴的直线为极限位置，即曲线 $y = f(x)$ 在点 $M(x_0, f(x_0))$ 处具有垂直于 x 轴的切线.

根据导数的几何意义并应用直线的点斜式方程，可以得到曲线 $y = f(x)$ 在定点 $M(x_0, f(x_0))$ 处的切线方程为

$$y - f(x_0) = f'(x_0)(x - x_0). \tag{2-1}$$

过切点 M 且与该切线垂直的直线叫作曲线 $y = f(x)$ 在点 M 处的法线. 如果 $f'(x_0) \neq 0$，则法线的斜率为 $-\dfrac{1}{f'(x_0)}$，从而法线的方程为

$$y - f(x_0) = -\frac{1}{f'(x_0)}(x - x_0) \quad (f'(x_0) \neq 0). \qquad (2-2)$$

例3 求曲线 $y = \sqrt{x}$ 在点 $(1,1)$ 处的切线方程和法线方程.

解 $\Delta y = \sqrt{x + \Delta x} - \sqrt{x} = \dfrac{(\sqrt{x + \Delta x} - \sqrt{x})(\sqrt{x + \Delta x} + \sqrt{x})}{(\sqrt{x + \Delta x} + \sqrt{x})} = \dfrac{\Delta x}{\sqrt{x + \Delta x} + \sqrt{x}}.$

$$\frac{\Delta y}{\Delta x} = \frac{1}{\sqrt{x + \Delta x} + \sqrt{x}}.$$

$$y' = \lim_{\Delta x \to 0} \frac{\Delta y}{\Delta x} = \lim_{\Delta x \to 0} \frac{1}{\sqrt{x + \Delta x} + \sqrt{x}} = \frac{1}{2\sqrt{x}}.$$

$$y'\big|_{x=1} = \frac{1}{2}.$$

切线方程为： $y - 1 = \dfrac{1}{2}(x - 1)$ ，即 $x - 2y + 1 = 0.$

法线方程为： $y - 1 = -2(x - 1)$ ，即 $2x + y - 3 = 0.$

§2.1.5　可导与连续的关系

设函数 $y = f(x)$ 在点 x_0 可导，则有 $\lim\limits_{\Delta x \to 0} \dfrac{\Delta y}{\Delta x} = f'(x_0).$

而 $\Delta y = \dfrac{\Delta y}{\Delta x} \cdot \Delta x$ ，因此

$$\lim_{\Delta x \to 0} \Delta y = \lim_{\Delta x \to 0} \frac{\Delta y}{\Delta x} \cdot \Delta x = \lim_{\Delta x \to 0} \frac{\Delta y}{\Delta x} \cdot \lim_{\Delta x \to 0} \Delta x = f'(x_0) \cdot 0 = 0.$$

$\lim\limits_{\Delta x \to 0} \Delta y = 0$ ，即函数 $y = f(x)$ 在点 x_0 处连续. 综上，有如下定理：

定理： 如果函数 $y = f(x)$ 在点 x_0 可导，则它在点 x_0 处一定连续.

函数 $y = f(x)$ 在点 x_0 可导则一定连续，不连续则一定不可导，但连续却不一定可导. 例如，连续函数 $y = |x|$ 在 $x = 0$ 处不可导. 因为

$$y = |x| = \begin{cases} x, x \geq 0, \\ -x, x < 0. \end{cases}$$

自变量 x 在 $x = 0$ 处取得增量 Δx 时，相应函数 $y = |x|$ 也取得增量 Δy.

$$\Delta y = f(0 + \Delta x) - f(0) = f(\Delta x) - f(0) = |\Delta x| = \begin{cases} \Delta x, \Delta x \geq 0, \\ -\Delta x, \Delta x < 0. \end{cases}$$

$$\lim_{\Delta x \to 0^-} \frac{\Delta y}{\Delta x} = \lim_{\Delta x \to 0^-} \frac{-\Delta x}{\Delta x} = -1 ;$$

$$\lim_{\Delta x \to 0^+} \frac{\Delta y}{\Delta x} = \lim_{\Delta x \to 0^+} \frac{\Delta x}{\Delta x} = 1.$$

所以 $\lim\limits_{\Delta x \to 0} \dfrac{\Delta y}{\Delta x}$ 不存在，即函数 $y = |x|$ 在 $x = 0$ 处不可导. 从几何意义上看， $y = |x|$ 在 $x = 0$ 处是尖点，如图 $2-4$ 所示.

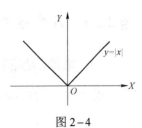

图 $2-4$

习 题 2.1

1. 指出下列命题是否正确：

（1）函数 $y=f(x)$ 在点 x_0 处可导，则在点 x_0 处切线存在.   （　　）

（2）函数 $y=f(x)$ 在点 x_0 处不可导，则在点 x_0 处切线不存在.   （　　）

（3）函数 $y=f(x)$ 在点 $(x_0,f(x_0))$ 处有切线，则函数 $y=f(x)$ 在点 x_0 处有导数.

                                                          （　　）

（4）函数 $y=f(x)$ 在点 x_0 处连续，则在点 x_0 可导.   （　　）

（5）函数 $y=f(x)$ 在点 x_0 的导数等于 $[f(x_0)]'$.   （　　）

（6）函数在 x_0 处的瞬时变化率就是函数在这点的导数.   （　　）

2. 填空题：

（1）如果函数 $f(x)$ 在点 x_0 可导，则 $\lim\limits_{h\to 0}\dfrac{f(x_0-h)-f(x_0)}{h}=$ _____.

（2）曲线 $y=\sin x$ 在点（π，0）处的法线斜率为= _____.

（3）一物体的运动方程为 $s(t)=10t-\dfrac{1}{2}gt^2$，则速度函数 $v(t)=$ _____.

（4）曲线 $y=\sin x$ 在点（π，0）处的切线斜率为 _____.

3. 一质点做直线运动时位移 s 与时间 t 的关系是 $s=t^3$，计算从 $t=2$ 到 $t=2+\Delta t$ 之间的平均速度，并计算当 $\Delta t=0.1$，0.01 时的平均速度，再计算 $t=2$ 时的瞬时速度.

4. 设 $f(x)=2x+3$，按定义求 $f'(x)$.

5. 讨论下列函数在 $x=0$ 处是否可导：

（1）$f(x)=\begin{cases} x^2\sin\dfrac{1}{x}, & x<0, \\ 0, & x\geqslant 0; \end{cases}$ （2）$f(x)=|\sin x|$.

6. 求曲线 $y=x^2$ 在点 $(1,1)$ 处的切线方程和法线方程.

7. 物体绕定轴旋转，在时间间隔 $[0,t]$ 内转过角度 θ，从而转角 θ 是 t 的函数：$\theta=\theta(t)$. 如果旋转是均匀的，那么称 $\omega=\dfrac{\theta}{t}$ 为该物体的角速度. 如果旋转是非均匀的，应怎样确定该物体在时刻 t_0 的角速度？

§2.2　导数的计算

§2.2.1　几个基本初等函数的导数

一、常值函数的导数

设函数 $y=f(x)=c$（c 为常数），显然，$f(x+\Delta x)=c$，则有
$$\Delta y=f(x+\Delta x)-f(x)=c-c=0.$$

$$\frac{\Delta y}{\Delta x} = \frac{0}{\Delta x} = 0, \quad \lim_{\Delta x \to 0}\frac{\Delta y}{\Delta x} = \lim_{\Delta x \to 0} 0 = 0,$$

即
$$(C)' = 0.$$

二、幂函数的导数

设函数 $y = x^n$（n 为正整数），则有
$$\Delta y = (x+\Delta x)^n - x^n = nx^{n-1}\Delta x + \frac{n(n-1)}{2!}x^{n-2}(\Delta x)^2 + \cdots + (\Delta x)^n.$$

$$\frac{\Delta y}{\Delta x} = nx^{n-1} + \frac{n(n-1)}{2!}x^{n-2}\Delta x + \cdots + (\Delta x)^{n-1}.$$

$$\lim_{\Delta x \to 0}\frac{\Delta y}{\Delta x} = \lim_{\Delta x \to 0}\left[nx^{n-1} + \frac{n(n-1)}{2!}x^{n-2}\Delta x + \cdots + (\Delta x)^{n-1}\right] = nx^{n-1},$$

即
$$(x^n)' = nx^{n-1}.$$

特别地，当 $n=1$ 时，$x'=1$.

一般地，对于幂函数 $y = x^\alpha$（α 为实数），也有
$$(x^\alpha)' = \alpha x^{\alpha-1}.$$

三、对数函数的导数

设函数 $y = \log_a x$（$a>0$ 且 $a \neq 1$），则有
$$\Delta y = \log_a(x+\Delta x) - \log_a x = \log_a\left(1+\frac{\Delta x}{x}\right).$$

$$\frac{\Delta y}{\Delta x} = \frac{1}{\Delta x}\log_a\left(1+\frac{\Delta x}{x}\right) = \frac{1}{x}\log_a\left(1+\frac{\Delta x}{x}\right)^{\frac{x}{\Delta x}}.$$

$$\lim_{\Delta x \to 0}\frac{\Delta y}{\Delta x} = \lim_{\Delta x \to 0}\left[\frac{1}{x}\log_a\left(1+\frac{\Delta x}{x}\right)^{\frac{x}{\Delta x}}\right] = \frac{1}{x}\log_a\left[\lim_{\Delta x \to 0}\left(1+\frac{\Delta x}{x}\right)^{\frac{x}{\Delta x}}\right] = \frac{1}{x}\log_a e = \frac{1}{x\ln a}.$$

即
$$(\log_a x)' = \frac{1}{x\ln a}.$$

特别地，当 $a=e$ 时，有 $(\ln x)' = \frac{1}{x}$.

四、正弦函数和余弦函数的导数

设函数 $y = \sin x$，则有
$$\Delta y = \sin(x+\Delta x) - \sin x = 2\cos\left(x+\frac{\Delta x}{2}\right)\sin\frac{\Delta x}{2}.$$

$$\frac{\Delta y}{\Delta x} = \cos\left(x+\frac{\Delta x}{2}\right)\frac{\sin\frac{\Delta x}{2}}{\frac{\Delta x}{2}}.$$

$$\lim_{\Delta x \to 0} \frac{\Delta y}{\Delta x} = \lim_{\Delta x \to 0} \cos\left(x + \frac{\Delta x}{2}\right) \frac{\sin\frac{\Delta x}{2}}{\frac{\Delta x}{2}} = \lim_{\Delta x \to 0} \cos\left(x + \frac{\Delta x}{2}\right) \lim_{\Delta x \to 0} \frac{\sin\frac{\Delta x}{2}}{\frac{\Delta x}{2}} = \cos x,$$

即
$$(\sin x)' = \cos x.$$

同理可证：$(\cos x)' = -\sin x$.

五、指数函数的导数

设函数 $y = a^x (a > 0, a \neq 1)$，则有

$$\Delta y = a^{x+\Delta x} - a^x = a^x(a^{\Delta x} - 1).$$

$$\frac{\Delta y}{\Delta x} = \frac{a^x(a^{\Delta x} - 1)}{\Delta x} \xlongequal{\diamond a^{\Delta x} - 1 = t} \frac{t}{\log_a(1+t)} \cdot a^x.$$

$$\lim_{\Delta x \to 0} \frac{\Delta y}{\Delta x} = \lim_{t \to 0} \frac{t}{\log_a(1+t)} \cdot a^x = a^x \lim_{t \to 0} \frac{t}{\log_a(1+t)} = a^x \frac{1}{\log_a e} = a^x \ln a,$$

即
$$(a^x)' = a^x \ln a.$$

特别地，有
$$(e^x)' = e^x.$$

§2.2.2 函数的和、差、积、商的导数

前面我们推导了一些基本初等函数的求导公式，但在实际问题中遇到的往往都是初等函数，如果总按定义去求它的导数，计算量会很大. 为了简化计算，我们来讨论函数的求导法则.

法则 1 如果两个函数 $u = u(x)$ 和 $v = v(x)$ 在 x 点都可导，则 $f(x) = u(x) \pm v(x)$ 在 x 点也可导，且 $f'(x) = u'(x) \pm v'(x)$，该公式可简记为：

$$(u \pm v)' = u' \pm v'. \tag{2-3}$$

证明 当 x 取得增量 Δx 时，函数 $u = u(x)$、$v = v(x)$ 和 $f(x) = u(x) \pm v(x)$ 分别取得增量 Δu、Δv 和 Δy.

因为 $\Delta u = u(x + \Delta x) - u(x), \Delta v = v(x + \Delta x) - v(x),$

所以 $u(x + \Delta x) = u(x) + \Delta u, v(x + \Delta x) = v(x) + \Delta v.$

简记为
$$u(x + \Delta x) = u + \Delta u, v(x + \Delta x) = v + \Delta v.$$

因此
$$\Delta y = [u(x + \Delta x) \pm v(x + \Delta x)] - [u(x) \pm v(x)]$$
$$= [(u + \Delta u) \pm (v + \Delta v)] - (u \pm v)$$
$$= \Delta u \pm \Delta v.$$

$$\frac{\Delta y}{\Delta x} = \frac{\Delta u}{\Delta x} \pm \frac{\Delta v}{\Delta x}.$$

所以
$$f'(x) = \lim_{\Delta x \to 0} \frac{\Delta y}{\Delta x} = \lim_{\Delta x \to 0} \left(\frac{\Delta u}{\Delta x} \pm \frac{\Delta v}{\Delta x}\right) = \lim_{\Delta x \to 0} \frac{\Delta u}{\Delta x} \pm \lim_{\Delta x \to 0} \frac{\Delta v}{\Delta x} = u' \pm v'.$$

即
$$(u \pm v)' = u' \pm v'.$$

推论 有限个函数的代数和的导数等于每个函数的导数的代数和，即

$$(u_1 \pm u_2 \pm \cdots \pm u_n)' = u_1' \pm u_2' \pm \cdots \pm u_n'.$$

例 1 求函数 $y = x^3 + \sin x - 2$ 的导数.

解 $y' = (x^3 + \sin x - 2)' = (x^3)' + (\sin x)' - (2)' = 3x^2 + \cos x.$

法则 2 如果两个函数 $u = u(x)$ 和 $v = v(x)$ 在 x 点都可导，则 $f(x) = u(x) \cdot v(x)$ 在该点也可导，且 $f'(x) = u'(x) \cdot v(x) + u(x) \cdot v'(x)$（证明略）.

该公式可简记为

$$(uv)' = u'v + uv'. \tag{2-4}$$

推论 1 常数与函数乘积的导数等于常数乘以函数的导数，即

$$(cu)' = cu' \quad (c \text{ 为常数}). \tag{2-5}$$

推论 2 n 个函数的乘积的导数等于 n 项之和，其中每一项都是一个函数的导数与其余 $n-1$ 个函数的乘积（这样的项共有 n 项），即

$$(u_1 u_2 \cdots u_n)' = u_1' u_2 \cdots u_n + u_1 u_2' \cdots u_n + \cdots + u_1 u_2 \cdots u_n'. \tag{2-6}$$

例 2 求函数 $y = x^2 \ln x$ 的导数.

解 由法则 2 可得：

$$y' = (x^2 \ln x)' = (x^2)' \ln x + x^2 (\ln x)'$$
$$= 2x \ln x + x^2 \cdot \frac{1}{x} = x(2\ln x + 1).$$

例 3 求函数 $y = (1 + x^3) \sin x$ 的导数.

解 由函数求导的乘法法则得

$$y' = [(1 + x^3) \sin x]' = (1 + x^3)' \sin x + (1 + x^3)(\sin x)'$$
$$= 3x^2 \sin x + (1 + x^3) \cos x.$$

例 4 求函数 $y = \sin 2x$ 的导数.

解 因为 $y = \sin 2x = 2 \sin x \cos x,$

所以 $y' = (2 \sin x \cos x)' = 2(\sin x)' \cos x + 2 \sin x (\cos x)'$
$$= 2 \cos x \cos x + 2 \sin x \cdot (-\sin x)$$
$$= 2 \cos^2 x - 2 \sin^2 x = 2 \cos 2x.$$

例 5 设 $f(x) = \left(1 + \frac{1}{x^2}\right)(1 - x^2)$，求 $f'(-1), f'(0), f'(1)$.

解
$$f'(x) = \left(1 + \frac{1}{x^2}\right)'(1 - x^2) + \left(1 + \frac{1}{x^2}\right)(1 - x^2)'$$
$$= -\frac{2}{x^3}(1 - x^2) + \left(1 + \frac{1}{x^2}\right)(-2x) = -\frac{2}{x^3} - 2x.$$

将 $x = -1$, $x = 1$ 代入，得 $f'(-1) = 4, f'(1) = -4$.

显然，当 $x = 0$ 时，$f'(x)$ 不存在，即 $f'(0)$ 不存在.

法则 3 如果两个函数 $u = u(x)$ 和 $v = v(x)$ 在 x 点都可导，且 $v(x) \neq 0$，则 $f(x) = \dfrac{u(x)}{v(x)}$ 在

x 点也可导，且 $f'(x) = \dfrac{u'(x)v(x) - u(x)v'(x)}{v^2(x)}$ （证明略）.

该公式可简记为

$$\left(\frac{u}{v}\right)' = \frac{u'v - uv'}{v^2} (v \neq 0). \tag{2-7}$$

特别地

$$\left(\frac{1}{v}\right)' = -\frac{v'}{v^2}. \tag{2-8}$$

例 6 求函数 $y = \dfrac{x-1}{x+1}$ 的导数.

解 直接利用商的求导法则，有

$$y' = \frac{(x-1)'(x+1) - (x-1)(x+1)'}{(x+1)^2} = \frac{(x+1) - (x-1)}{(x+1)^2} = \frac{2}{(x+1)^2}.$$

该题还可以先进行化简再求导：

$$y = \frac{x+1-2}{x+1} = 1 - \frac{2}{x+1} = 1 - 2(x+1)^{-1},$$

$$y' = [1 - 2(x+1)^{-1}]' = 0 + 2(x+1)^{-2} = \frac{2}{(x+1)^2}.$$

由此题可见，在运用函数的和、差、积、商的求导法则时，最好先对函数进行研究，以便我们选择较为简单易求的方法. 一般说来，和差法则最简单，乘积法则略为烦琐，商的法则最为烦琐.

例 7 求函数 $y = \tan x$ 的导数.

解 $y' = (\tan x)' = \left(\dfrac{\sin x}{\cos x}\right)' = \dfrac{(\sin x)'\cos x - \sin x(\cos x)'}{\cos^2 x}$

$$= \frac{\cos^2 x + \sin^2 x}{\cos^2 x} = \frac{1}{\cos^2 x} = \sec^2 x.$$

即

$$(\tan x)' = \sec^2 x.$$

同理可得

$$(\cot x)' = -\csc^2 x.$$

例 8 求函数 $y = \sec x$ 的导数.

解 $y' = (\sec x)' = \left(\dfrac{1}{\cos x}\right)' = \dfrac{0 - (\cos x)'}{\cos^2 x} = \dfrac{\sin x}{\cos^2 x} = \sec x \tan x.$

即

$$(\sec x)' = \sec x \tan x.$$

同理可得

$$(\csc x)' = -\csc x \cot x.$$

习 题 2.2

1. 下列说法是否正确？

（1）函数积的导数等于函数导数的积. （　　）

（2）函数商的导数等于函数导数的商. 　　　　　　　　　　　　　（　　）

（3）$\left(\sin\dfrac{\pi}{6}\right)'=\cos\dfrac{\pi}{6}$. 　　　　　　　　　　　　（　　）

（4）$(x^n)'=nx^{n-1}$. 　　　　　　　　　　　　　　　　　　　（　　）

（5）$(n^x)'=xn^{x-1}$（n 为常数）. 　　　　　　　　　　　　（　　）

2. 求下列函数在指定点的导数：

（1）设 $f(x)=x\cos x$，求 $f'(0),f'(\pi)$；

（2）设 $f(t)=3t^3+2t^2+1$，求 $f'(0),f'(1)$.

3. 证明：（1）$(\cot x)'=-\csc^2 x$；　　　　　（2）$(\csc x)'=-\csc x\cot x$.

4. 求下列函数的导数：

（1）$y=2x^3+3x^2+4x+5$；　　　　　　（2）$y=2^x+\dfrac{1}{x}+\ln 2$；

（3）$y=3x^{\frac{2}{3}}+\dfrac{2}{x}+\dfrac{4}{x^5}-5$；　　　　　（4）$y=\sin x+\ln x-\sqrt{x}$；

（5）$y=a^x\sin x$；　　　　　　　　　（6）$y=\sin x\ln x$；

（7）$y=(2+x)(3x^2-2x+1)$；　　　　　（8）$y=2x^2\sec x+4\tan x$；

（9）$y=\left(1+\dfrac{1}{\sqrt{x}}\right)(1-\sqrt{x})$；　　　　　（10）$y=\dfrac{1}{x}+\dfrac{\cos x}{x}$；

（11）$y=\dfrac{1}{\sqrt{x}+1}+\dfrac{1}{\sqrt{x}-1}$；　　　　　（12）$y=\dfrac{\sin x+1}{\sin x-1}$；

（13）$y=\dfrac{x\cos x}{1+\sin x}$；　　　　　　（14）$y=\dfrac{x\sin x}{1+x}$；

（15）$y=\dfrac{2^x}{x}$；　　　　　　　　　（16）$y=\dfrac{\sin x}{2x^2}$.

5. 求函数 $y=2^x$ 在点 $(0,1)$ 处的切线方程和法线方程.

6. 已知函数 $y=2x-x^3$ 的一条切线过点 $(0,-2)$，求切点坐标及过该点的切线方程和法线方程.

§2.3　复合函数及反函数的求导法

§2.3.1　复合函数的导数

　　复合函数是由基本初等函数复合而成的函数，它的求导法则是求导运算中经常用到的一个非常重要的法则，因此必须熟练地掌握.

　　复合函数的求导法则（又称为锁链法则） 设函数 $y=f(x)$ 是由 $y=f(u)$ 及 $u=\varphi(x)$ 复合而成的. 如果 $u=\varphi(x)$ 在点 x 处可导，$y=f(u)$ 在点 $u=\varphi(x)$ 处也可导，则复合函数 $y=f[\varphi(x)]$ 在点 x 处可导，且

$$f'(x)=f'(u)\cdot\varphi'(x)\quad \text{或}\quad \frac{\mathrm{d}y}{\mathrm{d}x}=\frac{\mathrm{d}y}{\mathrm{d}u}\cdot\frac{\mathrm{d}u}{\mathrm{d}x}.\qquad(2-9)$$

　　证　给 x 一个增量 Δx，函数 $u=\varphi(x)$ 相应地有一增量 Δu，函数 $y=f(u)$ 也有一增量 Δy.

已知函数 $y = f(u)$ 在点 u 处可导，则有

$$\lim_{\Delta u \to 0} \frac{\Delta y}{\Delta u} = f'(u)(\Delta u \neq 0),$$

或
$$\frac{\Delta y}{\Delta u} = f'(u) + \alpha.$$

其中，$\lim_{\Delta u \to 0} \alpha = 0$，当 $\Delta u \neq 0$ 时，有

$$\Delta y = f'(u)\Delta u + \alpha \Delta u.$$

两端同除以 Δx，有 $\dfrac{\Delta y}{\Delta x} = f'(u)\dfrac{\Delta u}{\Delta x} + \alpha \dfrac{\Delta u}{\Delta x}$.

由于 $u = \varphi(x)$ 在点 x 处可导，因此 u 在 x 点连续，当 $\Delta x \to 0$ 时，必有 $\Delta u \to 0$，当 $\Delta u \neq 0$ 时，有

$$\lim_{\Delta x \to 0} \frac{\Delta y}{\Delta x} = f'(u)\lim_{\Delta x \to 0}\frac{\Delta u}{\Delta x} + \lim_{\Delta x \to 0}\alpha \lim_{\Delta x \to 0}\frac{\Delta u}{\Delta x} = f'(u) \cdot \varphi'(x) + \lim_{\Delta x \to 0}\alpha \cdot \varphi'(x) = f'(u) \cdot \varphi'(x).$$

即
$$f'(x) = f'(u) \cdot \varphi'(x).$$

复合函数的求导法则可以推广到任意有限个中间变量的情形. 如：$y = f(u)$、$u = \varphi(v)$、$v = g(x)$ 都可导，则复合函数的导数为

$$f'_x\{\varphi[g(x)]\} = f'(u) \cdot \varphi'(v) \cdot g'(x),$$

或
$$\frac{dy}{dx} = \frac{dy}{du} \cdot \frac{du}{dv} \cdot \frac{dv}{dx}.$$

例 1 已知 $y = u^3$，$u = x^3 - \sin x$，求 $\dfrac{dy}{dx}$.

解 $\dfrac{dy}{dx} = \dfrac{dy}{du} \cdot \dfrac{du}{dx} = (u^3)' \cdot (x^3 - \sin x)' = 3u^2 \cdot (3x^2 - \cos x) = 3(x^3 - \sin x)^2(3x^2 - \cos x)$.

例 2 已知 $y = \ln \sin x$，求 y'.

解 函数 $y = \ln \sin x$ 可看作是由 $y = \ln u, u = \sin x$ 复合而成的，因此

$$\frac{dy}{du} = \frac{1}{u}, \frac{du}{dx} = \cos x,$$

所以
$$y' = \frac{dy}{dx} = \frac{dy}{du} \cdot \frac{du}{dx} = \frac{1}{u} \cdot \cos x = \frac{\cos x}{\sin x} = \cot x.$$

例 3 已知 $y = e^{x^4}$，求 y'.

解 函数 $y = e^{x^4}$ 可看作是由 $y = e^u, u = x^4$ 复合而成的，因此

$$\frac{dy}{du} = e^u, \frac{du}{dx} = 4x^3,$$

所以
$$y' = \frac{dy}{dx} = \frac{dy}{du} \cdot \frac{du}{dx} = e^u \cdot 4x^3 = 4x^3 e^{x^4}.$$

计算时，我们可以将中间变量默记在心而不必写出来，直接用锁链法则对复合函数求导即可.

例 4 已知 $y = (\sin \ln x)^2$，求 y'.

解　$y' = 2(\sin \ln x) \cdot (\sin \ln x)'$

$\qquad = 2(\sin \ln x) \cdot (\cos \ln x) \cdot (\ln x)'$

$\qquad = 2(\sin \ln x) \cdot (\cos \ln x) \cdot \dfrac{1}{x}$

$\qquad = \dfrac{2(\sin \ln x) \cdot (\cos \ln x)}{x} = \dfrac{\sin(2\ln x)}{x}.$

例 5　已知 $y = \sin nx \cdot \sin^n x$，求 y'.

解　$y' = (\sin nx \cdot \sin^n x)' = (\sin nx)' \cdot \sin^n x + \sin nx \cdot (\sin^n x)'$

$\qquad = n\cos nx \sin^n x + \sin nx \cdot n \cdot \sin^{n-1} x \cdot \cos x$

$\qquad = n\sin^{n-1} x(\cos nx \sin x + \sin nx \cos x)$

$\qquad = n\sin^{n-1} x \sin(n+1)x.$

例 6　证明幂函数 $y = x^\alpha$（α 为实数）的导数公式 $(x^\alpha)' = \alpha x^{\alpha-1}$.

证明　对于幂函数 $y = x^\alpha$（α 为实数）来说，其定义域 $x > 0$ 时，有

$$x^\alpha = (e^{\ln x})^\alpha = e^{\alpha \ln x}.$$

$$(x^\alpha)' = (e^{\alpha \ln x})' = e^{\alpha \ln x} \cdot (\alpha \ln x)' = x^\alpha \cdot \alpha \cdot \frac{1}{x} = \alpha x^{\alpha-1}.$$

所以　$(x^\alpha)' = ax^{\alpha-1}$.

§2.3.2　反函数的导数

要讨论指数函数（对数函数的反函数）、反三角函数（三角函数的反函数）的导数，我们首先来讨论反函数的求导法则.

反函数的求导法则　如果函数 $x = \varphi(y)$ 在点 y 的某邻域内单调且连续，在点 y 处可导且 $\varphi'(y) \neq 0$，则它的反函数 $y = f(x)$ 在 x 点（$x = \varphi(y)$）处可导，且

$$f'(x) = \frac{1}{\varphi'(y)}.$$

此法则表明，反函数的导数等于其直接函数导数的倒数（证明略）.

例 7　求指数函数 $y = a^x (a > 0, a \neq 1)$ 的导数.

解　已知 $y = a^x$ 是 $x = \log_a y$ 的反函数，而 $x = \log_a y$ 在 $(0, +\infty)$ 内单调且连续，且

$$(\log_a y)' = \frac{1}{y\ln a} \neq 0,$$

故在 $(-\infty, +\infty)$ 内有

$$(a^x)' = \frac{1}{(\log_a y)'} = y\ln a = a^x \ln a.$$

即

$$(a^x)' = a^x \ln a.$$

特别地，当 $a = e$ 时，有 $(e^x)' = e^x$.

例 8　求 $y = \arcsin x$ 的导数.

解 因为 $y = \arcsin x$ 是 $x = \sin y$ 的反函数，$x = \sin y$ 在 $\left(-\dfrac{\pi}{2}, \dfrac{\pi}{2}\right)$ 内单调且连续，又有 $(\sin y)' = \cos y > 0$，故在 $(-1,1)$ 内有

$$(\arcsin x)' = \frac{1}{(\sin y)'} = \frac{1}{\cos y} = \frac{1}{\sqrt{1-\sin^2 y}} = \frac{1}{\sqrt{1-x^2}},$$

即

$$(\arcsin x)' = \frac{1}{\sqrt{1-x^2}}.$$

同理可得

$$(\arccos x)' = -\frac{1}{\sqrt{1-x^2}}.$$

例 9 求 $y = \arctan x$ 的导数.

解 因为 $y = \arctan x$ 是 $x = \tan y$ 的反函数，$x = \tan y$ 在 $\left(-\dfrac{\pi}{2}, \dfrac{\pi}{2}\right)$ 内单调且连续，又有 $(\tan y)' = \sec^2 y \neq 0$，故在 $(-\infty, +\infty)$ 内有

$$(\arctan x)' = \frac{1}{(\tan y)'} = \frac{1}{\sec^2 y} = \frac{1}{1+\tan^2 y} = \frac{1}{1+x^2},$$

即

$$(\arctan x)' = \frac{1}{1+x^2}.$$

同理可得

$$(\text{arccot } x)' = -\frac{1}{1+x^2}.$$

§2.3.3 初等函数的导数

前面我们已经学习了所有基本初等函数的导数公式，并且推出了导数的四则运算法则及复合函数的求导法则，为了便于记忆与查阅，现将这些公式与法则归纳如下：

一、基本初等函数的导数公式

（1）$(C)' = 0$；　　　　　　　　　　（2）$(x^\alpha)' = \alpha x^{\alpha-1}$；

（3）$(a^x)' = a^x \ln a$；　　　　　　　（4）$(\mathrm{e}^x)' = \mathrm{e}^x$；

（5）$(\log_a x)' = \dfrac{1}{x\ln a}$；　　　　　（6）$(\ln x)' = \dfrac{1}{x}$；

（7）$(\sin x)' = \cos x$；　　　　　　　（8）$(\cos x)' = -\sin x$；

（9）$(\tan x)' = \sec^2 x$；　　　　　　（10）$(\cot x)' = -\csc^2 x$；

（11）$(\sec x)' = \sec x \tan x$；　　　　（12）$(\csc x)' = -\csc x \cot x$；

（13）$(\arcsin x)' = \dfrac{1}{\sqrt{1-x^2}}$；　（14）$(\arccos x)' = -\dfrac{1}{\sqrt{1-x^2}}$；

（15）$(\arctan x)' = \dfrac{1}{1+x^2}$；　　（16）$(\text{arccot } x)' = -\dfrac{1}{1+x^2}$.

二、函数和、差、积、商的求导法则

设 u 和 v 都是可导函数，C 为常数，则函数的和、差、积、商的求导法则为

（1）$(u \pm v)' = u' \pm v'$；

（2）$(uv)' = u'v + uv'$；

（3）$(Cu)' = Cu'$（C 是常数）；

（4）$\left(\dfrac{u}{v}\right)' = \dfrac{u'v - uv'}{v^2}$（$v \neq 0$）.

三、复合函数的求导法则

设函数 $y = f(u)$ 及 $u = \varphi(x)$ 都可导，则复合函数 $y = f[\varphi(x)]$ 的导数为

$$\frac{dy}{dx} = \frac{dy}{du} \cdot \frac{du}{dx} \text{ 或 } y'_x = y'_u \cdot u'_x.$$

习 题 2.3

1. 判断下列命题是否正确.

（1）$\dfrac{de^{x^2}}{dx} = (e^{x^2})'(x^2)'$；   （　　）

（2）设函数 $y = \ln\dfrac{1}{x}$，则 $y' = \dfrac{1}{x}$.   （　　）

2. 求下列函数的导数：

（1）$y = e^x(x^2 + 2x - 1)$；

（2）$y = e^{\sqrt{x}}$；

（3）$y = \ln\cos x$；

（4）$y = \ln^3(x+1)$；

（5）$y = x^n \ln x^n$；

（6）$y = \sin^2 x \sin x^2$；

（7）$y = \sqrt{\sin(\ln x)}$；

（8）$y = \sqrt{x + \sqrt{x}}$；

（9）$y = \dfrac{e^x + e^{-x}}{e^x - e^{-x}}$；

（10）$y = e^{\arcsin x}$；

（11）$y = \arcsin\dfrac{x}{2}$；

（12）$y = \arctan\dfrac{2x}{1 + x^2}$.

3. 求曲线 $y = x\ln x$ 在 $x = e$ 处的切线方程和法线方程.

4. 曲线 $y = x\ln x^2$ 的切线与直线 $2x + 6y + 3 = 0$ 垂直，求这条切线的方程.

§2.4 隐函数及参数方程的求导法

§2.4.1 隐函数的求导法

两个变量之间的函数关系可以用各种不同的方式来表达. 前面我们讨论的函数都能明确写成关于自变量的解析式 $y = f(x)$，如 $y = x + 1$、$y = x + \ln x$ 等，这样的函数称为**显函数**. 有时我们也会遇到自变量 x 与因变量 y 之间的函数 f 是由方程 $F(x,y) = 0$ 所确定的,这样的函数称为**隐函数**. 例如，$2x^2 + 3y^2 = 1$ 和 $e^{xy} - xy = 0$ 等都是隐函数. 有些隐函数可以化成显函数，我们称其为隐函数的显化. 而有些隐函数的显化却很困难，或不能化为显函数. 隐函数求导，并不需要将其显化，也不需要引进新的变量或方法，只要对方程 $F(x,y) = 0$ 的两端分别对 x 进行求导，在求导过程中注意 y 是 x 的函数，利用复合函数的求导法则，便可

得到所求函数的导数（在导数的结果中允许含有 y）.

例1 已知函数 y 是由椭圆方程 $\dfrac{x^2}{a^2}+\dfrac{y^2}{b^2}=1$ 所确定的，求 y'.

解 因为方程中 y 是 x 的函数，所以对 $\dfrac{x^2}{a^2}+\dfrac{y^2}{b^2}=1$ 的两边分别求关于 x 的导数，得

$$\frac{2x}{a^2}+\frac{2y}{b^2}\cdot y'=0.$$

所以

$$y'=-\frac{b^2x}{a^2y}.$$

例2 求由方程 $y=1+xe^y$ 所确定的隐函数 $y=f(x)$ 的导数 y'.

解 对方程 $y=1+xe^y$ 两边分别求关于 x 的导数，得

$$y'=0+1\cdot e^y+xe^y\cdot y',$$
$$y'(1-xe^y)=e^y.$$

所以

$$y'=\frac{e^y}{1-xe^y}.$$

有些显函数，如果直接求导会很麻烦，此时先对函数表达式的两边取自然对数，再按隐函数求导法则求导，往往会使运算简单得多，这种求导方法称为**对数求导法**. 这样的显函数常见的有 $y=\sqrt[n]{\dfrac{f_1(x)f_2(x)\cdots f_l(x)}{g_1(x)g_2(x)\cdots g_m(x)}}$（$l,m,n$ 为正整数，$n\geqslant 2$）和幂指函数 $y=u(x)^{v(x)}$.

例3 已知函数 $y=\sqrt{\dfrac{(x+1)(x-2)}{(x-3)(x+4)}}$，求 y'.

解 两边取自然对数，得

$$\ln y=\frac{1}{2}[\ln(x+1)+\ln(x-2)-\ln(x-3)-\ln(x+4)].$$

对上式两边关于 x 求导，得 $\dfrac{1}{y}y'=\dfrac{1}{2}\left(\dfrac{1}{x+1}+\dfrac{1}{x-2}-\dfrac{1}{x-3}-\dfrac{1}{x+4}\right).$

所以

$$y'=\frac{y}{2}\left(\frac{1}{x+1}+\frac{1}{x-2}-\frac{1}{x-3}-\frac{1}{x+4}\right).$$

所以

$$y'=\frac{1}{2}\sqrt{\frac{(x+1)(x-2)}{(x-3)(x+4)}}\left(\frac{1}{x+1}+\frac{1}{x-2}-\frac{1}{x-3}-\frac{1}{x+4}\right).$$

例4 求幂指函数 $y=x^x$ 的导数.

解 两边取自然对数，得 $\ln y=x\ln x.$

对上式两边关于 x 求导，得 $\dfrac{1}{y}y'=\ln x+1.$

所以

$$y'=y(\ln x+1).$$

即

$$y'=x^x(\ln x+1).$$

*§2.4.2 参数方程的求导法（选学）

一般地，参数方程的形式为

$$\begin{cases} x = \varphi(t), \\ y = \psi(t). \end{cases} \quad (t \text{ 为参数}) \tag{1}$$

该方程所确定的 y 与 x 之间的函数关系称为由参数方程所确定的函数. 从方程（1）中消去参数 t 很困难，有时甚至是不可能的，因此需要寻求一种能直接利用参数方程来求出它所确定的函数的导数的方法.

在参数方程（1）中，如果函数 $x = \varphi(t)$ 具有反函数 $t = \varphi^{-1}(x)$，它与 $y = \psi(t)$ 可以复合而成函数 $y = \psi[\varphi^{-1}(x)]$，于是根据复合函数的求导法则与反函数的导数公式，就有

$$\frac{\mathrm{d}y}{\mathrm{d}x} = \frac{\mathrm{d}y}{\mathrm{d}t} \cdot \frac{\mathrm{d}t}{\mathrm{d}x} = \frac{\mathrm{d}y}{\mathrm{d}t} \cdot \frac{1}{\dfrac{\mathrm{d}x}{\mathrm{d}t}} = \frac{\psi'(t)}{\varphi'(t)}.$$

即

$$\frac{\mathrm{d}y}{\mathrm{d}x} = \frac{\psi'(t)}{\varphi'(t)} \text{ 或 } \frac{\mathrm{d}y}{\mathrm{d}x} = \frac{\dfrac{\mathrm{d}y}{\mathrm{d}t}}{\dfrac{\mathrm{d}x}{\mathrm{d}t}}. \tag{2-10}$$

这就是由参数方程（1）所确定的函数的求导公式.

例 5 已知摆线的参数方程为 $\begin{cases} x = a(t - \sin t), \\ y = a(1 - \cos t). \end{cases}$ 求由该方程所确定的函数 $y = f(x)$ 的导数 y'.

解 因为

$$\frac{\mathrm{d}y}{\mathrm{d}t} = a\sin t, \quad \frac{\mathrm{d}x}{\mathrm{d}t} = a(1 - \cos t),$$

所以

$$\frac{\mathrm{d}y}{\mathrm{d}x} = \frac{a\sin t}{a(1 - \cos t)} = \frac{\sin t}{1 - \cos t} = \cot \frac{t}{2} \quad (t \neq 2n\pi, n \in \mathbf{Z}).$$

例 6 已知椭圆的参数方程为 $\begin{cases} x = 3\sin t, \\ y = 5\cos t. \end{cases}$ 求椭圆在 $t = \dfrac{\pi}{4}$ 相应点处的切线方程和法线方程.

解 当 $t = \dfrac{\pi}{4}$ 时，椭圆上的相应点 M_0 的坐标为

$$x_0 = 3\sin \frac{\pi}{4} = \frac{3\sqrt{2}}{2},$$

$$y_0 = 5\cos \frac{\pi}{4} = \frac{5\sqrt{2}}{2}.$$

曲线在点 M_0 的切线的斜率为

$$\frac{\mathrm{d}y}{\mathrm{d}x}\bigg|_{t=\frac{\pi}{4}} = \frac{(5\cos t)'}{(3\sin t)'}\bigg|_{t=\frac{\pi}{4}} = \frac{-5\sin t}{3\cos t}\bigg|_{t=\frac{\pi}{4}} = -\frac{5}{3}.$$

于是椭圆在点 M_0 处的切线方程为

$$y - \frac{5\sqrt{2}}{2} = -\frac{5}{3}\left(x - \frac{3\sqrt{2}}{2}\right),$$

即

$$5x + 3y - 15\sqrt{2} = 0.$$

椭圆在点 M_0 处的法线方程为

$$y - \frac{5\sqrt{2}}{2} = \frac{3}{5}\left(x - \frac{3\sqrt{2}}{2}\right),$$

即

$$3x - 5y + 8\sqrt{2} = 0.$$

习 题 2.4

1. 求由下列方程所确定的隐函数的导数：

（1） $y^3 - 3y + 2ax + 0$ ；

（2） $x^2 + y^2 + 2axy = 0$ ；

（3） $xy = \mathrm{e}^{x-y}$ ；

（4） $\ln y = xy$ ；

（5） $\mathrm{e}^y + xy - 5 = 0$ ；

（6） $\mathrm{e}^{x+y} + \sin(xy) = 0$.

2. 求下列函数的导数：

（1） $y = \dfrac{\sqrt{x+2}(x-3)^2}{(x+1)^3}$ ；

（2） $y = \sqrt{x \sin x \sqrt{1 - \mathrm{e}^x}}$ ；

（3） $y = (\cos x)^{\sin x}$ ；

（4） $y = \left(\dfrac{1}{x+5}\right)^x$.

3. 求下列所给参数方程的导数：

（1） $\begin{cases} x = 2\mathrm{e}^{-t}, \\ y = 3\mathrm{e}^t; \end{cases}$

（2） $\begin{cases} x = a(\cos t + t \sin t), \\ y = a(\sin t - t \cos t). \end{cases}$

4. 已知 $\begin{cases} x = \mathrm{e}^t \cos t, \\ y = \mathrm{e}^t \sin t. \end{cases}$ 求当 $t = \dfrac{\pi}{3}$ 时 $\dfrac{\mathrm{d}y}{\mathrm{d}x}$ 的值.

5. 写出下列曲线在所给参数值相应的点处的切线方程和法线方程：

（1） $\mathrm{e}^{2x+y} - \cos(xy) - \mathrm{e} + 1 = 0$ ，在 $x = 0$ 处；

（2） $\begin{cases} x = \dfrac{3at}{1+t^2}, \\ y = \dfrac{3at^2}{1+t^2} \end{cases}$ ，在 $t = 2$ 处.

§2.5 高 阶 导 数

如果函数 $y = f(x)$ 的导数 $y' = f'(x)$ 仍然是 x 的函数，我们就可以继续讨论 $f'(x)$ 的导数. 如果 $f'(x)$ 仍然可导，则它的导数称为函数 $y = f(x)$ 的二阶导数，记作

$$y'', f''(x), \frac{\mathrm{d}^2 y}{\mathrm{d}x^2} \text{ 或 } \frac{\mathrm{d}^2 f(x)}{\mathrm{d}x^2}.$$

类似地，如果 $y'' = f''(x)$ 可导，则它的导数称为函数 $y = f(x)$ 的三阶导数，记作

$$y''', f'''(x), \frac{\mathrm{d}^3 y}{\mathrm{d}x^3} \text{ 或 } \frac{\mathrm{d}^3 f(x)}{\mathrm{d}x^3}.$$

依次类推，如果函数 $y = f(x)$ 的 $n-1$ 阶导数仍然可导，则它的导数称为函数 $y = f(x)$ 的 n 阶导数，记作

$$y^{(n)}, f^{(n)}(x), \frac{\mathrm{d}^n y}{\mathrm{d}x^n} \text{ 或 } \frac{\mathrm{d}^n f(x)}{\mathrm{d}x^n}.$$

若函数 $y = f(x)$ 在点 x 处具有 n 阶导数，则 $f(x)$ 在点 x 的某一邻域内一定具有一切低于 n 阶的导数. 二阶及二阶以上的导数，统称为高阶导数.

例1 已知一次函数 $y = kx + b$，求 y''.

解 $y' = k, y'' = 0$.

例2 求正弦函数 $y = \sin x$ 的 n 阶导数.

解
$$y = \sin x,$$
$$y' = \cos x = \sin\left(x + \frac{\pi}{2}\right),$$
$$y'' = \cos\left(x + \frac{\pi}{2}\right) = \sin\left(x + \frac{\pi}{2} + \frac{\pi}{2}\right) = \sin\left(x + 2 \times \frac{\pi}{2}\right),$$
$$y''' = \cos\left(x + 2 \times \frac{\pi}{2}\right) = \sin\left(x + 3 \times \frac{\pi}{2}\right),$$
$$y^{(4)} = \cos\left(x + 3 \times \frac{\pi}{2}\right) = \sin\left(x + 4 \times \frac{\pi}{2}\right).$$

依次类推，有

$$y^{(n)} = \sin\left(x + n \times \frac{\pi}{2}\right).$$

即
$$(\sin x)^{(n)} = \sin\left(x + n \times \frac{\pi}{2}\right).$$

用类似的方法可得

$$(\cos x)^{(n)} = \cos\left(x + n \times \frac{\pi}{2}\right).$$

例3 求指数函数 $y = a^x$ 的 n 阶导数.

解
$$y' = a^x \ln\alpha, \quad y'' = a^x (\ln\alpha)^2,$$
$$y''' = a^x (\ln\alpha)^3.$$

依次类推，有
$$y^{(n)} = \alpha^x (\ln\alpha)^n.$$

即
$$(\alpha^x)^{(n)} = \alpha^x (\ln a)^n.$$

特别地
$$(\mathrm{e}^x)^{(n)} = \mathrm{e}^x.$$

例4 求幂函数 $y = x^\alpha (\alpha \in \mathbf{R})$ 的 n 阶导数.

解　$y' = \alpha x^{\alpha-1}$，$y'' = \alpha(\alpha-1)x^{\alpha-2}$，

$y''' = \alpha(\alpha-1)(\alpha-2)x^{\alpha-3}$，　　$y^{(4)} = \alpha(\alpha-1)(\alpha-2)(\alpha-3)x^{\alpha-4}$.

依次类推，有 $y^{(n)} = \alpha(\alpha-1)(\alpha-2)\cdots(\alpha-n+1)x^{\alpha-n}$.

即 $(x^{\alpha})^{(n)} = \alpha(\alpha-1)(\alpha-2)\cdots(\alpha-n+1)x^{\alpha-n}$.

特别地，当 $\alpha = n$ 时，有 $(x^n)^{(n)} = n(n-1)(n-2)\cdots3\cdot2\cdot1 = n!$.

而 $$(x^n)^{(n+1)} = 0.$$

例 5　求对数函数 $y = \ln x$ 的 n 阶导数.

解　$$y' = \frac{1}{x}, \ y'' = -\frac{1}{x^2}, \ y''' = \frac{1\times2}{x^3}, \ y^{(4)} = -\frac{1\times2\times3}{x^4}.$$

依次类推，有 $$y^{(n)} = (-1)^{n-1}\cdot\frac{(n-1)!}{x^n}.$$

即 $$(\ln x)^{(n)} = (-1)^{n-1}\cdot\frac{(n-1)!}{x^n}.$$

习 题 2.5

1. 求下列函数的二阶导数：

（1）$y = 3^x + \ln x - 5$；

（2）$y = \cot x$；

（3）$y = (1+x^2)\arctan x$；

（4）$y = \tan x + \sec x$；

（5）$y = \ln(x + \sqrt{2^2+1})$；

（6）$y = x^x$.

2. 求下列函数在指定点的高阶导数：

（1）已知 $f(x) = 2x^2 + 3x + 1$，求 $f'(1)$，$f''(1)$，$f'''(1)$.

（2）已知 $f(x) = \dfrac{1}{x^2+1}$，求 $f''(-1)$，$f''(0)$，$f''(1)$.

3. 求下列函数的 n 阶导数：

（1）$y = 7x^4 - 6x^3 + 2x^2 + 5x + 1$；

（2）$y = 3^x$；

（3）$y = x\ln x$；

（4）$y = xe^x$.

4. 证明：函数 $y = C_1e^{\lambda x} + C_2e^{-\lambda x}$（$\lambda, C_1, C_2$ 是常数）满足关系式 $y'' - \lambda^2 y = 0$.

5. 求下列函数所指定的阶的导数：

（1）$y = e^x\sin x$，求 $y^{(4)}$；

（2）$y = x^2\sin x$，求 $y^{(5)}$；

（3）$y = 7x^8 - 6x^5 + 2x^2 + 5x + 1$，求 $y^{(20)}$.

§2.6　函数的微分

通过学习，我们知道导数的实质就是函数的变化率，它反映了函数相对于自变量的变化快慢程度. 在很多实际问题中，我们还需要研究另一个问题：自变量有微小变化时，函数值大约改变了多少？显然，$\Delta y = f(x_0 + \Delta x) - f(x_0)$ 是 Δx 的函数，我们希望能有一个简便

计算关于 Δx 的函数来近似地表示 Δy，并且使其能满足一定的精确度. 这就是本节讨论的微分的问题.

§2.6.1 微分的概念

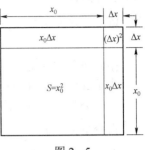

图 2-5

如图 2-5 所示，一块正方形的金属薄片，受温度变化的影响，它的边长由 x_0 变到 $x_0 + \Delta x$，问：此金属薄片的面积改变了多少？

设薄片的边长为 x，则面积 $S = x^2$. 薄片受温度变化的影响时面积的改变量，可以看成当自变量 x 由 x_0 取得增量 Δx 时，函数 S 相应的增量 ΔS，即

$$\Delta S = (x_0 + \Delta x)^2 - x_0{}^2 = 2x_0 \Delta x + (\Delta x)^2.$$

显然，ΔS 分成两部分，第一部分 $2x_0 \Delta x$ 是 Δx 的线性函数（图 2-4 中两个小矩形的面积之和）；第二部分 $(\Delta x)^2$ 是图 2-4 中小正方形的面积. 当 $\Delta x \to 0$ 时，第二部分 $(\Delta x)^2$ 是比 Δx 高阶的无穷小，即 $(\Delta x)^2 = {}^\circ(\Delta x)$. 如果边长的改变量很小，即 $|\Delta x|$ 很小时，面积的改变量 ΔS 可以近似地用第一部分来代替，即 $\Delta S \approx 2x_0 \Delta x$.

一般地，如果函数 $y = f(x)$ 满足一定的条件，则函数的增量 Δy 可表示为

$$\Delta y = A \cdot \Delta x + {}^\circ(\Delta x).$$

其中，A 是不依赖于 Δx 的常数，因此 $A\Delta x$ 是 Δx 的线性函数，用它近似地表示 Δy 时所产生的误差为 Δx 的高阶无穷小 ${}^\circ(\Delta x)(\Delta x \to 0)$. 此时，$A\Delta x$ 就有了特殊的意义.

微分的定义：设函数 $y = f(x)$ 在 x 点的某邻域内有定义，x 及 $x + \Delta x$ 在该邻域内，如果函数的增量 $\Delta y = f(x + \Delta x) - f(x)$ 可表示为

$$\Delta y = A \cdot \Delta x + {}^\circ(\Delta x),$$

其中，A 是不依赖于 Δx 的常数，而 ${}^\circ(\Delta x)$ 是当 $\Delta x \to 0$ 时比 Δx 高阶的无穷小量，则称函数 $y = f(x)$ 在 x 点是可微的，$A\Delta x$ 称为函数 $y = f(x)$ 在 x 点的**微分**，记作

$$\mathrm{d}y = A\Delta x \ \text{或}\ \mathrm{d}f(x) = A\Delta x.$$

下面讨论函数可微的条件. 设函数 $y = f(x)$ 在点 x 可微，则 $\Delta y = A \cdot \Delta x + {}^\circ(\Delta x)$，两端同除以 Δx，得

$$\frac{\Delta y}{\Delta x} = A + \frac{{}^\circ(\Delta x)}{\Delta x}.$$

当 $\Delta x \to 0$ 时，有 $\lim\limits_{\Delta x \to 0} \dfrac{\Delta y}{\Delta x} = \lim\limits_{\Delta x \to 0} \left[A + \dfrac{{}^\circ(\Delta x)}{\Delta x} \right] = A$.

即函数 $y = f(x)$ 在点 x 处可微的条件是函数 $y = f(x)$ 在点 x 处可导，且 $f'(x) = A$. 反之，如果函数 $y = f(x)$ 在点 x 处可导，即 $\lim\limits_{\Delta x \to 0} \dfrac{\Delta y}{\Delta x} = f'(x)$ 存在，则根据极限与无穷小的关系有

$$\frac{\Delta y}{\Delta x} = f'(x) + \alpha,$$

$$\Delta y = f'(x)\Delta x + \alpha \Delta x.$$

因为 $\alpha \Delta x = {}^\circ(\Delta x)$，且 $f'(x)$ 不依赖于 Δx，故上式也可写成 $\Delta y = A \cdot \Delta x + {}^\circ(\Delta x)$，所以函

数 $y = f(x)$ 在点 x 处可微，且 $f'(x) = A$.

因此，函数 $y = f(x)$ 在点 x 处可微的充要条件是函数 $y = f(x)$ 在点 x 处可导，且

$$dy = f'(x)\Delta x.$$

由此可见，函数 $y = f(x)$ 在点 x 处可微与可导是等价的.

由于 $\Delta y = dy = °(\Delta x) = f'(x)\Delta x + °(\Delta x)$，且 $\Delta y \approx dy$，因此由微分的定义可知，自变量 x 本身的微分是 $dx = (x)'\Delta x = \Delta x$.

自变量 x 的微分等于自变量 x 的增量 Δx. 于是，x 为自变量时，可用 dx 代替 Δx，这样函数 $y = f(x)$ 的微分 dy 又可写成

$$dy = f'(x)dx.$$

所以

$$f'(x) = \frac{dy}{dx}.$$

此式表明，函数的导数等于函数的微分与自变量的微分的商，故导数又称为**微商**.

例 1 求函数 $y = x^2$，当 $x = 2$，$\Delta x = 0.1$，0.01 时函数的增量 Δy 和相应的微分 dy.

解 当 $x = 2$，$\Delta x = 0.1$ 时

$$\Delta y = (2 + 0.1)^2 - 2^2 = 4.41 - 4 = 0.41.$$

因为 $y' = 2x$，所以 $dy = 2xdx = 2 \times 2 \times 0.1 = 0.4$.

当 $x = 2$，$\Delta x = 0.01$ 时

$$\Delta y = (2 + 0.01)^2 - 2^2 = 4.0401 - 4 = 0.0401.$$

因为 $y' = 2x$，所以 $dy = 2xdx = 2 \times 2 \times 0.01 = 0.04$.

§2.6.2 微分的几何意义

如图 2-6 所示，设 $M(x_0, y_0)$ 和点 $N(x_0 + \Delta x, y_0 + \Delta y)$ 是曲线 $y = f(x)$ 上的两点. 由图可知，$MB = \Delta x, BN = \Delta y$. 设切线 MT 的倾斜角是 α，则 $dy = f'(x_0)\Delta x = \tan\alpha \cdot \Delta x = BA$. 因此，函数 $y = f(x)$ 在点 x_0 处微分的**几何意义**是：函数 $y = f(x)$ 在点 x_0 处的微分等于曲线 $y = f(x)$ 在该点处的切线的纵坐标的增量.

§2.6.3 微分的计算

由微分的定义可知：要求已知函数的微分，只需要求出已知函数的导数即可. 反过来，已知微分也可以求导数. 因此，求微分和求导数有类似的公式和运算法则.

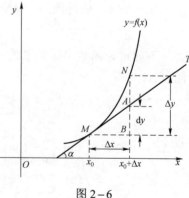

图 2-6

一、基本初等函数的微分公式

由基本初等函数的导数公式,可以直接写出基本初等函数的微分公式. 为了便于对照，列表如表 2-1 所示.

表 2-1

导数公式   微分公式

（1）$(C)' = 0$ ；   （1）$d(C) = 0$ ；

（2）$(x^\alpha)' = ax^{\alpha-1}$ ；   （2）$d(x^\alpha) = ax^{\alpha-1}dx$ ；

（3）$(\sin x)' = \cos x$ ；   （3）$d(\sin x) = \cos xdx$ ；

（4）$(\cos x)' = -\sin x$ ；   （4）$d(\cos x) = -\sin xdx$ ；

（5）$(\tan x)' = \sec^2 x$ ；   （5）$d(\tan x) = \sec^2 xdx$ ；

（6）$(\cot x)' = -\csc^2 x$ ；   （6）$d(\cot x) = -\csc^2 xdx$ ；

（7）$(\sec x)' = \sec x \tan x$ ；   （7）$d(\sec x) = \sec x \tan xdx$ ；

（8）$(\csc x)' = -\csc x \cot x$ ；   （8）$d(\csc x) = -\csc x \cot xdx$ ；

（9）$(a^x)' = a^x \ln a$ ；   （9）$d(a^x) = a^x \ln adx$ ；

（10）$(e^x)' = e^x$ ；   （10）$d(e^x) = e^xdx$ ；

（11）$(\log_a x)' = \dfrac{1}{x\ln a}$ ； （11）$d(\log_a x) = \dfrac{1}{x\ln a}dx$ ；

（12）$(\ln x)' = \dfrac{1}{x}$ ；   （12）$d(\ln x) = \dfrac{1}{x}dx$ ；

（13）$(\arcsin x)' = \dfrac{1}{\sqrt{1-x^2}}$ ； （13）$d(\arcsin x) = \dfrac{1}{\sqrt{1-x^2}}dx$ ；

（14）$(\arccos x)' = -\dfrac{1}{\sqrt{1-x^2}}$ ； （14）$d(\arccos x) = -\dfrac{1}{\sqrt{1-x^2}}dx$ ；

（15）$(\arctan x)' = \dfrac{1}{1+x^2}$ ； （15）$d(\arctan x) = \dfrac{1}{1+x^2}dx$ ；

（16）$(\text{arccot}\, x)' = -\dfrac{1}{1+x^2}$. （16）$d(\text{arccot}\, x) = -\dfrac{1}{1+x^2}dx$.

二、函数和、差、积、商的微分法则

设 u 和 v 都是可导函数，C 为常数，则由函数和、差、积、商的求导法则，可以写出相应的微分法则. 为了便于对照，列表如表 2-2 所示.

表 2-2

导数法则   微分法则

（1）$(u \pm v)' = u' \pm v'$ ；   （1）$d(u \pm v) = du \pm dv$ ；

（2）$(Cu)' = Cu'$（C 是常数）；   （2）$d(Cu) = Cdu$（C 是常数）；

（3）$(uv)' = u'v + uv'$ ；   （3）$d(uv) = vdu + udv$ ；

（4）$\left(\dfrac{u}{v}\right)' = \dfrac{u'v - uv'}{v^2}$ $(v \neq 0)$. （4）$d\left(\dfrac{u}{v}\right) = \dfrac{vdu - udv}{v^2}$ $(v \neq 0)$.

三、复合函数的微分法则

设 $y = f(u)$ 及 $u = \varphi(x)$ 都可导，则复合函数 $y = f[\varphi(x)]$ 的微分为

$$dy = y'_x \cdot dx = f'(u)\varphi'(x)dx.$$

由于 $\varphi'(x)dx = du$ ，因此复合函数 $y = f[\varphi(x)]$ 的微分公式也可写成

$$dy = f'(u)du \text{ 或 } dy = y'(u)du.$$

由此可见，无论 u 是自变量还是中间变量，微分形式 $dy = f'(u)du$ 保持不变，这一性质称为微分形式不变性.

例 2 求 $y = 2x^3 + 5\sin x + 3$ 的微分.

解 $$dy = y'dx = (6x^2 + 5\cos x)dx.$$

例 3 求 $y = a^{2x^2+1}$ 的微分.

解 设 $2x^2 + 1 = u$ ，则 $y = a^u$.

$$\begin{aligned} dy = y'_u du &= a^{2x^2+1} \cdot \ln a \cdot d(2x^2 + 1) \\ &= a^{2x^2+1} \cdot \ln a \cdot 4xdx = 4xa^{2x^2+1}\ln adx. \end{aligned}$$

例 4 已知 $y = e^x \sin x$ ，求 dy .

解 根据乘积的微分法则有

$$\begin{aligned} dy &= \sin xd(e^x) + e^x d(\sin x) \\ &= e^x \sin xdx + e^x \cos xdx \\ &= e^x(\sin x + \cos x)dx. \end{aligned}$$

例 5 填空：（1）d(   ) $= e^x dx$ ；   （2）d(   ) $= \sin xdx$.

解 （1）因为 $(e^x)' = e^x$ ，当 C 为常数时有 $(e^x + C)' = e^x$ ，所以 $d(e^x + C) = e^x dx$.

（2）因为 $(\cos x)' = -\sin x$ ，当 C 为常数时有 $(-\cos x + C)' = \sin x$ ，所以 $d(-\cos x + C) = \sin xdx$.

§2.6.4 微分在近似计算中的应用

在实际问题中，我们经常会遇到一些复杂的计算公式，直接用这些公式计算往往是很吃力的. 利用微分可以用一些简单的近似公式来代替那些复杂的计算公式.

由前面的讨论我们知道，如果 $y = f(x)$ 在点 x_0 处的导数 $f'(x_0) \neq 0$ ，且 $|\Delta x|$ 很小，则有

$$\Delta y \approx dy = f'(x_0)\Delta x. \tag{1}$$

这个式子也可写成

$$\Delta y = f(x_0 + \Delta x) - f(x_0) \approx f'(x_0)\Delta x. \tag{2}$$

或 $$f(x_0 + \Delta x) \approx f(x_0) + f'(x_0)\Delta x.$$

若令 $x = x_0 + \Delta x$ ，即 $\Delta x = x - x_0$ ，那么式（2）又可改写为

$$f(x) \approx f(x_0) + f'(x_0)(x - x_0). \tag{3}$$

如果 $f(x_0)$ 与 $f'(x_0)$ 都容易计算，我们就可以用上述公式来计算函数改变量的近似值（式（1）、式（2））和函数值的近似值（式（3））.

下面是当 $|x|$ 很小时，几个常用的近似公式：

（1）$\sin x \approx x$ （x 为弧度）；   （2）$\tan x \approx x$ （x 为弧度）；

（3）$(1 + x)^a \approx 1 + ax$ ；   （4）$e^x \approx 1 + x$ ；

（5） $\ln(1+x)\approx x$ ； （6） $\arcsin x\approx x$.

例 6 半径为 10 cm 的金属圆片加热后，伸长了 0.05 cm，问：面积增大了多少？

解 设圆的面积为 S ，半径为 r ，则

$$S=\pi r^2 .$$

已知 $r_0=10\ \text{cm}$, $\Delta r=0.05\ \text{cm}$, $|\Delta r|$ 相对较小，所以可用微分 $\mathrm{d}S$ 近似代替改变量 ΔS ，即

$$\Delta S\approx \mathrm{d}S=2\pi r_0\Delta r=2\pi\times10\times0.05\approx3.14\left(\text{cm}^2\right).$$

因此，面积约增大了 $3.14\ \text{cm}^2$.

例 7 计算 $f(x)=\arctan 1.05$ 的近似值.

解 设 $f(x)=\text{atctan}\ x$ ，由近似式（2），

有 $\arctan(x_0+\Delta x)\approx\arctan x_0+\dfrac{1}{1+x_0^2}\Delta x$ ，取 $x_0=1$ ， $\Delta x=0.05$ ，有

$$\arctan 1.05=\arctan(1+0.05)$$

$$=\arctan 1+\frac{1}{1+1^2}\times0.05$$

$$=\frac{\pi}{4}+\frac{0.05}{2}\approx0.810.$$

习 题 2.6

1.（1）求函数 $y=2x+1$ ， x 从 0 变到 0.01 时函数的增量和微分.

（2）求函数 $y=x^3+1$ ， x 从 1 变到 1.01 时函数的增量和微分.

2. 求函数在指定点的微分：

（1） $y=\dfrac{x}{1+x^2},x=1,x=2$ ； （2） $y=\mathrm{e}^x+\mathrm{e}^{-x},x=-1,x=0,x=1$.

3. 求下列函数的微分：

（1） $y=(x^2+2x+3)^3$ ； （2） $y=1+\sqrt{x}+\dfrac{1}{x}$ ；

（3） $y=\dfrac{1}{x+1}+2x$ ； （4） $y=x\sin x$ ；

（5） $y=\dfrac{2x}{\sqrt{x^2+1}}$ ； （6） $y=x\mathrm{e}^x$ ；

（7） $y=\ln\sqrt{1-x^2}$ ； （8） $y=\cos^2(1+x^2)$ ；

（9） $y=x^{\sin x}$ ； （10） $y=A\sin(\omega x+\varphi)$ （ A 、 ω 、 φ 是常数）.

4. 将适当的函数填入括号内，使等式成立：

（1） $\mathrm{d}(\quad)=x\mathrm{d}x$ ； （2） $\mathrm{d}(\quad)=\sin x\mathrm{d}x$ ；

（3） $\mathrm{d}(\quad)=\cos x\mathrm{d}x$ ； （4） $\mathrm{d}(\quad)=\dfrac{1}{1+t}\mathrm{d}t$ ；

（5） $\mathrm{d}(\quad)=\dfrac{1}{\sqrt{x}}\mathrm{d}x$ ； （6） $\mathrm{d}(\quad)=\mathrm{e}^{-t}\mathrm{d}t$ ；

（7）$d(\quad) = \sec^2 x dx$；　　（8）$d(\quad) = \dfrac{1}{\sqrt{1-x^2}} dx$；

（9）$d(\sin^2 x) = (\quad)d(\sin x)$；

（10）$d[\ln(3x+2)] = (\quad)d(3x+2) = (\quad)dx$.

5. 铁球的半径 $r=100$ mm，受热后增加 2 mm，求此铁球体积增加的精确值和近似值.

6. 球体的体积从 972π cm³ 增加到 973π cm³，试求其半径的改变量的近似值.

7. 计算近似值：

（1）$\cos 60.5°$；（2）$\sqrt{1.02}$；（3）$e^{1.01}$.

课外阅读：品位数学的美

　　美的事物，总是为人们乐意醉心追求的. 然而，一提到美，人们最容易想到的是"江山如此多娇"的自然美，或是悦目的图画，动听的乐章、精妙的诗文……这些艺术美. 然而，数学，这自然科学的皇后里面，蕴含着比诗画更美丽的境界. 正如古希腊数学家普洛克拉斯的一句颇打动人心的名言所说："哪里有数，哪里就有美."

　　尽管语文的优美词语能令人陶醉，历史的悲壮故事能催人振奋，然而数学的逻辑力量却可以使任何金刚大汉为之折服！茫茫宇宙，浩浩江河，哪一种事物能脱离数和形而存在？是数、形的有机结合，才有这奇奇妙妙千姿百态的大千世界. 这也许正是历史上许许多多的科学家、艺术家钟情于数学的原因吧！

一、数学的形象美

　　谈到形象美，一些人便联想到文学、艺术，如影视、雕塑、绘画等. 其实不然，数学是研究数与形的科学，数形的有机结合，组成了万事万物的绚丽画面.

　　1. 数字美：阿拉伯数字本身便有着极美的形象：1 字像小棒，2 字像小鸭，3 字像耳朵，4 字像小旗……瞧，多么生动.

　　2. 符号美：

　　"="（等于号）两条同样长短的平行线，表达了运算结果的唯一性，体现了数学科学的清晰与精确.

　　"≈"（约等于号）是等于号的变形，表达了两种量间的联系性，体现了数学科学的模糊与朦胧.

　　">"（大于号）、"<"（小于号），一个一端收紧，一个一端张开，形象地表明两量之间的大小关系.

　　{[（ ）]}（大、中、小括号）形象地表明了内外，先后的区别，体现对称、收放的内涵特征.

　　3. 线条美：

　　看到"⊥"（垂直线条）我们想起屹立街头的十层高楼，给我们的是挺拔感；看到"—"（水平线条），我们想起了无风的湖面，给我们的是沉静感；看到"～"（曲线线条），我们想起了波涛滚滚的河水，给我们的是流动感.

　　几何形体中那些优美的图案更是令人赏心悦目. 三角形的稳定性，平行四边形的变态性，圆蕴含的广阔性……都给人以无限遐想．我国古代的太极图，把平面与立体、静止与旋转、数字与图形，做了高度的概括！

二、数学的奇异美

数学的趣味美，体现于它奇妙无穷的变幻和奇异．一个个数字，非但毫不枯燥，而且生机勃勃，鲜活亮丽！比如：

$$9 \cdot 9 + 7 = 88 \qquad\qquad 1 \cdot 1 = 1$$
$$98 \cdot 9 + 6 = 888 \qquad\qquad 11 \cdot 11 = 121$$
$$987 \cdot 9 + 5 = 888\ 8 \qquad\qquad 111 \cdot 111 = 12\ 321$$
$$9\ 876 \cdot 9 + 4 = 888\ 88 \qquad\qquad 1\ 111 \cdot 1\ 111 = 1\ 234\ 321$$
$$98\ 765 \cdot 9 + 3 = 888\ 888 \qquad\qquad 11\ 111 \cdot 11\ 111 = 123\ 454\ 321$$
$$987\ 654 \cdot 9 + 2 = 888\ 888\ 8 \qquad\qquad 111\ 111 \cdot 111\ 111 = 12\ 345\ 654\ 321$$
$$9\ 876\ 543 \cdot 9 + 1 = 888\ 888\ 88 \qquad\qquad 1\ 111\ 111 \cdot 1\ 111\ 111 = 1\ 234\ 567\ 654\ 321$$
$$98\ 765\ 432 \cdot 9 + 0 = 888\ 888\ 888 \qquad\qquad 11\ 111\ 111 \cdot 11\ 111\ 111 = 123\ 456\ 787\ 654\ 321$$

再比如"奇妙的9"的一些式子也是数学奇妙性的反映：

$$2 \times 9 = 18 \qquad 1 + 8 = 9 \qquad\qquad 13 \times 9 = 117 \qquad 1 + 1 + 7 = 9$$
$$26 \times 9 = 234 \qquad 2 + 3 + 4 = 9 \qquad\qquad 56 \times 9 = 504 \qquad 5 + 0 + 4 = 9$$
$$78 \times 9 = 702 \qquad 7 + 0 + 2 = 9$$

通过观察发现任意的一个自然数乘9，乘积的各个数位上的和均为9，这是多么美妙的发现．各种变化多端的奇妙图形，赏心悦目；各种扑朔迷离的符形数谜，牵魂系梦；图形式题的巧解妙算，启人心扉，令人赞叹！面对这样一些有趣的问题，怎能说数学枯燥乏味呢？

三、数学的简洁美

数学科学的严谨性，决定它必须精炼、准确，因而简洁美是数学的又一特色．

数学的简洁美表现在：

1. 定义、规律叙述语言的高度浓缩性．

数学定义、规律叙述语言精练到"一字千金"的程度．比如质数的定义是"只有1和它本身的两个约数的数"，若丢掉"只"字，便荒谬绝伦．"圆是到定点的距离等于定长的点的集合"，多么简洁啊！此种例证不胜枚举．

2. 公式、法则的高度概括性．

一道公式可以解无数道题目，一条法则囊括了万千事例．

三角形的面积＝底×高÷2，把一切类型的三角形（直角的、钝角的、锐角的，等边的、等腰的、不等边的）都概括无遗．

"数位对齐，个位加起，逢十进一"把各种整数相加方法，全部包容了进去．

3. 符号语言的广泛适用性．

数学符号是最简洁的文字，表达的内容却极其广泛而丰富，它是数学科学抽象化程度的高度体现，也正是数学美的一个方面．

如复变函数里的欧拉公式：$e^{ix} = \cos x = i \sin x$；勾股定理：$a^2 + b^2 = c^2$ 等．

欧拉（见图1）还有两个卓越而奇妙的等式：

（1）$F - E + V = 2$.

其中，V 表示多面体顶点数；F 表示多面体面数；E 表示多面体边数，多面体太多，要多少就有多少，而欧拉却能将其众多的多面体中顶点、边、面得到如此简洁的关系式，怎么能不让人为之叹服！

（2）$e^{i\pi} + 1 = 0$.

它是数学里令人着迷的一个公式，两个超越数：自然对数的底e，圆周率π；两个单位：虚数单位i和自然数的单位1；以及被称为人类伟大发现之一的0；数学家们评价它是"上帝创造的公式"．漂亮！（可以用完美来形容）．

圆的周长公式：$C = 2\pi R$，任意一个圆的周长都满足这样的公式．勾股定理如图2所示。

图1　莱昂哈德·欧拉
（1707.4.5—1783.9.18）

图2　勾股定理

这些用符号表达的算式，既节省了大量文字，又反映了普遍规律，简洁、明了、易记，充分体现了数学语言干练、简洁的特有美感．

四、数学的和谐美

统一与和谐美是数学美的又一侧面，它比对称美具有广泛性．黄金分割是数学和谐美的典范．

数学最伟大的和谐美要从黄金分割说起．黄金分割又称黄金律，是指各部分间一定的数学比例关系，即将整体一分为二，较大部分与较小部分之比等于整体与较大部分之比，其比值为1:0.618 或 1.618:1，即长段为全段的0.618. 0.618被公认为最具有审美意义的比例数字．上述比例是最能引起人的美感的比例，因此被称为黄金分割．

黄金律由公元前六世纪古希腊数学家毕达哥拉斯所发现，后来古希腊美学家柏拉图将此称为黄金分割．黄金分割在未发现之前，在客观世界中就存在，只是当人们揭示了这一奥秘之后，才对它有了明确的认识．当人们根据这个法则再来观察自然界时，就惊奇地发现原来在自然界的许多优美的事物中都能看到它，如植物的叶片、花朵、雪花，五角星……许多动物、昆虫的身体结构中，特别是人体中更是有着丰富的黄金比关系．

1. 这个数字在自然界和人们生活中到处可见．

人体美学：人的肚脐是人体长的黄金分割点．而膝盖又是人体肚脐以下部分体长的黄金分割点．而咽喉则是上肢的黄金分割点．人的理想体重计算很接近身高×（1−0.618）．普通人一天上班 8 小时，8×0.618=4.944，上班第 5 个小时是最需要休息的时候，同时是开始期待下班的时候. 大多数门窗的宽长之比也是 0.618 等.

黄金分割与消费，小康型购物公式：小康型消费价格=低档消费价格+0.618×（高档消费价格－低档消费价格）. 举例来说：若你需要购买一台手提电脑，据调查，得知高档价格在 12 800 元左右，低档价格在 2 800 元左右，那么您的小康消费水准为：(12 800－2 800) × 0.618+2 800=8 980（元）. 换句话说，价格为 8 900 元左右为宜. 这正是大多数电脑爱好者喜欢且接受的档次.

有些植茎上两张相邻叶柄的夹角是 137°28′，这恰好是把圆周分成 1:0.618⋯⋯的两条半径的夹角. 据研究发现，这种角度对植物通风和采光效果最佳.

2. 建筑艺术：黄金分割被认为是建筑和艺术中最理想的比例.

建筑师们对数字 0.618 特别偏爱，无论是古埃及金字塔，还是巴黎圣母院，或者是近世纪的法国埃菲尔铁塔，都有与 0.618 有关的数据. 位于上海黄浦江畔的东方明珠塔（见图 3），是亚洲第一，世界第三高塔，它的塔身竟高达 462.85 m，仿佛一把刺天长剑，直冲云霄. 要建造这样高而瘦长的塔身，在造型上难免有些单调，然而设计师巧妙地在塔身上装置了晶莹耀眼的上球体、下球体和太空舱，它既可供游人登高俯瞰城市景色，又使笔直的塔身有了曲线变化，更妙的是，设计师有意将上球体选在 295 m 之间的位置，这个位置恰好在塔身 5:8 的地方，这 0.618 的比值，使塔身显得非常协调、美观.

3. 设计运用：在万物生长中遵循黄金比例的规则，在设计中依然如此.

无论是在标志设计、版式设计、工艺比例造型等方方面面设计适当运用到黄金比例都能呈现毫无违和感的视觉效果（见图 4）. 黄金比例是设计工作者、艺术绘画者最为青睐的比例. 电脑显示器长与宽比值约为 1.6. (1/0.618=1.618)

图 3　东方明珠塔

图 4　苹果手机标志

4. 医学与 0.618 有着千丝万缕的联系.

它可解释人为什么在环境 22 ℃～24 ℃时感觉最舒适. 因为人的体温为 37 ℃与 0.618 的乘积为 22.8 ℃，而且这一温度中机体的新陈代谢、生理节奏和生理功能均处于最佳状态. 现代医学研究还表明，0.618 与养生之道息息相关，动与静是一个 0.618 的比例关系，大致四分动六分静，才是最佳的养生之道. 医学分析还发现，饭吃六七成饱的几乎不生胃病.

5. 武器装备.

在冷兵器时代，虽然人们还根本不知道黄金分割这个概念，但人们在制造宝剑、大刀、长矛等武器时，黄金分割率的法则也早已处处体现了出来，因为按这样的比例制造出来的兵器，用起来会更加得心应手.

当发射子弹的步枪刚刚制造出来的时候，它的枪把和枪身的长度比例很不科学合理，很不方便于步枪抓握和瞄准. 到了 1918 年，一个名叫阿尔文·约克的美远征军下士，对这种步枪进行了改造，改进后的枪型枪身和枪把的比例恰恰符合 0.618 的比例.

实际上，从锋利的马刀刃口的弧度，到子弹、炮弹、弹道导弹沿弹道飞行的顶点；从飞机进入俯冲轰炸状态的最佳投弹高度和角度，到坦克外壳设计时的最佳避弹坡度，我们也都能很容易地发现黄金分割率无处不在.

在大炮射击中，如果某种间瞄火炮的最大射程为 12 km，最小射程为 4 km，则其最佳射击距离在 9 km 左右，为最大射程的 2/3，与 0.618 十分接近. 在进行战斗部署时，如果是进攻战斗，大炮阵地的配置位置一般距离己方前沿 1/3 为最大射程处，如果是防御战斗，则大炮阵地应配置距己方前沿 2/3 为最大射程处.

6. 战术布阵.

在中国历史上很早发生的一些战争中，就无不遵循着 0.618 的规律. 春秋战国时期，晋厉公率军伐郑，与援郑之楚军决战于鄢陵. 厉公听从楚叛臣苗贲皇的建议，把楚之右军作为主攻点，因此以中军之一部进攻楚军之左军；以另一部进攻楚军之中军，集上军、下军、新军及公族之卒，攻击楚之右军. 其主要攻击点的选择，恰在黄金分割点上.

把黄金分割在战争中体现得最为出色的军事行动，还应首推成吉思汗所指挥的一系列战事. 数百年来，人们对成吉思汗的蒙古骑兵，为什么能像飓风扫落叶般地席卷欧亚大陆颇感费解，因为仅用游牧民族的彪悍勇猛、残忍诡谲、善于骑射以及骑兵的机动性这些理由，都还不足以对此作出令人完全信服的解释. 或许还有别的更为重要的原因. 仔细研究之下，果然又从中发现了黄金分割的伟大作用. 蒙古骑兵的战斗队形与西方传统的方阵大不相同，在它的 5 排制阵形中，人盔马甲的重骑兵和快捷灵动轻骑兵的比例为 2:3，这又是一个黄金分割！你不能不佩服那位马背军事家的天才妙悟，被这样的天才统帅统领的大军，不纵横四海、所向披靡，那才怪呢.

7. 黄金分割其他应用.

地球表面的纬度范围是 0°～90°，对其进行黄金分割，则 34.38°～55.62° 正是地球的黄金地带. 无论从平均气温、年日照时数、年降水量、相对湿度等方面都是具备适于人类生活的最佳地区. 说来也巧，这一地区几乎囊括了世界上所有的发达国家.

优选法是一种具有广泛应用价值的数学方法，著名数学家华罗庚曾为普及它作出重要贡献. 优选法中有一种 0.618 法应用了黄金分割法. 例如，在一种试验中，温度的变化范围是 0 ℃～10 ℃，我们要寻找在哪个温度时试验效果最佳. 为此，可以先找出温度变化范围的黄金分割点，考察 10×0.618=6.18（℃）时的试验效果，再考察 10×（1-0.618）=3.82（℃）时的试验效果，比较两者，选优去劣. 然后在缩小的变化范围内继续这样寻找，直至选出最佳温度.

五、数学的对称美

对称是美学的基本法则之一，数学中众多的轴对称、中心对称图形，幻方、数阵以及等量关系都赋予了平衡、协调的对称美.

数学概念竟然也是一分为二地成对出现的：整-分，奇-偶，和-差，曲-直，方-圆，分解－组合，平行－交叉，正比例－反比例……，显得稳定、和谐、协调、平衡，真是奇妙动人."三角"中的正弦和余弦，正割和余割，正切和余切；从运算关系看，矩阵和逆矩阵，指数和对数，微分和积分，乘幂和开方，乘和除……这些互递运算也可视为对称关系.如图5～图7所示。

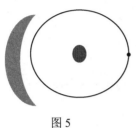

图5　　　　　　　　　图6　　　　　　　　　图7

　　数学中蕴含的美的因素是深广博大的.数学之美还不仅于此，它贯穿于数学的方方面面.数学总是美的，数学是美的科学！

本 章 小 结

一、基本概念

瞬时速度，切线，导数，变化率，加速度，高阶导数，微分.

导数的概念：设函数 $y = f(x)$ 在点 x_0 的某一邻域内有定义，当自变量 x 在 x_0 处取得增量 Δx（点 $x_0 + \Delta x$ 仍在该邻域内）时，相应地，函数 y 取得增量 $\Delta y = f(x_0 + \Delta x) - f(x_0)$. 当 $\Delta x \to 0$ 时，函数的增量 Δy 与自变量 Δx 的增量之比的极限

$$\lim_{\Delta x \to 0} \frac{\Delta y}{\Delta x} = \lim_{\Delta x \to 0} \frac{f(x_0 + \Delta x) - f(x_0)}{\Delta x} = f'(x_0).$$

注意两个符号 Δx 和 x_0 在题目中可能换成其他的符号表示.

微分的概念：$\mathrm{d}y = f'(x)\mathrm{d}x$，求微分就是求导数.

二、基本公式和法则

1. 基本导数和微分公式

导数公式

（1）$(C)' = 0$；

（2）$(x^\alpha)' = \alpha x^{\alpha-1}$；

（3）$(\sin x)' = \cos x$；

（4）$(\cos x)' = -\sin x$；

（5）$(\tan x)' = \sec^2 x$；

（6）$(\cot x)' = -\csc^2 x$；

（7）$(\sec x)' = \sec x \tan x$；

（8）$(\csc x)' = -\csc x \cot x$；

微分公式

（1）$\mathrm{d}(C) = 0$；

（2）$\mathrm{d}(x^\alpha) = \alpha x^{\alpha-1}\mathrm{d}x$；

（3）$\mathrm{d}(\sin x) = \cos x\mathrm{d}x$；

（4）$\mathrm{d}(\cos x) = -\sin x\mathrm{d}x$；

（5）$\mathrm{d}(\tan x) = \sec^2 x\mathrm{d}x$；

（6）$\mathrm{d}(\cot x) - \csc^2 x\mathrm{d}x$；

（7）$\mathrm{d}(\sec x) = \sec x \tan x\mathrm{d}x$；

（8）$\mathrm{d}(\csc x) = -\csc x \cot x\mathrm{d}x$；

（9）$(a^x)' = a^x \ln a$；

（10）$(e^x)' = e^x$；

（11）$(\log_a x)' = \dfrac{1}{x \ln a}$；

（12）$(\ln x)' = \dfrac{1}{x}$；

（13）$(\arcsin x)' = \dfrac{1}{\sqrt{1-x^2}}$；

（14）$(\arccos x)' = -\dfrac{1}{\sqrt{1-x^2}}$；

（15）$(\arctan x)' = \dfrac{1}{1+x^2}$；

（16）$(\operatorname{arccot} x)' = -\dfrac{1}{1+x^2}$.

（9）$\mathrm{d}(a^x) = a^x \ln a\, \mathrm{d}x$；

（10）$\mathrm{d}(e^x) = e^x \mathrm{d}x$；

（11）$\mathrm{d}(\log_a x) = \dfrac{1}{x \ln a}\mathrm{d}x$；

（12）$\mathrm{d}(\ln x) = \dfrac{1}{x}\mathrm{d}x$；

（13）$\mathrm{d}(\arcsin x) = \dfrac{1}{\sqrt{1-x^2}}\mathrm{d}x$；

（14）$\mathrm{d}(\arccos x) = -\dfrac{1}{\sqrt{1-x^2}}\mathrm{d}x$；

（15）$\mathrm{d}(\arctan x) = \dfrac{1}{1+x^2}\mathrm{d}x$；

（16）$\mathrm{d}(\operatorname{arccot} x) = -\dfrac{1}{1+x^2}\mathrm{d}x$.

2. 求导和微分法则

导数法则

（1）$(u \pm v)' = u' \pm v'$；

（2）$(Cu)' = Cu'$（C 是常数）；

（3）$(uv)' = u'v + uv'$；

（4）$\left(\dfrac{u}{v}\right)' = \dfrac{u'v - uv'}{v^2}$（$v \neq 0$）.

微分法则

（1）$\mathrm{d}(u \pm v) = \mathrm{d}u \pm \mathrm{d}v$；

（2）$\mathrm{d}(Cu) = C\mathrm{d}u$（$C$ 是常数）；

（3）$\mathrm{d}(uv) = v\mathrm{d}u + u\mathrm{d}v$；

（4）$\mathrm{d}\left(\dfrac{u}{v}\right) = \dfrac{v\mathrm{d}u - u\mathrm{d}v}{v^2}$（$v \neq 0$）.

3. 复合函数的求导法则

设函数 $y = f(x)$ 是由 $y = f(u)$ 及 $u = \varphi(x)$ 复合而成的，则复合函数 $y = f[\varphi(x)]$ 在点 x 处可导，且

$$f'(x) = f'(u) \cdot \varphi'(x) \text{ 或 } \frac{\mathrm{d}y}{\mathrm{d}x} = \frac{\mathrm{d}y}{\mathrm{d}u} \cdot \frac{\mathrm{d}u}{\mathrm{d}x}.$$

4. 隐函数求导

并不需要将其显化，也不需要引进新的变量或方法，只要对方程 $F(x,y) = 0$ 的两端分别对 x 进行求导，在求导过程中注意 y 是 x 的函数，利用复合函数的求导法则，便可得到所求函数的导数（在导数的结果中允许含有 y）.

5. 对数求导法.

6. 复合函数的微分法则

设 $y = f(u)$ 及 $u = \varphi(x)$ 都可导，则复合函数 $y = f[\varphi(x)]$ 的微分为

$$\mathrm{d}y = y'_x \cdot \mathrm{d}x = f'(u)\varphi'(x)\mathrm{d}x.$$

由于 $\varphi'(x)\mathrm{d}x = \mathrm{d}u$，因此复合函数 $y = f[\varphi(x)]$ 的微分公式也可写成

$$\mathrm{d}y = f'(u)\mathrm{d}u \text{ 或 } \mathrm{d}y = y'(u)\mathrm{d}u.$$

由此可见，无论 u 是自变量还是中间变量，微分形式 $\mathrm{d}y = f'(u)\mathrm{d}u$ 都保持不变，这一性质称为**微分形式不变性**.

三、基本方法

（1）利用导数定义求导数；

（2）利用导数公式与求导法则求导数；

（3）利用复合函数求导法则求导数；

（4）隐含数微分法；

（5）参数方程微分法；（选学）

（6）对数求导法；

（7）利用微分运算法则求微分或导数；

（8）微分的应用.

数学实验与应用二

【实验课题】

1. 用 Mathematica 计算导数和微分.

2. 用 Mathematica 解决简单的微分学应用问题.

基本语句：

（1）D[f[x],x]　　　　　　　　求 $f(x)$ 的导数 $f'(x)$

（2）D[f[x],{x,n}]　　　　　　求 $f(x)$ 的 n 阶导数 $f^{(n)}(x)$

（3）ND[f[x],x,x_0]　　　　　求 $f(x)$ 在 x_0 处的导数值 $f'(x_0)$

（4）D[f[x],{x,n},x_0]　　　　求 $f(x)$ 在 x_0 处的 n 阶导数值 $f^{(n)}(x_0)$

（5）Solve[[f[x]=0],x]　　　　解方程 $f(x)=0$

【实验内容】

1. 用定义求函数 $f(x) = x^3 - 3x^2 + 2x - 2$ 的导数 $f'(x)$.

输入并运行下列 Mathematica 语句：

Clear[f,F,h]

f[x_]:=x^3-3x^2+2x-2;

f[x]

F=Simplify[f[x+h]-f[x]/h]

F1=Limit[F,h $\rightarrow$ 0]

Plot[{f[x],F1},{x,-3,3}]

结果显示：

$-2 + 2x - 3x^2 + x^3$

$2 + h^2 + 3h(-1+x) - 6x + 3x^2$

$2 - 6x + 3x^2$

$f(x)$ 和 $f'(x)$ 图像如图 2-7 所示.

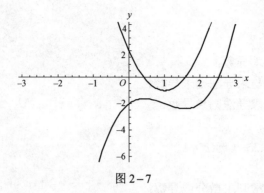

图 2-7

2. 求函数 $f(x) = e^{\cos x}$ 在点 $x = 1$ 处导数的值.

输入并运行下列 Mathematica 语句：

$\ll$ NumericalMath′NLimit′

ND[Exp[Cos[x], x, 1]

结果显示：-1.44441.

3. 求函数 $f(x) = 2x^{100} + 3x^2 + 100$ 的 10 阶导数.

输入并运行下列 Mathematica 语句：

$f[x\_] := 2x\wedge 100 + 3x\wedge 2 + 100;$

$D[f[x], \{x, 10\}]$

结果显示：$125631301911058944000x^{90}$.

4. 求函数 $f(x) = \sin x + x^{10} - 10$ 的 1 阶到 5 阶导数.

输入并运行下列 Mathematica 语句：

Clear[f]

$f[x\_] := \sin[x] + x\wedge 10 - 10;$

$Do[Print[D[f[x], \{x, n\}], \{n, 1, 5\}]$

结果显示：$10x^9 + \cos[x]$

$90x^8 + \sin[x]$

$720x^7 - \cos[x]$

$5\,040x^6 + \sin[x]$

$30\,240x^5 + \cos[x]$

5. 求由方程 $2x^2 - 3xy + y^2 + x - 1 = 0$ 所确定的隐函数的导数.

输入并运行下列 Mathematica 语句：

Clear[f,F]

f[x_]:2x^2-3x*y[x]+y[x]^2-1;

equl=D[f[x]=0,x];

equl

solve[equl,y′[x]]

结果显示：$4x - 3y[x] - 3xy'[x] + 2y[x]y'[x] = 0$.

$$\left\{\left\{y'[x] \to -\frac{-4x + 3y[x]}{3x - 2y[x]}\right\}\right\}$$

6. 在同一坐标系内，作函数 $f(x) = x^3 + x^2 - 2x - 1$ 的图像和在 $x = 1$ 处的切线.

输入并运行下列 Mathematica 语句：

Clear[f,x,y]

f[x_]:=x^3+x^2-2x-1;

t1=Plot[f[x],{x,-4,3},DisplayFunction → Identity];

t2=Plot[f′[x](x-1)+f[1],{x,-4,3},DisplayFunction → Identity];

show[{t1,t2},DisplayFunction → $DisplayFunction]

图像如图 2－8 所示 .

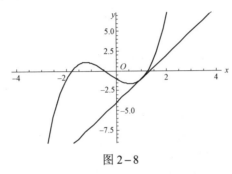

图 2－8

复 习 题 二

1. 判断题：

（1）函数 $y = f(x)$ 在点 x_0 处连续，则在该点一定可导. （ ）

（2）若函数 $y = f(x)$ 在点 x_0 处可导，则 $|f(x)|$ 在点 x_0 处一定可导. （ ）

（3）若 $y = f(x)$ 在点 x_0 处可微，则 $f(x)$ 在点 x_0 处也一定可导. （ ）

（4）单调函数的导数也一定是单调函数. （ ）

2. 填空题：

（1）做变速直线运动物体的运动方程为 $s(t) = t^2 + 2t$，则其运动速度为 $v(t) = $ _____，加速度为 $a(t) = $ _____.

（2）已知 $f'(3) = 2$，则 $\lim\limits_{h \to 0} \dfrac{f(3-h) - f(3)}{2h} = $ _____.

（3）若函数 $y = f(x)$ 在点 x_0 处的导数 $f'(x_0) = 0$，则曲线 $y = f(x)$ 在点 $(x_0, f(x_0))$ 处有 _____ 切线；若 $f'(x_0) = \infty$，则曲线 $y = f(x)$ 在点 $(x_0, f(x_0))$ 处有 _____ 切线.

（4）设 $y = \arctan \dfrac{1}{x}$，则 $y' = $ _____，$y'' = $ _____.

（5）d _____ $= \dfrac{1}{1+x} dx$.

（6）曲线 $y = \ln x$ 上点 $(1, 0)$ 处的切线方程为 _____.

3. 选择题：

（1）函数 $y = f(x)$ 在点 x_0 处连续是函数在该点可导的（　　）.

A. 充分条件但不是必要条件　　　　　B. 必要条件但不是充分条件

C. 充分而且必要条件　　　　　　　　D. 既不是充分条件，也不是必要条件

（2）$y = |x+1|$ 在 $x = -1$ 处（　　）.

A. 连续　　　　　B. 不连续　　　　　C. 可导　　　　　D. 可微

（3）下列函数中导数等于 $\dfrac{1}{2}\sin 2x$ 的是（　　）.

A. $\dfrac{1}{2}\sin^2 x$　　B. $\dfrac{1}{2}\cos 2x$　　C. $\dfrac{1}{2}\sin 2x$　　D. $\dfrac{1}{2}\cos^2 x$

（4）已知 $y = \sin x$，则 $y^{(10)}$ 等于（　　）.

A. $\sin x$　　　　B. $\cos x$　　　　C. $-\sin x$　　　　D. $-\cos x$

（5）如果函数 $f(x)$ 在点 x_0 处可导，则 $f'(x_0)$ 等于（　　）.

A. $\lim\limits_{h \to 0} \dfrac{f(x_0 - h) - f(x_0)}{h}$　　　　B. $\lim\limits_{h \to 0} \dfrac{f(x_0 - h) - f(x_0)}{2h}$

C. $\lim\limits_{h \to 0} \dfrac{f(x_0 - h) - f(x_0)}{-h}$　　　　D. $\lim\limits_{h \to 0} \dfrac{f(x_0 + h) - f(x_0 - h)}{h}$

（6）函数 $y = x^x$ 的导数是（　　）.

A. xx^{x-1}　　　　B. $xx^{x-1} + x^x \ln x$　　　　C. $x^x \ln x$　　　　D. $x^x(\ln x + 1)$

（7）过曲线 $y = \ln x$ 上某点的切线与直线 $y = 2x - 3$ 平行，则该点的坐标是（　　）.

A. $(2, \ln 2)$　　B. $(2, -\ln 2)$　　C. $\left(\dfrac{1}{2}, \ln 2\right)$　　D. $\left(\dfrac{1}{2}, -\ln 2\right)$

（8）若函数 $f(x)$ 与 $g(x)$ 满足 $f'(x) = g'(x)$，则以下说法中错误的是（　　）.

A. $f(x)$ 不一定等于 $g(x)$　　　　B. $f(x)$ 和 $g(x)$ 有同一条切线

C. $f(x)$ 和 $g(x)$ 的切线互相平行　　D. $f(x)$ 和 $g(x)$ 有相同的变化率

（9）函数的微分（　　）.

A. 只与 x 有关　　　　　　　　　B. 只与 $\mathrm{d}x$ 有关

C. 与 x 和 $\mathrm{d}x$ 都有关　　　　D. 与 x 和 $\mathrm{d}x$ 都无关

（10）函数 $y = \ln|x|$ 的微分为（　　）.

A. $\dfrac{1}{x}\mathrm{d}x$　　B. $\dfrac{1}{|x|}\mathrm{d}x$　　C. $-\dfrac{1}{|x|}\mathrm{d}x$　　D. 以上都不对

4. 求下列函数的导数：

（1）$y = \dfrac{1}{4}\ln\dfrac{x-a}{x+a}$；　　　　　　（2）$y = \dfrac{2}{a}\arctan\dfrac{x}{a} - \ln(x^2 + a^2)$.

5. 求下列隐函数的导数和微分：

（1）$y = \sin(xy)$；　　　　　　（2）$x^y = y^x \ (x > 0, y > 0)$.

6. 已知抛物线 $y = ax^2 + bx + c$ 与曲线 $y = \mathrm{e}^x$ 在 $x = 0$ 处相交，并且它们有相同的一阶、二阶导数，试确定 a, b, c 的值.

第三章　导数的应用

[目标] 理解罗尔定理和拉格朗日中值定理，了解柯西中值定理，理解函数极值、曲线的凹凸性与拐点的概念，掌握函数单调性、极值以及曲线凹凸性的判定方法，理解导数在解决数学中的最优化问题方面的应用.

[导读] 微分学在自然科学与工程技术上都有着极其广泛的应用. 本章以微分中值理论为理论基础，介绍求未定式极限的一个重要方法——洛必达法则；讨论函数及其图形的性态，借助数学软件解决一些常见的应用问题.

§3.1　微分中值定理

§3.1.1　罗尔（Rolle）定理

定理　如果函数 $f(x)$ 在闭区间 $[a,b]$ 上连续，在开区间 (a,b) 内可导，在区间端点的函数值相等，即 $f(a)=f(b)$，那么在 (a,b) 内至少有一点 $\xi(a<\xi<b)$，使得函数 $f(x)$ 在该点的导数等于零，即

$$f'(\xi)=0.$$

几何意义　如果连续曲线 $y=f(x)$ 两端点纵坐标相等，且最多除去两个端点 A、B 外，每点都有不垂直于 ox 轴的切线，那么在该曲线弧上至少有一点 C，使曲线在该点处的切线平行于 ox 轴（见图 3-1）

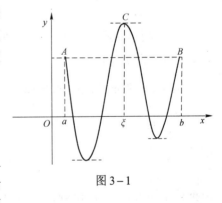

图 3-1

例 1　设 $f(x)=x^2-3x+2$．不用求导数的方法，说明方程 $f'(x)=0$ 在 $(1,2)$ 内一定有一个实根.

解　由于多项式 $f(x)=x^2-3x+2=(x-1)(x-2)$ 处处可导，因此满足罗尔定理的前两个条件，又 $f(1)=f(2)=0$，所以 $f(x)$ 在 $[1,2]$ 上满足罗尔定理条件，由定理的结论知，在 $(1,2)$ 内至少存在一点 ξ，使 $f'(\xi)=0$，所以 $x=\xi$ 就是方程 $f'(x)=0$ 的根. 又因 $f'(x)=0$ 是一次方程，所以 $x=\xi$ 就是方程 $f'(x)=0$ 的唯一实根.

§3.1.2　拉格朗日（Lagrange）定理

定理：如果函数 $f(x)$ 在闭区间 $[a,b]$ 上连续，在开区间 (a,b) 内可导，那么在 (a,b) 内至少有一点 $\xi(a<\xi<b)$，使等式 $f(b)-f(a)=f'(\xi)(b-a)$ 成立.

几何意义：如果连续曲线 $y=f(x)$ 除端点 A,B 外，处处有不垂直于 x 轴的切线，则此曲线上至少有一点 C，使得该点处的切线平行于弦 AB（见图 3-2）.

注意 如果在拉格朗日定理加上条件 $f(b)=f(a)$，则得罗尔定理.

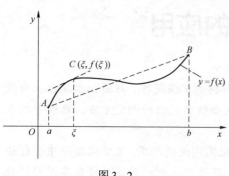

图 3-2

推论 1 如果函数 $f(x)$ 在区间 (a,b) 内，恒有 $f'(x)=0$，则 $f(x)$ 在区间 (a,b) 内恒等于常数.

证 在区间 (a,b) 内任取两点 x_1,x_2，且 $x_1<x_2$，于是在区间 $[x_1,x_2]$ 上函数 $f(x)$ 满足拉格朗日定理的条件，从而可得

$$f(x_2)-f(x_1)=f'(\xi)(x_2-x_1) \quad (x_1<\xi<x_2).$$

因为 $f'(x)=0$，所以 $f(x_1)=f(x_2)$.

由于 x_1,x_2 是 (a,b) 内的函数值且处处相等，因此 $f(x)$ 在区间 (a,b) 内恒等于常数.

推论 2 如果函数 $f(x)$ 与 $g(x)$ 在区间 (a,b) 内每一点的导数 $f'(x)=g'(x)$ 恒相等，则这两个函数在区间 (a,b) 内至多相差一个常数.

证 对区间 (a,b) 内的任意 x，由于 $[f(x)-g(x)]'=f'(x)-g'(x)=0$，根据推论 1 可知，对区间 (a,b) 内任意 x，$f(x)-g(x)$ 在区间 (a,b) 内是一个常数. 设此常数为 C，则有

$$f(x)-g(x)=C.$$

例 2 对函数 $f(x)=\dfrac{1}{3}x^3-x$ 在区间 $[-\sqrt{3},\sqrt{3}]$ 上验证拉格朗日定理的正确性.

解 函数 $f(x)=\dfrac{1}{3}x^3-x$ 在区间 $[-\sqrt{3},\sqrt{3}]$ 上连续，在开区间 $(-\sqrt{3},\sqrt{3})$ 内可导，并且

$$\frac{f(\sqrt{3})-f(-\sqrt{3})}{\sqrt{3}-(-\sqrt{3})}=\frac{0-0}{2\sqrt{3}}=0.$$

因为 $f'(x)=x^2-1$，故 $x^2-1=0$. 解方程，得 $x=\pm1$，取 $\xi=\pm1$. 这说明在 $(-\sqrt{3},\sqrt{3})$ 内有 $\xi=\pm1$，使 $f'(\xi)=0$.

例 3 证明恒等式：$\arctan x+\operatorname{arccot} x=\dfrac{\pi}{2},x\in(-\infty,+\infty)$.

证 取
$$y=\arctan x+\operatorname{arccot} x,$$

则
$$y'=\frac{1}{1+x^2}-\frac{1}{1+x^2}=0.$$

由推论 1 知 $\arctan x+\operatorname{arccot} x=C$，而 $\arctan 1+\operatorname{arccot} 1=\dfrac{\pi}{2}$，

所以
$$\arctan x+\operatorname{arccot} x=\frac{\pi}{2},x\in(-\infty,+\infty).$$

§3.1.3 柯西（Cauchy）定理

定理: 如果函数 $f(x)$ 及 $g(x)$ 在闭区间 $[a,b]$ 上连续，在开区间 (a,b) 内可导，且 $g'(x)$ 在 (a,b) 内每一点处均不为零，那么在 (a,b) 内至少有一点 $\xi\in(a<\xi<b)$，使等式 $\dfrac{f(b)-f(a)}{g(b)-g(a)}=\dfrac{f'(\xi)}{g'(\xi)}$ 成立.

几何意义： 如果曲线方程以参数方程 $\begin{cases} x = g(x), \\ y = f(x) \end{cases}$ $(a \leqslant x \leqslant b)$

给出，此曲线除端点 A, B 外，处处有不垂直于 x 轴的切线，则此曲线上至少有一点 C，使得该点处的切线平行于弦 AB（见图 $3-3$）.

说明：

（1）罗尔定理、拉格朗日定理和柯西定理统称为微分中值定理.

（2）若在柯西定理中取 $g(x) = x$，则 $g(b) - g(a) = b - a, g'(\xi) = 1$，于是柯西定理可写为 $f(b) - f(a) = f'(\xi)(b-a)$. 这就是拉格朗日中值公式，可见拉格朗日定理是柯西定理的特例.

（3）拉格朗日定理的条件是充分的，但不是必要的. 如图 $3-4$ 所示，函数 $f(x)$ 在 (a, b) 内的 C 点虽不连续，但在 (a, b) 内仍存在一点 ξ，使得 $f'(\xi) = \dfrac{f(b) - f(a)}{b - a}, \xi \in (a, b)$.

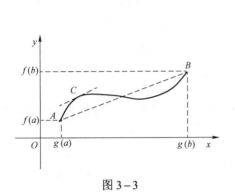

图 $3-3$

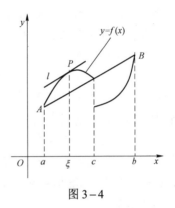

图 $3-4$

课外阅读：拉格朗日生平

约瑟夫·路易斯·拉格朗日（Joseph-Louis Lagrange 1735—1813 年），法国数学家、物理学家. 1736 年 1 月 25 日生于意大利都灵，1813 年 4 月 10 日卒于巴黎. 他在数学、力学和天文学三个学科领域中都有历史性的贡献，其中以数学方面的成就最为突出. 父亲是法国陆军骑兵里的一名军官，后由于经商破产，家道中落. 据拉格朗日本人回忆，如果一直家境富裕，他也就不会作数学研究了，因为父亲一心想把他培养成为一名律师，但拉格朗日个人却对法律毫无兴趣.

到了青年时代，在数学家雷维里的教导下，拉格朗日喜爱上了几何学. 17 岁时，他读了英国天文学家哈雷的介绍牛顿微积分成就的短文《论分析方法的优点》后，感觉到"分析才是自己最热爱的学科"，从此他迷上了数学分析，开始专攻当时迅速发展的数学分析.

18 岁时，拉格朗日用意大利语写了第一篇论文，是用牛顿二项式定理处理两函数乘积的高阶微商，他又将论文用拉丁语写出寄给了当时在柏林科学院任职的数学家欧拉. 不久后，他获知这一成果早在半个世纪前就被莱布尼茨取得了. 这个并不幸运的开端并未使拉格朗日灰心，相反，更坚定了他投身数学分析领域的信心.

1755 年拉格朗日 19 岁时，在探讨数学难题"等周问题"的过程中，他以欧拉的思路和结果为依据，用纯分析的方法求变分极值. 第一篇论文"极大和极小的方法研究"，发展了欧拉所开创的变分法，为变分法奠定了理论基础. 变分法的创立，使拉格朗日在都灵声名大震，并使他在 19 岁时就当上了都灵皇家炮兵学校的教授，成为当时欧洲公认的第一流数学家. 1756 年，受欧拉的举荐，拉格朗日被任命为普鲁士科学院通信院士.

1764 年，法国科学院悬赏征文，要求用万有引力解释月球天平动问题，他的研究获奖. 接着他又成功地运用微分方程理论和近似解法研究了科学院提出的一个复杂的六体问题（木星的四个卫星的运动问题），为此又一次于 1766 年获奖.

1766 年德国的腓特烈大帝向拉格朗日发出邀请时说，在"欧洲最大的王"的宫廷中应有"欧洲最大的数学家". 于是他应邀前往柏林，任普鲁士科学院数学部主任，居住达 20 年之久，开始了他一生科学研究的鼎盛时期. 在此期间，他完成了《分析力学》一书，这是牛顿之后的一部重要的经典力学著作. 书中运用变分原理和分析的方法，建立起完整和谐的力学体系，使力学分析化了. 他在序言中宣称："力学已经成为分析的一个分支."

1783 年，拉格朗日的故乡建立了"都灵科学院"，他被任命为名誉院长. 1786 年腓特烈大帝去世以后，他接受了法王路易十六的邀请，离开柏林，定居巴黎，直至去世. 这期间他参加了巴黎科学院成立的研究法国度量衡统一问题的委员会，并出任法国米制委员会主任. 1799 年，法国完成统一度量衡工作，制定了被世界公认的长度、面积、体积、质量的单位，拉格朗日为此作出了巨大的努力.

1791 年，拉格朗日被选为英国皇家学会会员，又先后在巴黎高等师范学院和巴黎综合工科学校任数学教授. 1795 年建立了法国最高学术机构——法兰西研究院后，拉格朗日被选为科学院数理委员会主席. 此后，他才重新进行研究工作，编写了一批重要著作：《论任意阶数值方程的解法》《解析函数论》和《函数计算讲义》，总结了那一时期的特别是他自己的一系列研究工作.

1813 年 4 月 3 日，拿破仑授予他帝国大十字勋章，但此时的拉格朗日已卧床不起，4 月 11 日早晨，拉格朗日逝世.

拉格朗日的科学成就：

拉格朗日科学研究所涉及的领域极其广泛. 他在数学上最突出的贡献是使数学分析与几何与力学脱离开来，使数学的独立性更为清楚，从此数学不再仅仅是其他学科的工具.

拉格朗日总结了 18 世纪的数学成果，同时又为 19 世纪的数学研究开辟了道路，堪称法国最杰出的数学大师. 同时，他的关于月球运动（三体问题）、行星运动、轨道计算、两个不动中心问题、流体力学等方面的成果，在使天文学力学化、力学分析化上，也起到了历史性的作用，促进了力学和天体力学的进一步发展，成为这些领域的开创性或奠基性研究.

在柏林工作的前十年，拉格朗日把大量时间花在代数方程和超越方程的解法上，作出了有价值的贡献，推动了代数学的发展. 他提交给柏林科学院两篇著名的论文：《关于解数值方程》和《关于方程的代数解法的研究》. 把前人解三、四次代数方程的各种解法，总结为一套标准方法，即把方程化为低一次的方程（称辅助方程或预解式）以求解. 他试图寻找五次方程的预解函数，希望这个函数是低于五次的方程的解，但未获得成功. 然而，他的思想已蕴含着置换群概念，对后来阿贝尔和伽罗华起到启发性作用，最终解决了高于四次的一般方程为何不能用代数方法求解的问题. 因而也可以说拉格朗日是群论的先驱.

在数论方面，拉格朗日也显示出非凡的才能. 他对费马提出的许多问题作出了解答. 如一个正整数是不多于 4 个平方数的和的问题等，他还证明了圆周率的无理性. 这些研究成果丰富了数论的内容. 在《解析函数论》以及他早在 1772 年的一篇论文中，在为微积分奠定理论基础方面作了独特的尝试，他企图把微分运算归结为代数运算，从而抛弃自牛顿以来一直令人困惑的无穷小量，并想由此出发建立全部分析学. 但是由于他没有考虑到无穷级数的收敛性问题，他自以为摆脱了极限概念，其实只是回避了极限概念，并没有能达到他想使微积分代数化、严密化的目的. 不过，他用幂级数表示函数的处理方法对分析学的发展产生了影响，成为实变函数论的起点.

拉格朗日也是分析力学的创立者. 拉格朗日在其名著《分析力学》中，在总结历史上各种力学基本原理的基础上，发展达朗贝尔、欧拉等人研究成果，引入了势和等势面的概念，进一步把数学分析应用于质点和刚体力学，提出了运用于静力学和动力学的普遍方程，引进广义坐标的概念，建立了拉格朗日方程，把力学体系的运动方程从以力为基本概念的牛顿形式，改变为以能量为基本概念的分析力学形式，奠定了分析力学的基础，为把力学理论推广应用到物理学其他领域开辟了道路.

他还给出刚体在重力作用下，绕旋转对称轴上的定点转动（拉格朗日陀螺）的欧拉动力学方程的解，对三体问题的求解方法有重要贡献，解决了限制性三体运动的定型问题. 拉格朗日对流体运动的理论也有重要贡献，提出了描述流体运动的拉格朗日方法.

拉格朗日的研究工作中，约有一半同天体力学有关. 他用自己在分析力学中的原理和公式，建立起各类天体的运动方程. 在天体运动方程的解法中，拉格朗日发现了三体问题运动方程的五个特解，即拉格朗日平动解. 此外，他还研究了彗星和小行星的摄动问题，提出了彗星起源假说等.

近百余年来，数学领域的许多新成就都可以直接或间接地溯源于拉格朗日的工作. 所以，他在数学史上被认为是对分析数学的发展产生全面影响的数学家之一，被誉为"欧洲最大的数学家".

习 题 3.1

1. 选择题：

（1）若 $f(x)$ 在 $[a,b]$ 上连续，在 (a,b) 内可导，且 $f(a)=f(b)$，则在 (a,b) 内使 $f'(\xi)=0$ 的点 ξ ____.

    A. 存在而且唯一   B. 未必存在

    C. 存在且不止一个   D. 结论 A、B、C 都不对

（2）若 $f(x)$ 在 $[a,b]$ 上连续，在 (a,b) 内除个别点外 $f'(x)$ 都存在，则在 (a,b) 内使 $f'(\xi)=\dfrac{f(b)-f(a)}{b-a}$ 的点____.

    A. 肯定不存在   B. 至少存在一个

    C. 未必不存在   D. 若存在则多于一个

2. 对函数 $y=\ln\sin x$ 在区间 $\left[\dfrac{\pi}{6},\dfrac{5\pi}{6}\right]$ 上验证罗尔定理.

3. 对函数 $y=\arctan x$ 在区间 $[0,1]$ 上验证拉格朗日定理.

4. 不用求函数 $f(x)=(x-1)(x-2)(x-3)(x-4)$ 的导数，说明 $f'(x)=0$ 有几个实根，并

指出它们各自所在的区间.

5. 用拉格朗日定理证明不等式:

（1）$|\sin b - \sin a| \leqslant |b - a|$；（2）当 $x > 1$ 时，$e^x > ex$.

§3.2　洛必达法则

如果当 $x \to x_0$ 时，函数 $f(x)$、$\varphi(x)$ 都趋于零（或都趋于正无穷），则极限 $\lim\limits_{x \to x_0} \dfrac{f(x)}{\varphi(x)}$ 可

能存在，也可能不存在. 通常称这种极限为未定式，记为"$\dfrac{0}{0}$"型或"$\dfrac{\infty}{\infty}$"型. 下面介绍

求这类未定式极限的一种有效而简便的方法——**洛必达**（L'Hospital）**法则**.

§3.2.1　"$\dfrac{0}{0}$"型未定式

定理 1　设 $f(x)$、$\varphi(x)$ 在点 x_0 的某个去心邻域内有定义，若

（1）$\lim\limits_{x \to x_0} f(x) = \lim\limits_{x \to x_0} \varphi(x) = 0$；

（2）$f(x)$、$\varphi(x)$ 在点 x_0 的某个去心邻域内可导，且 $\varphi'(x) \neq 0$；

（3）$\lim\limits_{x \to x_0} \dfrac{f'(x)}{\varphi'(x)}$ 存在（或为无穷大），则

$$\lim_{x \to x_0} \frac{f(x)}{\varphi(x)} = \lim_{x \to x_0} \frac{f'(x)}{\varphi'(x)}. \text{（证明从略）}$$

这就是说，当 $\lim\limits_{x \to x_0} \dfrac{f'(x)}{\varphi'(x)}$ 存在时，$\lim\limits_{x \to x_0} \dfrac{f(x)}{\varphi(x)}$ 也存在且等于 $\lim\limits_{x \to x_0} \dfrac{f'(x)}{\varphi'(x)}$；当 $\lim\limits_{x \to x_0} \dfrac{f'(x)}{\varphi'(x)}$ 为无穷

大时，$\lim\limits_{x \to x_0} \dfrac{f(x)}{\varphi(x)}$ 也为无穷大. 定理 1 中 $x \to x_0$ 转换为 $x \to \infty$（或其他情形）时，结论也成立. 这

种在一定条件下通过分子、分母求导再求极限来确定未定式的值的方法叫作洛必达法则.

例 1　求 $\lim\limits_{x \to 0} \dfrac{1 - \cos x}{x^2}$.

解　$\lim\limits_{x \to 0} \dfrac{1 - \cos x}{x^2} = \lim\limits_{x \to 0} \dfrac{\sin x}{2x} = \dfrac{1}{2}$.

例 2　求 $\lim\limits_{x \to 0} \dfrac{\ln(1 + x)}{x^2}$.

解　$\lim\limits_{x \to 0} \dfrac{\ln(1 + x)}{x^2} = \lim\limits_{x \to 0} \dfrac{1}{2x(1 + x)} = \infty$.

如果 $\lim\limits_{x \to x_0} \dfrac{f'(x)}{\varphi'(x)}$ 仍是"$\dfrac{0}{0}$"型，且 $f'(x)$、$\varphi'(x)$ 仍然满足洛必达法则的条件，则可继续

使用这个法则进行计算，即 $\lim\limits_{x \to x_0} \dfrac{f(x)}{\varphi(x)} = \lim\limits_{x \to x_0} \dfrac{f'(x)}{\varphi'(x)} = \lim\limits_{x \to x_0} \dfrac{f''(x)}{\varphi''(x)}$，以此类推，只要仍然满足洛

必达法则的条件，则可继续使用这个法则. 但应注意，如果所求的极限已不是未定式，则
不能再应用这个法则，否则将导致错误的结果.

例 3 求 $\lim\limits_{x\to 2}\dfrac{x^3-3x^2+4}{x^2-4x+4}$.

解
$$\lim\limits_{x\to 2}\dfrac{x^3-3x^2+4}{x^2-4x+4}=\lim\limits_{x\to 2}\dfrac{3x^2-6x}{2x-4}=\lim\limits_{x\to 2}\dfrac{6x-6}{2}=3.$$

§3.2.2 "$\dfrac{\infty}{\infty}$"型未定式

定理 2 设 $f(x)$、$\varphi(x)$ 在点 x_0 的某个去心邻域内有定义，若

（1） $\lim\limits_{x\to x_0}f(x)=\lim\limits_{x\to x_0}\varphi(x)=\infty$；

（2） $f(x)$、$\varphi(x)$ 在点 x_0 的某个去心邻域内可导，且 $\varphi'(x)\neq 0$；

（3） $\lim\limits_{x\to x_0}\dfrac{f'(x)}{\varphi'(x)}$ 存在（或为无穷大），

则
$$\lim\limits_{x\to x_0}\dfrac{f(x)}{\varphi(x)}=\lim\limits_{x\to x_0}\dfrac{f'(x)}{\varphi'(x)}.$$

定理 2 中 $x\to x_0$ 换为 $x\to\infty$（或其他情形时），结论也成立.

例 4 求 $\lim\limits_{x\to+\infty}\dfrac{x^3}{\ln x}$.

解
$$\lim\limits_{x\to+\infty}\dfrac{x^3}{\ln x}=\lim\limits_{x\to+\infty}\dfrac{3x^2}{\dfrac{1}{x}}=\lim\limits_{x\to+\infty}3x^3=+\infty.$$

例 5 求 $\lim\limits_{x\to+\infty}\dfrac{x^n}{e^x}$.

解
$$\lim\limits_{x\to+\infty}\dfrac{x^n}{e^x}=\lim\limits_{x\to+\infty}\dfrac{nx^{n-1}}{e^x}=\lim\limits_{x\to+\infty}\dfrac{n(n-1)x^{n-2}}{e^x}=\ldots=\lim\limits_{x\to+\infty}\dfrac{n!}{e^x}=0.$$

在使用洛必达法则时，一定要先验证是否满足定理的条件，如果不满足，则应停止，并换用其他方法求解.

例 6 求 $\lim\limits_{x\to 0}\dfrac{x^2\sin\dfrac{1}{x}}{\sin x}$.

解 此极限是 "$\dfrac{0}{0}$" 型，但因为 $\left(x^2\sin\dfrac{1}{x}\right)'=2x\sin\dfrac{1}{x}-\cos\dfrac{1}{x}$，其中，$\lim\limits_{x\to 0}2x\sin\dfrac{1}{x}=0$，

而 $\lim\limits_{x\to 0}\cos\dfrac{1}{x}$ 不存在，所以不能使用洛必达法则进行计算.

事实上，$\lim\limits_{x\to 0}\dfrac{x^2\sin\dfrac{1}{x}}{\sin x}=\lim\limits_{x\to 0}\left(\dfrac{x}{\sin x}\right)\left(x\sin\dfrac{1}{x}\right)=0.$

§3.2.3 其他类型的未定式

未定式除 "$\dfrac{0}{0}$" 或 "$\dfrac{\infty}{\infty}$" 型外，还有 $0\cdot\infty$、$\infty-\infty$、1^{∞}、∞^0、0^0 等类型. 一般地，这些类型的未定式通过变形总可以化为 "$\dfrac{0}{0}$" 或 "$\dfrac{\infty}{\infty}$" 型，然后用洛必达法则求其极限.

关键：将其他类型未定式化为洛必达法则可解决的 $\dfrac{0}{0}$ 型与 $\dfrac{\infty}{\infty}$ 型.

1. $0 \cdot \infty$ 型 $\Rightarrow \dfrac{1}{\infty} \cdot \infty$, 或 $0 \cdot \infty \Rightarrow 0 \cdot \dfrac{1}{0}$

例7 求 $\lim\limits_{x \to +\infty} xe^{-x}$.

解 $\lim\limits_{x \to +\infty} xe^{-x} = \lim\limits_{x \to +\infty} \dfrac{x}{e^x} = \lim\limits_{x \to +\infty} \dfrac{1}{e^x} = 0$.

2. $\infty - \infty$ 型 $\Rightarrow \dfrac{1}{0} - \dfrac{1}{0} \Rightarrow \dfrac{0-0}{0 \cdot 0}$

通过通分或分子有理化及其他初等变换转化为 $\dfrac{0}{0}$ 或 $\dfrac{\infty}{\infty}$ 不定型.

例8 求 $\lim\limits_{x \to 0}\left(\dfrac{1}{\sin x} - \dfrac{1}{x}\right)$.

解 原式 $= \lim\limits_{x \to 0} \dfrac{x - \sin x}{x \cdot \sin x} = \lim\limits_{x \to 0} \dfrac{x - \sin x}{x \cdot x} = \lim\limits_{x \to 0} \dfrac{1 - \cos x}{2x} = \lim\limits_{x \to 0} \dfrac{\sin x}{2} = 0$.

3. $0^0, 1^{\infty}, \infty^0$ 型

$$\left.\begin{matrix} 0^0 \\ 1^{\infty} \\ \infty^0 \end{matrix}\right\} \xrightarrow{\text{取对数}} \begin{cases} 0 \cdot \ln 0 \\ \infty \cdot \ln 1 \Rightarrow 0 \cdot \infty \\ 0 \cdot \ln \infty \end{cases}$$

通过 $[f(x)]^{g(x)} \equiv e^{g(x)\ln f(x)}$ 将三种不定式化为 $0 \cdot \infty$ 型.

例9 求 $\lim\limits_{x \to 0^+} x^x$.

解 这是"0^0"型，利用对数恒等式得

$$\lim\limits_{x \to 0^+} x^x = \lim\limits_{x \to 0^+} e^{\ln x^x} = \lim\limits_{x \to 0^+} e^{x \ln x} = e^{\lim\limits_{x \to 0^+} x \ln x}.$$

而

$$\lim\limits_{x \to 0^+} x \ln x = \lim\limits_{x \to 0^+} \dfrac{\ln x}{\dfrac{1}{x}} = \lim\limits_{x \to 0^-} \dfrac{\dfrac{1}{x}}{-\dfrac{1}{x^2}} = 0,$$

所以 $\lim\limits_{x \to 0^+} x^x = e^0 = 1$.

习 题 3.2

1. 应用洛必达法则的条件是什么？结论是什么？哪些极限可用洛必达法则计算？

2. 下列各题中的运算是否正确？若不正确，请改正.

（1）$\lim\limits_{x \to \infty} \dfrac{e^x - e^{-x}}{e^x + e^{-x}} = \lim\limits_{x \to \infty} \dfrac{e^{-x}(e^{2x} - 1)}{e^{-x}(e^{2x} + 1)} = \lim\limits_{x \to \infty} \dfrac{(e^{2x} - 1)}{(e^{2x} + 1)}$

$$= \lim\limits_{x \to \infty} \dfrac{(e^{2x} - 1)'}{(e^{2x} + 1)'} = \lim\limits_{x \to \infty} \dfrac{2e^{2x}}{2e^{2x}} = 1;$$

（2）$\lim\limits_{x \to \infty} \dfrac{x - \sin x}{x + \sin x} = \lim\limits_{x \to \infty} \dfrac{(x - \sin x)'}{(x + \sin x)'} = \lim\limits_{x \to \infty} \dfrac{1 - \cos x}{1 + \cos x}$

$\qquad = \lim\limits_{x \to \infty} \dfrac{(1 - \cos x)'}{(1 + \cos x)'} = \lim\limits_{x \to \infty} \dfrac{\sin x}{-\sin x} = -1$；

（3）$\lim\limits_{x \to 0} \dfrac{\mathrm{e}^x - \cos x}{x \sin x} = \lim\limits_{x \to 0} \dfrac{\mathrm{e}^x + \sin x}{x \cos x + \sin x} = \lim\limits_{x \to 0} \dfrac{\mathrm{e}^x + \cos x}{2 \cos x - x \sin x} = \dfrac{2}{2} = 1$.

3. 用洛必达法则求下列极限：

（1）$\lim\limits_{x \to 0} \dfrac{\sin ax}{\sin bx}\,(b \neq 0)$；　　（2）$\lim\limits_{x \to \pi} \dfrac{\sin 3x}{\tan 5x}$；　　（3）$\lim\limits_{x \to a} \dfrac{\sin x - \sin a}{x - a}$；

（4）$\lim\limits_{x \to 0} \dfrac{\mathrm{e}^x - \mathrm{e}^{-x}}{\sin x}$；　　（5）$\lim\limits_{x \to \frac{\pi}{2}} \dfrac{\ln \sin x}{(\pi - 2x)^2}$；　　（6）$\lim\limits_{x \to a} \dfrac{x^m - a^m}{x^n - a^n}$；

（7）$\lim\limits_{x \to \frac{\pi}{2}} \dfrac{\tan x}{\tan 3x}$；　　（8）$\lim\limits_{x \to \infty} \dfrac{x^3}{\mathrm{e}^{x^2}}$；　　（9）$\lim\limits_{x \to +\infty} \dfrac{x^2 + \ln x}{x \ln x}$.

4. 计算下列极限：

（1）$\lim\limits_{x \to 0^+} x^n \ln x$；　　（2）$\lim\limits_{x \to \frac{\pi}{2}} (\sec x - \tan x)$；　　（3）$\lim\limits_{x \to 1} \left(\dfrac{x}{x - 1} - \dfrac{1}{\ln x} \right)$；

（4）$\lim\limits_{x \to 0^+} x^{\sin x}$；　　（5）$\lim\limits_{x \to +\infty} (\ln x)^{\frac{1}{x}}$；　　（6）$\lim\limits_{x \to 1} x^{\frac{1}{1 - x}}$.

§3.3　函数的单调性

在高中我们已经学习过函数单调性的概念，现在利用导数来研究函数的单调性.

由图 3-5 可看出，如果函数 $y = f(x)$ 在区间 $[a,b]$ 上单调增加，那么它的图像是一条沿 x 轴正向上升的曲线，这些曲线上的各点切线的倾斜角都是锐角，因此它们的斜率 $f'(x) > 0$. 同样，由图 3-6 可看出，如果函数 $y = f(x)$ 在 $[a,b]$ 上单调减少，那么它的图像是一条沿着 x 轴正向下降的曲线，这时曲线上的各点切线的倾斜角都是钝角，它们的斜率 $f'(x) < 0$.

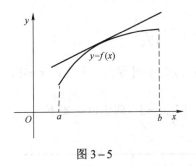

图 3-5　　　　　　　　　　　　　　　　图 3-6

从以上直观分析可知，利用导数的符号可以判断函数的单调性.

定理 4　设函数 $y = f(x)$ 在 $[a,b]$ 上连续，在 (a,b) 内可导，若

（1）在 (a,b) 内 $f'(x) > 0$，则函数 $y = f(x)$ 在 $[a,b]$ 上单调增加；

（2）在 (a,b) 内 $f'(x) < 0$，则函数 $y = f(x)$ 在 $[a,b]$ 上单调减少.

证　在 $[a,b]$ 上任取两点 x_1，x_2，且 $x_1 < x_2$，由拉格朗日中值定理得

$$f(x_2) - f(x_1) = f'(\xi)(x_2 - x_1), (x_1 < \xi < x_2).$$

由于 $x_2 - x_1 > 0$，因此若在 (a,b) 内 $f'(x) > 0$，则有 $f'(\xi) > 0$，于是

$$f(x_2) - f(x_1) = f'(\xi)(x_2 - x_1) > 0.$$

即

$$f(x_1) < f(x_2).$$

所以，函数 $f(x)$ 在 $[a,b]$ 上单调增加.

同理，如果 (a,b) 内 $f'(x) < 0$，则有 $f'(\xi) < 0$，于是 $f(x_1) > f(x_2)$，所以函数 $f(x)$ 在 $[a,b]$ 上单调减少.

注意：

（1）定理 4 中的闭区间 $[a,b]$ 若为开区间 (a,b) 或无限区间，结论也成立；

（2）有的可导函数仅在有限个点处导数为零，在其余点处导数均为正（或者负），则函数在该区间内仍为单调增加（或单调减少）. 例如，幂函数 $y = x^3$ 的导数 $y' = 3x^2$，只有当 $x = 0$ 时，$y' = 0$，而当 $x \neq 0$ 时，$y' > 0$. 因而幂函数 $y = x^3$ 在 $(-\infty, +\infty)$ 内单调增加.

例 1 判定函数 $y = e^x - x - 1$ 的单调性.

解 函数的定义域为 $(-\infty, +\infty)$. $y' = e^x - 1$，令 $y' = 0$，解得 $x = 0$，如下所示.

x	$(-\infty, 0)$	0	$(0, +\infty)$
y'	$-$	0	$+$
y	↘	0	↗

由上表知，在 $(-\infty, 0)$ 内 $y' < 0$，所以函数 $y = e^x - x - 1$ 在 $(-\infty, 0]$ 上单调减少；在 $(0, +\infty)$ 内 $y' > 0$，所以函数 $y = e^x - x - 1$ 在 $[0, +\infty)$ 内单调增加（表中"↗"表示单调增加，"↘"表示单调减少）.

例 2 讨论 $f(x) = (x-1)x^{\frac{2}{3}}$ 的单调性.

解 函数 $f(x)$ 的定义域 $(-\infty, +\infty)$，而

$$f'(x) = \frac{2}{3}x^{-\frac{1}{3}}(x-1) + x^{\frac{2}{3}} = \frac{5x-2}{3\sqrt[3]{x}}.$$

令 $f'(x) = 0$，得 $x = \frac{2}{5}$. 此外，显然 $x = 0$ 为 $f(x)$ 的不可导点. 于是，$x = 0$，$x = \frac{2}{5}$ 把函数的定义域划分为 3 个子区间 $(-\infty, 0)$，$\left(0, \frac{2}{5}\right)$，$\left(\frac{2}{5}, +\infty\right)$. 列表讨论如下：

x	$(-\infty, 0)$	0	$\left(0, \frac{2}{5}\right)$	$\frac{2}{5}$	$\left(\frac{2}{5}, +\infty\right)$
$f'(x)$	$+$	不存在	$-$	0	$+$
$f(x)$	↗	0	↘	$-\frac{3}{5}\sqrt[3]{\frac{4}{25}}$	↗

所以，函数 $f(x)$ 在 $(-\infty,0]$ 和 $\left[\dfrac{2}{5},+\infty\right)$ 内单调增加，在 $\left[0,\dfrac{2}{5}\right]$ 上单调减少.

从以上例子可以看到，有些函数在它的定义区间上不是单调的，但用导数等于零或导数不存在的点划分函数的定义区间后，就可以使函数在每个部分区间上单调. 因此，确定函数的单调性的一般步骤如下：

（1）确定函数的定义域.

（2）求出使 $f'(x)=0$ 和 $f'(x)$ 不存在的点，并以这些点为分界点把定义域分成若干个子区间.

（3）确定 $f'(x)$ 在各个子区间内的符号，从而判定出 $f(x)$ 的单调性.

根据函数的单调性，还可以证明一些不等式.

例 3　证明：当 $x>1$ 时，$\mathrm{e}^x>\mathrm{e}x$.

证　设 $f(x)=\mathrm{e}^x-\mathrm{e}x$，则 $f(x)$ 在 $[1,+\infty)$ 内连续，且 $f(1)=0$，在 $(1,+\infty)$ 内，有
$$f'(x)=\mathrm{e}^x-\mathrm{e}>0.$$

由定理 4 知，$f(x)$ 在 $[1,+\infty)$ 内单调增加.

所以，当 $x>1$ 时，$f(x)>f(1)=0$，即 $\mathrm{e}^x-\mathrm{e}x>0$，从而 $\mathrm{e}^x>\mathrm{e}x$.

习 题 3.3

1. 怎样利用导数来确定函数的单调区间？怎样判断函数的单调性？

2. 判定下列函数在指定区间内的单调性：

（1）$f(x)=\arctan x-x$，$(-\infty,+\infty)$；

（2）$f(x)=x+\cos x$，$(0,2\pi)$；

（3）$f(x)=\tan x$，$\left(-\dfrac{\pi}{2},\dfrac{\pi}{2}\right)$.

3. 确定下列函数的单调区间：

（1）$f(x)=2x^3-6x^2-18x-7$；

（2）$f(x)=\sqrt[3]{x^2}$；

（3）$f(x)=2x^2-\ln x$；

（4）$f(x)=(x-1)(x+1)^3$；

（5）$f(x)=\mathrm{e}^{-x^2}$；

（6）$f(x)=x+\sqrt{1-x}$；

（7）$f(x)=x-2\sin x$，$0\leqslant x\leqslant 2\pi$；

（8）$f(x)=\ln(x+\sqrt{1+x^2})$.

4. 证明下列不等式：

（1）当 $x>0$ 时，$x>\ln(1+x)$；

（2）当 $x>1$ 时，$\ln x>\dfrac{2(x-1)}{x+1}$；

（3）当 $0<x<\dfrac{\pi}{2}$ 时，$\sin x+\tan x>2x$.

§3.4　函数的极限与最值

极限是函数的一种局部性态，它能帮助我们进一步把握函数的变化状况，为准确描绘函数图形提供不可缺少的信息，它又是研究函数的最大值和最小值问题的关键所在.

§3.4.1 函数的极值

一、函数极值的定义

首先，来观察图 3-7.

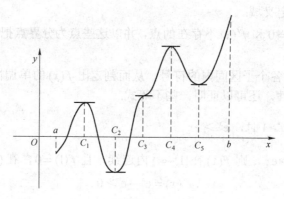

图 3-7

函数 $y = f(x)$ 在 C_1、C_4 的函数值 $f(C_1)$、$f(C_4)$ 比它们近旁各点的函数值都大，而在 C_2、C_5 的函数值 $f(C_2)$、$f(C_5)$ 比它们近旁各点的函数值都小. 对于这种性质的点和对应的函数值，我们给出如下的定义.

定义 1 设函数 $y = f(x)$ 在点 x_0 的某个邻域内有定义，对于该邻域内任意的 $x(x \neq x_0)$，恒有：（1）$f(x_0) > f(x)$，则称 $f(x_0)$ 为函数 $f(x)$ 的极大值，并称 x_0 为极大值点.

（2）$f(x_0) < f(x)$，则称 $f(x_0)$ 为函数 $f(x)$ 的极小值，并称 x_0 为极小值点.

函数的极大值与极小值统称为极值，极大值点与极小值点统称为极值点.

例如，图 3-6 中 $f(C_1)$、$f(C_4)$ 都是函数 $f(x)$ 的极大值，C_1、C_4 是 $f(x)$ 的极大值点；$f(C_2)$、$f(C_5)$ 是函数 $f(x)$ 的极小值，C_2、C_5 是 $f(x)$ 的极小值点.

关于函数的极值作以下几点说明：

（1）函数的极值概念是局部性的，也就是说，如果 $f(x_0)$ 是函数 $f(x)$ 的一个极大值，那只是就极大点 x_0 附近的一个局部范围来说的，在函数的整个定义域中，它不见得是最大值，如图 3-6 所示，函数 $f(x)$ 在 $[a,b]$ 上的最大值是 $f(b)$，并不是 $f(C_1)$ 和 $f(C_4)$. 关于极小值也类似.

（2）函数的极大值未必比极小值大，如图 3-6 中的 $f(C_1)$ 就比 $f(C_5)$ 小.

（3）函数的极值一定出现在区间内部，在区间端点处不能取得极值；而函数的最大值、最小值可能出现在区间内部，也可能在区间的端点处取得.

二、函数的极值的判定求法

由图 3-6 看到，在函数取得极值处，曲线的切线是水平的，即在极值点处函数的导数为零；反之，曲线上有水平切线的地方，即在使导数为零的点处函数不一定取得极值. 例如，在点 C_3 处，曲线虽有水平的切线，即 $f(C_3) = 0$，但 $f(C_3)$ 并不是极值，我们把导数为零的点（即方程 $f'(x) = 0$ 的根）叫作函数的驻点（也叫稳定点）.

定理 5 设函数 $f(x)$ 在点 x_0 处可导，且在 x_0 处取得极值，则 $f'(x)=0$.

注意：

（1）可导函数的极值点必定是它的驻点；反之，函数的驻点未必是极值点. 例如 $f(x)=x^3$，$x=0$ 是驻点，但不是极值点.

（2）有些函数的极值点可以不是驻点，例如 $f(x)=|x|$，$x=0$ 是极值点，但在该点处函数的导数不存在.

定理 6 （极值存在的第一充分条件）设函数 $f(x)$ 在点 x_0 的某个邻域内连续，且在该邻域内可导（在 x_0 处可以不可导），则

（1）如果当 $x<x_0$ 时，$f'(x)>0$，而当 $x>x_0$ 时，$f'(x)<0$，那么函数 $f(x)$ 在 x_0 处取得极大值.

（2）如果当 $x<x_0$ 时，$f'(x)<0$，而当 $x>x_0$ 时，$f'(x)>0$，那么函数 $f(x)$ 在 x_0 处取得极小值.

如图 3-8 所示，当 x 渐增地经过 x_0 时，如果 $f'(x)$ 的符号由正变负，则函数 $f(x)$ 在 x_0 处取得极大值；如果 $f'(x)$ 的符号由负变正，则函数 $f(x)$ 在 x_0 处取得极小值. 注意，当 x 渐增地经过 x_0 时，如果 $f'(x)$ 的符号并未改变，那么函数 $f(x)$ 在 x_0 处没有极值.

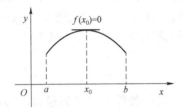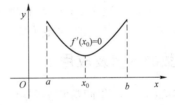

图 3-8

根据上面两个定理，我们可以得到求 $f(x)$ 的极值步骤如下：

（1）求出函数的定义域；

（2）求出导数 $f'(x)$；

（3）求出 $f(x)$ 的全部驻点及导数不存在的点；

（4）用驻点及导数不存在的点把函数的定义域划分为若干区间，考查每个部分区间内的 $f'(x)$ 的符号，利用定理 2 确定是否为极值点，是极大点还是极小点；

（5）求出各极值点的函数值，即得函数 $f(x)$ 的全部极值.

例 1 求函数 $f(x)=x-\dfrac{3}{2}\sqrt[3]{x^2}$ 的极值.

解 （1）$f(x)$ 的定义域为 $(-\infty,+\infty)$.

（2）$f'(x)=1-x^{-\frac{1}{3}}=\dfrac{\sqrt[3]{x}-1}{\sqrt[3]{x}}$.

（3）令 $f'(x)=0$，得驻点为 $x=1$，又当 $x=0$ 时，$f'(x)$ 不存在.

（4）列表讨论如下：

x	$(-\infty,0)$	0	$(0,1)$	1	$(1,+\infty)$
$f'(x)$	$+$	不存在	$-$	0	$+$
$f(x)$	↗	极大值 0	↘	极小值 $-\dfrac{1}{2}$	↗

由上表可知，函数 $f(x)$ 的极大值为 $f(0)=0$，极小值为 $f(1)=-\dfrac{1}{2}$.

当函数 $f(x)$ 在驻点处的二阶导数存在且不为零时，也可以利用下列定理来判定 $f(x)$ 在驻点处取得极大值还是极小值.

定理 7（极值存在的第二充分条件）设函数 $f(x)$ 在 x_0 处具有二阶导数且 $f'(x_0)=0$，$f''(x_0)\neq 0$，则

（1）当 $f''(x_0)<0$ 时，函数 $f(x)$ 在 x_0 处取得极大值；

（2）当 $f''(x_0)>0$ 时，函数 $f(x)$ 在 x_0 处取得极小值.

说明：如果函数 $f(x)$ 在驻点 x_0 的二阶导数 $f''(x_0)\neq 0$，那么该驻点 x_0 一定是极值点，并且可以根据二阶导数的符号来判定 $f(x_0)$ 是极大值还是极小值. 但如果 $f''(x_0)=0$，定理 3 就失效了. 例如函数 $f_1(x)=-x^4$，$f_2(x)=x^4$，$f_3(x)=x^3$，虽然都满足 $f'(0)=0$ 和 $f''(x_0)=0$，但是在 $x=0$ 处 $f_1(x)=-x^4$ 有极大值，$f_2(x)=x^4$ 有极小值，$f_3(x)=x^3$ 没有极值. 因此，如果函数在驻点处的二阶导数为零，则仍需用第一充分条件来判定.

§3.4.2 函数的最值及应用

在一些实际问题中，我们常常需要解决在一定的条件下"用料最省""效率最高""产量最多""成本最低"等问题，这些问题反映在数学上就是函数的最大值、最小值问题.

一、函数的最大值和最小值

定义 2 已知闭区间 $[a,b]$ 上的连续函数 $f(x)$，当 $[a,b]$ 上任一点 x_0 处的函数值 $f(x_0)$ 与区间上其余各点的函数值 $f(x)$ 相比较时，若

（1）$f(x)\leqslant f(x_0)$ 成立，则称 $f(x_0)$ 为函数 $f(x)$ 在区间 $[a,b]$ 上的最大值，称 x_0 为 $f(x)$ 在区间 $[a,b]$ 上的最大点；

（2）$f(x)\geqslant f(x_0)$ 成立，则称 $f(x_0)$ 为函数 $f(x)$ 在区间 $[a,b]$ 上的最小值，称 x_0 为 $f(x)$ 在区间 $[a,b]$ 上的最小点.

最大值和最小值统称为最值.

由极值与最值的定义可知，极值是局部性概念，而最值是整体性概念，根据闭区间连续函数最大值、最小值的性质可知，闭区间 $[a,b]$ 上的连续函数 $f(x)$，在 $[a,b]$ 上一定有最大值和最小值. 函数的最值可能出现在区间内部，也可能在区间的端点处取得. 如果最值在 (a,b) 内部取得，则这个最值一定是函数的极值. 因此，求函数 $f(x)$ 在 $[a,b]$ 上的最值的方法是：

（1）求出 $f(x)$ 在开区间 (a,b) 内所有可能是极值点的函数值；

（2）计算出端点的函数值 $f(a)$，$f(b)$；

（3）比较以上的函数值，其中最大的就是函数的最大值，最小的就是函数的最小值.

例 2 求函数 $f(x) = x^3 - 3x^2 - 9x + 5$ 在 $[-2,6]$ 上的最大值和最小值.

解 （1）因为 $f'(x) = 3x^2 - 6x - 9 = 3(x^2 - 2x - 3) = 3(x+1)(x-3)$，令 $f'(x) = 0$，得驻点为 $x_1 = -1$，$x_2 = 3$. 它们对应的函数值为 $f(-1) = 10$，$f(3) = -22$.

（2）区间 $[-2,6]$ 端点处的函数值为 $f(-2) = 3$，$f(6) = 59$.

（3）比较以上各函数值，可知在 $[-2,6]$ 上，函数的最大值为 $f(6) = 59$，最小值为 $f(3) = -22$.

特别地，如果函数 $f(x)$ 在某个开区间内可导且有唯一的极值点 x_0，则当 $f(x_0)$ 是极大值时，$f(x_0)$ 就是 $f(x)$ 在该区间上的最大值；当 $f(x_0)$ 是极小值时，$f(x_0)$ 就是 $f(x)$ 在该区间上的最小值.

二、最大值、最小值应用举例

在实际问题中如果函数 $f(x)$ 在某区间 (a,b) 内只有一个驻点 x_0，而且从实际问题本身又可以知道 $f(x)$ 在该区间内必定有最大值或最小值，则 $f(x_0)$ 就是要求的最大或最小值.

例 3［容积最大问题］ 用边长为 48 cm 的正方形铁皮做一个无盖的铁盒时，在铁皮的四角各截去一个面积相等的小正方形（见图 3-9（a）），然后把四边折起，就能焊成铁盒（见图 3-9（b））. 问：在四角截去多大的正方形，方能使所做的铁盒容积最大？

解 设截去的小正方形边长为 $x\text{ cm}$，铁盒的容积为 $V\text{ cm}^3$. 根据题意，有

$$V = x(48 - 2x)^2 (0 < x < 24).$$

问题归结为：求 x 为何值时，函数 V 在区间 $(0,24)$ 内取得最大值. 求导数得

$$V' = (48 - 2x)^2 + x \cdot 2(48 - 2x)(-2) = 12(24 - x)(8 - x).$$

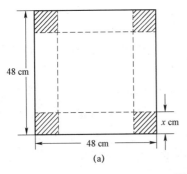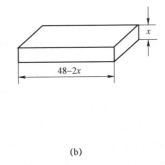

图 3-9

令 $V' = 0$，求得在 $(0,24)$ 内函数的驻点为 $x = 8$.

由于铁盒必然存在最大容积，而现在函数在 $(0,24)$ 内只有一个驻点，因此当 $x = 8$ 时，函数 V 取得最大值. 也就是说，当所截去的小正方形边长为 8 cm 时，铁盒的容积最大.

例 4［最佳批量问题］ 某商店每月可销售某种商品 2.4 万件，每件商品每月的库存费用为 4.8 元. 商品分批进货，每批订购费用为 3 600 元；如果销售是均匀的（即商品库存数为批量的一半），问：每批订购多少件商品，可使每月的订购费与库存费之和最少？这笔费

用是多少？

解 设每批订购商品 x 件，每月的订购费与库存费之和为 y，根据题意得

$$y = \frac{24\,000}{x} \times 3\,600 + \frac{x}{2} \times 4.8 = \frac{86\,400\,000}{x} + \frac{12}{5}x(0 < x \leqslant 24\,000).$$

$$y' = -\frac{86\,400\,000}{x^2} + 2.4.$$

令 $y' = 0$，解得 $x = 6\,000$ 或 $x = -6\,000$（舍去）.

这时 $y\big|_{x=6\,000} = \frac{24\,000}{6\,000} \times 3\,600 + \frac{6\,000}{2} \times 4.8 = 14\,400 + 14\,400 = 28\,800$（元）.

从实际问题分析确实存在最小费用，并且驻点是唯一的，所以每批订购商品 6\,000 件时，每月的订购费与库存费之和最小，这笔费用是 28\,800 元.

例 5［**易拉罐的设计：用料最省问题**］ 如果把易拉罐视为圆柱体，你是否注意到可口可乐、雪碧、健力宝等大饮料公司出售的易拉罐的半径与高之比是多少？在设计易拉罐时，大饮料公司除考虑外包装的美观之外，还必须考虑在容积一定（一般为 250 ml）的情况下，所用材料最少（表面积最小）. 设体积 V 一定，底面半径 r 与高 h 之比为多少时用料最省？

解 假设体积 V 一定，则 $S = 2\pi rh + 2\pi r^2$.

而 $h = \frac{V}{\pi r^2}$，所以 $S = 2\frac{V}{r} + 2\pi r^2$（$0 < r$）.

对函数求导： $S' = -\frac{2V}{r^2} + 4\pi r$.

令 $S' = 0$，得唯一的驻点 $r = \left(\frac{V}{2\pi}\right)^{\frac{1}{3}}$.

所以 $h = \left(\frac{4V}{\pi}\right)^{\frac{1}{3}}$，有 $\frac{r}{h} = \frac{1}{2}$.

故当易拉罐的容积一定（如为 250 ml）时，当底面半径与高之比为 1:2 时，所用材料最少.

例 6［**利润最大问题**］ 某制造商制造并出售球形瓶装的某种饮料. 瓶子制造成本是 $0.8\pi r^2$ 分. 其中，r 是瓶子的半径，单位是厘米. 已知每出售 1 ml 的饮料，制造商可获利 0.2 分，且制造商能制造的瓶子的最大半径为 6 cm.

（1）瓶子半径多大时，能使每瓶饮料的利润最大？

（2）瓶子半径多大时，每瓶饮料的利润最小？

解 由于瓶子的半径为 r，因此每瓶饮料的利润为

$$y = f(r) = 0.2 \times \frac{4\pi r^3}{3} - 0.8\pi r^2 \qquad (0 < r \leqslant 6).$$

令 $f'(r) = 0.8\pi(r^2 - 2r) = 0$.

当 $r = 2$ 时，$f'(r) = 0$；当 $r \in (0, 2)$ 时，$f'(r) < 0$；当 $r \in (2, 6]$ 时，$f'(r) > 0$.

因此，当 $r > 2$ 时，$f'(r) > 0$，它表示 $f(r)$ 单调递增，即半径越大，利润越高；

当 $r < 2$ 时，$f'(r) < 0$，它表示 $f(r)$ 单调递减，即半径越大，利润越低.

所以，（1）半径为 2 时，利润最小．这时 $f(2)<0$，表示此种瓶内饮料的利润还不够瓶子的成本，此时利润是负值；

（2）半径为 6 时，利润最大．

例 7 [最佳选址问题]　如图 3–10 所示，已知海岛城市 A 离海岸 120 km，海滨城市 B 离 C 点 160 km，如果海上轮船速度是陆上汽车速度的 1/2，问：转运码头 D 建在何处时才能使 A、B 城之间的物质运输时间最少？

分析：本题中随着运输时间的变化，D 点的位置也在发生变化，设 $\angle ADC$ 为 α．然后建立数学模型，找出各个变量之间的函数关系式，再运用导数知识求出最值，从而可以确定点的位置．

解　设 $\angle ADC$ 为 α，陆上汽车速度为 $2v$，根据题意有

$$f(\alpha)=\frac{160-120\cot\alpha}{2v}+\frac{120}{v\sin\alpha}=\frac{80}{v}+\frac{60}{v}\cdot\frac{2-\cos\alpha}{\sin\alpha}\left(\arctan\frac{3}{4}\leqslant\alpha\leqslant\frac{\pi}{2}\right).$$

令 $f'(\alpha)=0$，解得 $\alpha=\dfrac{\pi}{3}$．因此当 $\alpha=\dfrac{\pi}{3}$ 时，运输时间 $f(\alpha)$ 最少．

故码头 D 的最佳位置为 $BD=160-120\cot\dfrac{\sqrt{3}}{3}=90.72$（km）.

例 8 [工程问题的优化]　水利工程中最常采用的渠道为梯形断面，其两侧渠坡的倾斜程度用边坡系数 $m=\cot\alpha$ 表示，α 是渠坡线与水平线的夹角，如图 3–11 所示．边坡系数 m 的大小可根据土壤种类和护坡情况确定．对于底宽为 b，水深为 h，边坡系数为 m 的梯形渠道，其断面水力要素为：水面宽度 $B=b+2mh$，过水断面面积 $A=(b+mh)h$，湿周 $X=b+2h\sqrt{1+m^2}$．在边坡系数 m 和过水断面面积 A 一定的情况下，为使渠道通过的流量最大，即湿周最小，试确定梯形渠道水力最佳断面的条件（提示：求宽深比 $bh=f(m)$）．

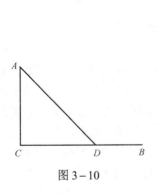

图 3–10

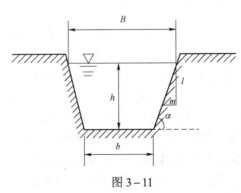

图 3–11

分析：首先由梯形渠道过水断面面积公式，解得 $b=\dfrac{A}{h}-mh$；把 b 代入湿周公式，得

$$x=\frac{A}{h}-mh+2h\sqrt{1+m^2}=f(h).$$

然后，运用求函数的最值知识即可求得渠道水力最佳断面的条件．

解答　（计算过程略）此问题供工程系列专业的学生思考讨论．

$\dfrac{b}{h}=2(\sqrt{1+m^2}-m)$ 即为渠坡系数为 m 的梯形渠道水力最佳断面的条件，其宽深比（令

$\beta m = b/h$）仅是渠坡系数 m 的函数．根据不同的渠坡系数值可以计算得到相应的 βm 值．

m	0	0.25	0.50	0.75	1.00	1.25	1.50	1.75	2.00	2.50	3.00	4.00
$\beta m = b/h$	2.00	1.56	1.24	1.00	0.83	0.70	1.61	0.53	0.47	0.39	0.32	0.25

注意：一般地，对于实际应用问题，如果可以判断目标函数的最值存在，函数在定义域内又只有唯一驻点，则该驻点即为最值点．

习 题 3.4

1. 函数可能的极值点有哪些？怎样确定函数的极限？怎样确定函数的最值？

2. a 为何值时，函数 $f(x) = a\sin x + \dfrac{1}{3}\sin 3x$ 在 $x = \dfrac{\pi}{3}$ 处取得极值？它是极大值还是极小值？并求此极值．

3. 求下列函数的极值点与极值：

（1） $f(x) = x^2 - 2x + 3$ ； （2） $f(x) = 2x^3 - 3x^2$ ；

（3） $f(x) = x - \ln(1+x)$ ； （4） $f(x) = x + \tan x$ ；

（5） $f(x) = 2e^x + e^{-x}$ ； （6） $f(x) = x + \sqrt{1-x}$ ．

4. 求下列函数在给定区间上的最大值和最小值：

（1） $y = x^4 - 2x^2 + 5, [-2,2]$ ； （2） $y = \sin 2x - 2, \left[-\dfrac{\pi}{2}, \dfrac{\pi}{2}\right]$ ；

（3） $y = x + \sqrt{1-x}, [-5,1]$ ； （4） $y = \dfrac{x}{x^2+1}, [0,+\infty)$ ．

5. 某车间靠墙壁在盖一间长方形小屋，现有存砖只够砌 20 m 长的墙壁，问：应围成怎样的长方形才能使这间小屋的面积最大？

6. 某企业生产每批某种产品 x 单位的总成本为 $C(x) = 3 + x$ （万元），得到的总收入为 $R(x) = 6x - x^2$ ，为了提高经济效率，每批生产产品多少个单位，才能使总利润最大？

7. 在水工专业的水利工程施工课程中，工程施工爆破漏斗的设计、布置，要计算爆破施工炸药包的埋深．建筑工程采石或取土，常用炸药包进行爆破．实践表明，爆破部分呈倒立圆锥形状，如图 3－12 所示．圆锥的母线长度即爆破作用半径 R ，它是一定的；圆锥的底面半径即漏斗底半径为 r ，试求炸药包埋藏多深可使爆破体积最大．

8. 在工程力学课程中，函数极值和最值主要应用于梁的弯曲强度的计算、研究．所谓梁的抗弯截面模量，是反映梁的弯曲强度的一个指标．把一根直径为 d 的圆木锯成截面为矩形的梁．问：矩形截面的高 h 和宽 b 应如何选择才能使梁的抗弯截面模量最大？（矩形梁的抗弯截面模量 $W = \dfrac{1}{6}bh^2$ ）．如图 3－13 所示．

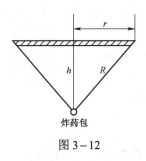
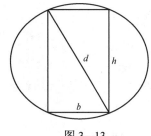

图 3-12 图 3-13

9. 学校或班级举行活动,通常需要张贴海报进行宣传,现让你设计一张竖向张贴的海报,要求版心面积为 128 dm²,上下边各空 2 dm,左右空 1 dm,如何设计海报的尺寸才能使四周空白面积最小?

§3.5 导数在经济分析中的应用(经济管理系选讲)

§3.5.1 边际与边际分析

一、边际概念

在经济学中,边际概念通常指经济问题的变化率,称函数 $f(x)$ 的导数 $f'(x)$ 为函数 $f(x)$ 的**边际函数**.

在点 x_0 处,当 x 改变 Δx 时,相应的函数 $y = f(x)$ 的改变量为 $\Delta y = f(x_0 + \Delta x) - f(x_0)$. 当 $\Delta x = 1$ 个单位时, $\Delta y = f(x_0 + 1) - f(x_0)$,如果单位很小,

则有
$$\Delta y = f(x_0 + 1) - f(x_0) \approx \mathrm{d}y \Big|_{\substack{x = x_0 \\ \mathrm{d}x = 1}} = f'(x_0) .$$

这说明函数 $f'(x_0)$ 近似地等于在 x_0 处 x 增加一个单位时,函数 $f(x)$ 的增量为 Δy . 当 x 有一个单位改变时,函数 $f(x)$ 近似改变了 $f'(x_0)$.

二、经济学中常见边际函数

1. 边际成本

总成本函数 $C(x)$ 的导数 $C'(x)$ 称为**边际成本函数**,简称**边际成本**.

边际成本的经济意义是,在一定产量 x 的基础上,再增加生产一个单位产品时总成本增加的近似值.

在应用问题中解释边际函数值的具体意义时,常略去"近似"二字.

例1 已知生产某产品 x 件的总成本为 $C(x) = 9\,000 + 40x + 0.001x^2$ (元),
(1)求边际成本 $C'(x)$,并对 $C'(1\,000)$ 的经济意义进行解释.
(2)产量为多少件时,平均成本最小?

解 (1)边际成本 $C'(x) = 40 + 0.002x$.
$$C'(1\,000) = 40 + 0.002 \times 1\,000 = 42 .$$
它表示当产量为 1 000 件时,再生产 1 件产品则增加 42 元的成本.

（2）平均成本

$$\bar{C}(x) = \frac{C}{x} = \frac{9\,000}{x} + 40 + 0.001x,$$

$$\bar{C}'(x) = -\frac{9\,000}{x^2} + 0.001,$$

令 $\bar{C}'(x) = 0$，得 $x = 3\,000$（件）.

由于 $C''(3\,000) = \frac{18\,000}{3\,000^3} > 0$，故当产量为 3 000 件时平均成本最小.

2. 边际收入

总收入函数 $R(x)$ 的导数 $R'(x)$ 称为**边际收入函数**，简称**边际收入**.

边际收入的经济意义是，销售量为 x 的基础上再多售出一个单位产品所增加的收入的近似值.

例 2 设产品的需求函数为 $x = 100 - 5p$，其中，p 为价格，x 为需求量. 求边际收入函数，及 $x = 20, 50, 70$ 时的边际收入，并解释所得结果的经济意义.

解 根据 $x = 100 - 5p$ 得 $p = \frac{100 - x}{5}$.

总收入函数 $\qquad R(x) = px = \frac{100 - x}{5} \cdot x = \frac{1}{5}(100x - x^2).$

边际收入函数为 $\qquad R'(x) = \frac{1}{5}(100 - 2x).$

$$R'(20) = 12, \ R'(50) = 0, \ R'(70) = -8.$$

即销售量为 20 个单位时，再多销售一个单位产品，总收入增加 12 个单位；当销售量为 50 个单位时，扩大销售，收入不会增加；当销售量为 70 个单位时，再多销售一个单位产品，总收入将减少 8 个单位.

3. 边际利润

总利润函数 $L(x)$ 的导数 $L'(x)$ 称为**边际利润函数**，简称**边际利润**.

边际利润的经济意义是，在销售量为 x 的基础上，再多销售一个单位产品所增加的利润.

由于 $L(x) = R(x) - C(x)$，因此 $L'(x) = R'(x) - C'(x)$. 即边际利润等于边际收入与边际成本之差.

例 3 某加工厂生产某种产品的总成本函数和总收入函数分别为

$$C(x) = 100 + 2x + 0.02x^2 \ （元）与 R(x) = 7x + 0.01x^2 \ （元）.$$

求边际利润函数及当日产量分别是 200 kg、250 kg 和 300 kg 时的边际利润，并说明其经济意义.

解 总利润函数 $L(x) = R(x) - C(x) = -0.01x^2 + 5x - 100$.

边际利润函数为 $L'(x) = -0.02x + 5$.

日产量为 200 kg、250 kg 和 300 kg 时的边际利润分别是

$$L'(200) = 1 \ （元），\ L'(250) = 0 \ （元），\ L'(300) = -1 \ （元）.$$

其经济意义是，在日产量为 200 kg 的基础上，再增加 1 kg 产量，利润可增加 1 元；在

日产量为 250 kg 的基础上，再增加 1 kg 产量，利润无增加；在日产量为 300 kg 的基础上，再增加 1 kg 产量，将亏损 1 元.

§3.5.2　弹性与弹性分析

一、弹性概念

弹性概念是经济学中的另一个重要概念，用来定量地描述一个经济变量对另一个经济变量变化的灵敏程度.

例如，设有 A 和 B 两种商品，其单价分别为 10 元和 100 元. 同时提价 1 元，显然改变量相同，但提价的百分数大不相同，分别为 10% 和 1%. 前者是后者的 10 倍，因此有必要研究函数的相对改变量以及相对变化率，这在经济学中称为**弹性**. 它定量地反映了一个经济量（自变量）变动时，另一个经济量（因变量）随之变动的灵敏程度，即自变量变动百分之一时，因变量变动的百分数.

定义：设函数 $y = f(x)$ 在点 x 处可导. 则函数的相对改变量 $\dfrac{\Delta y}{y}$ 与自变量的相对改变量 $\dfrac{\Delta x}{x}$ 之比，当 $\Delta x \to 0$ 时的极限：$\lim\limits_{\Delta x \to 0} \dfrac{\Delta y / y}{\Delta x / x} = \dfrac{x}{y} y' = \dfrac{x}{f(x)} f'(x)$ 称为函数 $y = f(x)$ 在点 x 处的弹性，记作 $\dfrac{Ey}{Ex}$ 或 $\dfrac{Ef(x)}{Ex}$，即

$$\frac{Ey}{Ex} = \frac{x}{f(x)} f'(x).$$

由定义知，当 $\dfrac{\Delta x}{x} = 1\%$ 时，$\dfrac{\Delta y}{y} \approx \dfrac{Ey}{Ex}\%$. 可见，函数 $y = f(x)$ 的弹性具有下述意义：函数 $y = f(x)$ 在点 x_0 处的弹性 $\left.\dfrac{Ey}{Ex}\right|_{x=x_0}$ 表示在点 x_0 处当 x 改变 1% 时，函数 $y = f(x)$ 在 $f(x_0)$ 的水平上近似改变 $\left.\dfrac{Ey}{Ex}\right|_{x=x_0}\%$.

二、经济学中常见的弹性函数

1. 需求价格弹性

设某商品的需求量为 Q，价格为 p，需求函数 $Q = Q(p)$，则该商品需求对价格的弹性（简称需求价格弹性）为 $E_d = \dfrac{p}{Q} \dfrac{\mathrm{d}Q}{\mathrm{d}p}$.

评注：一般来说，需求函数是价格的单调减少函数，故需求价格弹性为负值，有时为讨论方便，将其取绝对值，也称之为需求价格弹性，并记为 η，即 $\eta = |E_d| = -\dfrac{p}{Q} \dfrac{\mathrm{d}Q}{\mathrm{d}p}$.

若 $\eta = 1$，此时商品需求量变动的百分比与价格变动的百分比相等，称为单位弹性或单一弹性.

若 $\eta < 1$，此时商品需求量变动的百分比低于价格变动的百分比，价格的变动对需求量

的影响不大，称为缺乏弹性或低弹性.

若 $\eta > 1$，此时商品需求量变动的百分比高于价格变动的百分比，价格的变动对需求量的影响较大，称为富于弹性或高弹性.

2. 供给价格弹性

设某商品的供给量为 W，价格为 p，供给函数 $W = W(p)$，则该商品供给对价格的弹性（简称供给价格弹性）为 $E_s = \dfrac{p}{W}\dfrac{\mathrm{d}W}{\mathrm{d}p}$.

3. 需求弹性与总收益的关系

总收益 $R = pQ(p)$，

所以
$$R' = Q(p) + pQ'(p) = Q(p)\left[1 + Q'(p) \cdot \frac{p}{Q(p)}\right] = Q(p)[1 - \eta].$$

评注：（1）若 $\eta < 1$，即需求变动的幅度小于价格变动的幅度. 此时 $R' > 0$，说明收益 R 单调增加，即价格上涨，总收益增加；价格下跌，总收益减少.

（2）若 $\eta > 1$，即需求变动的幅度大于价格变动的幅度. 此时 $R' < 0$，说明收益 R 单调减少，即价格上涨，总收益减少；价格下跌，总收益增加.

（3）若 $\eta = 1$，即需求变动的幅度等于价格变动的幅度. 此时 $R' = 0$，总收益保持不变，降低价格或提高价格对总收益都没有影响.

例 4 某商品需求函数为 $Q = 10 - \dfrac{P}{2}$，求（1）当 $P = 3$ 时的需求弹性；

（2）在 $P = 3$ 时，若价格上涨 1%，其总收益是增加，还是减少？它将变化多少？

解（1）$\dfrac{EQ}{EP} = \dfrac{P}{Q}Q' = \left(-\dfrac{1}{2}\right) \cdot \dfrac{P}{10 - \dfrac{P}{2}} = \dfrac{P}{P - 20}$.

当 $P = 3$ 时的需求弹性为

$$\left.\frac{EQ}{EP}\right|_{P=3} = -\frac{3}{17} \approx -0.18.$$

（2）总收益 $R = PQ = 10P - \dfrac{P^2}{2}$，总收益的价格弹性函数为

$$\frac{ER}{EP} = \frac{\mathrm{d}R}{\mathrm{d}P} \cdot \frac{P}{R} = (10 - P) \cdot \frac{P}{10P - \dfrac{P^2}{2}} = \frac{2(10 - P)}{20 - P}.$$

在 $P = 3$ 时，总收益的价格弹性为

$$\left.\frac{ER}{EP}\right|_{P=3} = \left.\frac{2(10 - P)}{20 - P}\right|_{P=3} \approx 0.82.$$

故在 $P = 3$ 时，若价格上涨 1%，需求仅减少 0.18%，总收益将增加，总收益约增加 0.82%.

习 题 3.5

1. 求下列函数的边际函数与弹性函数:

(1) $x^2 e^{-x}$; (2) $\dfrac{e^x}{x}$; (3) $x^a e^{-b(x+c)}$.

2. 设某商品的总收益 R 关于销售量 Q 的函数为 $R(Q) = 104Q - 0.4Q^2$, 求:

(1) 销售量为 Q 时, 总收入的边际收入;

(2) 销售量 $Q = 50$ 个单位时, 总收入的边际收入;

(3) 销售量 $Q = 100$ 个单位时, 总收入对 Q 的弹性.

3. 某化工厂日产能力最高为 $1\,000$ t, 每日产品的总成本 C (单位: 元) 是日产量 x (单位: t) 的函数: $C = C(x) = 1\,000 + 7x + 50\sqrt{x}$, $x \in [0, 1\,000]$.

(1) 求当日产量为 100 t 时的边际成本;

(2) 求当日产量为 100 t 时的平均单位成本.

4. 某商品的价格 P 关于需求量 Q 的函数为 $P = 10 - \dfrac{Q}{5}$, 求:

(1) 总收益函数、平均收益函数和边际收益函数;

(2) 当 $Q = 20$ 个单位时的总收益、平均收益和边际收益.

5. 某厂每周生产 Q 单位 (单位: 百件) 产品的总成本 C (单位: 千元) 是产量的函数 $C = C(Q) = 100 + 12Q + Q^2$, 如果每百件产品销售价格为 4 万元, 试写出利润函数及边际利润为零时的每周产量.

6. 设巧克力糖每周的需求量 Q (单位: kg) 是价格 P (单位: 元) 的函数

$$Q = f(P) = \frac{1\,000}{(2P+1)^2} ,$$

求当 $P = 10$ (元) 时, 巧克力糖的边际需求量, 并说明其经济意义.

7. 设某企业生产一种商品, 年需求量是价格 P 的线性函数 $Q = a - bP$, 其中 $a, b > 0$, 试求: (1) 需求弹性; (2) 需求弹性等于 1 时的价格.

8. 设某商品的需求函数为 $Q = e^{-\frac{P}{5}}$, 求:

(1) 需求弹性函数; (2) $P = 3, 5, 6$ 时的需求弹性, 并说明其经济意义.

9. 设某商品的需求函数为 $Q = 100 - 5P$, 其中 P, Q 分别表示需求量和价格, 试分别求出需求弹性大于 1, 等于 1 的商品价格的取值范围.

10. 设某商品需求函数为 $Q = f(P) = 12 - \dfrac{P}{2}$,

(1) 求需求弹性函数;

(2) 求 $P = 6$ 时的需求弹性;

(3) 在 $P = 6$ 时, 若价格上涨 1%, 总收益增加还是减少? 将变化百分之几?

11. 设某商品的供给函数 $Q = 4 + 5P$, 求供给弹性函数及 $P = 2$ 时的供给弹性.

12. 设某产品的需求函数为 $Q = Q(P)$，收益函数为 $R = PQ$，其中，P 为产品价格，Q 为需求量（产量），$Q(P)$ 为单调减少函数.如果当价格为 P_0，对应产量为 Q_0 时，边际收益 $\left.\dfrac{\mathrm{d}R}{\mathrm{d}Q}\right|_{Q=Q_0} = a > 0$，收益对价格的边际收益为 $\left.\dfrac{\mathrm{d}R}{\mathrm{d}P}\right|_{P=P_0} = c < 0$，需求对价格的弹性为 $\eta = b > 1$，求 P_0 与 Q_0.

§3.6　函数的凹凸性与拐点、函数作图

在研究曲线的形态时，除了要知道它是上升还是下降的以外，还要了解曲线在上升或下降过程中往哪个方向弯曲. 本节，我们将介绍曲线的凹向与拐点、函数作图.

§3.6.1　曲线的凹凸性及其判别法

从图 3-14 中可以看出曲线弧 ABC 在区间 (a,c) 内是向下弯曲的，此时曲线弧 ABC 位

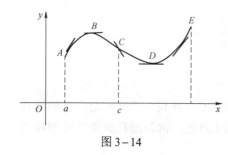

图 3-14

于该弧上任意一点处切线的下方；而曲线弧 CDE 在区间 (c,b) 内是向上弯曲的，此时曲线弧 CDE 位于该弧上任意一点处切线的上方.

定义　如果在某区间内的曲线弧位于其上任意一点处切线的上方，则称此曲线弧在该区间内是凹的，此区间称为凹区间；如果在某区间内的曲线弧位于其上任意一点处切线的下方，则称此曲线弧在该区间内是凸的，此区间称为凸区间.

例如，图 3-14 中曲线弧 ABC 在区间 (a,c) 内是凸的，曲线弧 CDE 在区间 (c,b) 内是凹的.

定理　（曲线凹凸性判定定理）设函数 $f(x)$ 在 (a,b) 内有二阶导数，

（1）如果在 (a,b) 内 $f''(x) > 0$，则曲线在 (a,b) 内是凹的；

（2）如果在 (a,b) 内 $f''(x) < 0$，则曲线在 (a,b) 内是凸的.

例 1　判定曲线 $y = \mathrm{e}^x$ 的凹凸性.

解　因为 $y' = \mathrm{e}^x$，$y'' = \mathrm{e}^x > 0$，所以 $y = \mathrm{e}^x$ 在定义域 $(-\infty, +\infty)$ 内是凹的.

例 2　判定曲线 $y = x^3 + x$ 的凹凸性.

解　因为 $y' = 3x^2 + 1$，$y'' = 6x$，在 $(-\infty, 0)$ 内，$f''(x) < 0$，所以 $y = f(x)$ 在 $(-\infty, 0)$ 内是凸的；在 $(0, +\infty)$ 内，$f''(x) > 0$，所以 $y = f(x)$ 在 $(0, +\infty)$ 内是凹的.

一般地，在连续曲线 $y = f(x)$ 的定义区间内，除在有限个点处 $f''(x) = 0$ 或 $f''(x)$ 不存在外，若在其余各点处的二阶 $f''(x)$ 均为正（或负），则曲线 $y = f(x)$ 在这个区间上为凹（或凸）的，这个区间就是曲线 $y = f(x)$ 的凹（或凸）区间；否则就以这些点为分界点划分函数 $y = f(x)$ 的定义区间，然后在各个区间上讨论 $y = f(x)$ 的凹凸性.

§3.6.2　曲线的拐点

定义　连续曲线上凹的曲线弧与凸的曲线弧的分界点叫作曲线的拐点.

由例 2 可知点 $(0,0)$ 就是曲线 $y = x^3 + x$ 的拐点. 我们可以按照下面的步骤来判定曲线 $y = f(x)$ 的拐点.

（1）确定函数 $y = f(x)$ 的定义域；

（2）求出使 $f''(x) = 0$ 和 $f''(x)$ 不存在的 x_0；

（3）在点 x_0 的左右两侧判别二阶导数 $f''(x)$ 的符号；如果 $f''(x)$ 的符号相反，则 $(x_0, f(x_0))$ 就是拐点；如果 $f''(x)$ 的符号相同，则 $(x_0, f(x_0))$ 就不是拐点.

例 3　讨论曲线 $y = (x-1) \cdot \sqrt[3]{x^5}$ 的凹凸性与拐点.

解　函数的定义域为 $(-\infty, +\infty)$. 由于 $y = x^{\frac{8}{3}} - x^{\frac{5}{3}}$，$y' = \frac{8}{3}x^{\frac{5}{3}} - \frac{5}{3}x^{\frac{2}{3}}$，$y'' = \frac{40}{9}x^{\frac{2}{3}} - \frac{10}{9}x^{-\frac{1}{3}} = \frac{10}{9} \cdot \frac{4x-1}{\sqrt[3]{x}}$. 令 $y'' = 0$，得 $x = \frac{1}{4}$，又当 $x = 0$ 时 y'' 不存在，列表考查 y'' 的符号.

x	$(-\infty, 0)$	0	$\left(0, \frac{1}{4}\right)$	$\frac{1}{4}$	$\left(\frac{1}{4}, +\infty\right)$
y''	$+$	不存在	$-$	0	$+$
曲线 y	$\cup$	拐点	$\cap$	拐点	$\cup$

由上表可知，曲线在 $(-\infty, 0)$ 和 $\left(\frac{1}{4}, +\infty\right)$ 内是凹的，在 $\left(0, \frac{1}{4}\right)$ 内是凸的；由于 $y|_{x=0} = 0$，$y|_{x=\frac{1}{4}} = -\frac{3}{32\sqrt[3]{2}}$，故曲线的拐点为 $(0,0)$ 和 $\left(\frac{1}{4}, -\frac{3}{32\sqrt[3]{2}}\right)$.

§3.6.3　曲线的渐近线

为了能够比较准确地描绘函数的图像，除了知道函数性态之外，还应该了解曲线的渐近线. 下面，我们来讨论两种特殊的渐近线.

1. 水平渐近线

定义 1　若自变量 $x \to \infty$（有时仅当 $x \to +\infty$ 或 $x \to -\infty$），函数 $f(x)$ 以常数 C 为极限，即 $\lim\limits_{x \to \infty} f(x) = C$，则直线 $y = C$ 叫作 $y = f(x)$ 的水平渐近线.

例如，因为 $\lim\limits_{x \to +\infty} \arctan x = \frac{\pi}{2}$，$\lim\limits_{x \to -\infty} \arctan x = -\frac{\pi}{2}$，所以直线 $y = \frac{\pi}{2}$ 和 $y = -\frac{\pi}{2}$ 是曲线 $y = \arctan x$ 的两条水平渐近线（见图 3-15）.

2. 垂直渐近线

定义 2　若当变量 $x \to x_0$（有时仅当 $x \to x_0^+$ 或 $x \to x_0^-$）时，函数 $f(x)$ 为无穷大量，即 $\lim\limits_{x \to x_0} f(x) = \infty$，则直线 $x = x_0$ 叫作 $y = f(x)$ 的垂直渐近线.

例如，因为 $\lim\limits_{x \to 1^+} \ln(x-1) = -\infty$，所以直线 $x = 1$ 是曲线 $y = \ln(x-1)$ 的垂直渐近线（见图 3-16）.

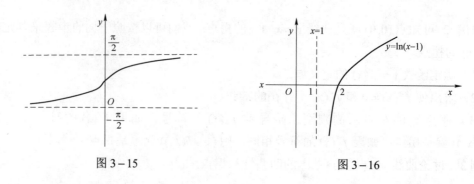

图 3-15　　　　　　　　　　　　　　图 3-16

§3.6.4　作函数图像的一般步骤（选学）

描点作图是作函数图像的基本方法，如果先利用微分法讨论函数和曲线的性态，然后描点作图，就能使作出的图像较为准确.

利用导数描绘函数图像的一般步骤如下：

（1）确定函数 $y=f(x)$ 的定义域，考查函数的奇偶性，判断曲线的对称性；

（2）求出函数的一阶导数 $f'(x)$ 和二阶导数 $f''(x)$，解出方程 $f'(x)=0$ 和 $f''(x)=0$ 在定义域内的全部实根以及 $f'(x)$ 不存在的点和 $f''(x)$ 不存在的点，这些点把函数的定义域划分成几个部分区间；

（3）考查在各个部分区间内 $f'(x)$ 和 $f''(x)$ 的符号，列表确定函数的单调性和极值，曲线的凹凸性和拐点；

（4）确定曲线的水平渐近线和垂直渐近线；

（5）根据以上讨论，再适当补充一些点，准确地描出已求出的点，把它们连成光滑的曲线，从而得到函数 $y=f(x)$ 的图像.

例4　作函数 $y=\dfrac{4(x+1)}{x^2}-2$ 的图像.

解　（1）函数的定义域为 $(-\infty,0)\cup(0,+\infty)$.

（2）$y'=-\dfrac{4(x+2)}{x^3}$，令 $y'=0$ 得驻点 $x=-2$.

（3）$y''=\dfrac{8(x+3)}{x^4}$，令 $y''=0$ 得 $x=-3$.

（4）列表讨论如下.

x	$(-\infty,-3)$	-3	$(-3,-2)$	-2	$(-2,0)$	0	$(0,+\infty)$
y'	$-$	$-$	$-$	0	$+$	不存在	$-$
y''	$-$	0	$+$	$+$	$+$	不存在	$+$
y	$\searrow\cap$	拐点 $\left(-3,-\dfrac{26}{9}\right)$	$\searrow\cup$	极小值 -3	$\nearrow\cup$	间断	$\searrow\cup$

（5）因为 $\lim\limits_{x \to 0}\left[\dfrac{4(x+1)}{x^2}-2\right]=+\infty$，所以直线 $x=0$ 是曲线的垂直渐近线；又 $\lim\limits_{x \to \infty}$ $\left[\dfrac{4(x+1)}{x^2}-2\right]=-2$，所以直线 $y=-2$ 是曲线的水平渐近线.

（6）取辅助点：$M_1(1-\sqrt{3},0)$，$M_2(1+\sqrt{3},0)$，$M_3(1,6)$，$M_4\left(4,-\dfrac{3}{4}\right)$.

综合上述讨论，作出函数的图像（见图 3–17）.

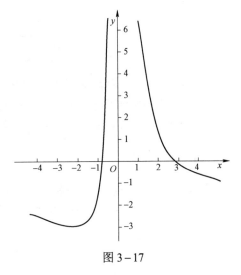

图 3–17

习 题 3.6

1. 怎样判断曲线的凹凸性？怎样求曲线的拐点？

2. 怎样确定曲线的渐近线？怎样描绘函数曲线？

3. 作函数曲线，使它分别满足条件：

（1）它的一阶和二阶导数处处为正；

（2）它的一阶导数处处为正，而二阶导数处处为负；

（3）它的一阶导数处处为负；

（4）它的一阶和二阶导数处处为负.

4. 求下列曲线的凹凸区间和拐点：

（1）$y=x+\dfrac{1}{x}(x>0)$；　　（2）$y=(x-4)^{\frac{5}{3}}$；

（3）$y=2x^3+3x^2+x+2$；　　（4）$y=x\mathrm{e}^{-x}$.

5. 求下列曲线的渐近线：

（1）$y=3+\dfrac{1}{x}$；　　（2）$y=\operatorname{arccot} x$；

（3）$y=\mathrm{e}^{-(x-1)^2}$；　　（4）$y=\dfrac{2}{(x+3)^2}$.

6. 作出下列函数的图像：

（1）$y=2-x-x^3$；　　（2）$y=\mathrm{e}^{\frac{1}{x}}$；

（3）$y=\ln(x^2+1)$；　　（4）$y=\dfrac{2x-1}{(x-1)^2}$.

7. a，b 为何值时，点 $(1,3)$ 为曲线 $y=ax^3+bx^2$ 的拐点？

8. 设三次曲线 $y=x^3+3ax^2+3bx+c$，在 $x=-1$ 处有极大值，点 $(0,3)$ 是拐点，试确定 a，b，c 的值.

*§3.7　曲率（选学）

在工程技术中，有时需要考虑曲线的弯曲程度，如在设计铁路或者公路的弯道时，必须考虑弯道处的弯曲程度；在机械和土建工程中，各种梁在荷载作用下，要弯曲变形，在数学上，我们用曲率来表示曲线的弯曲程度.

§3.7.1　曲率概念

先从几何图形直观地分析曲线的弯曲程度与哪些因素有关. 观察图 3－18，在图 3－18（a）中，曲线 L 上的动点从点 M 移动到点 N，曲线上点 M 的切线相应地变动为点 N 的切线，若把切线转过的角度（简称转角）记为 Δa，则 Δa 越大，弧 MN 弯曲得越厉害；在图 3－18（b）中，弧 MN 与 M_1N_1 的切线转角都是 Δa，则较短的弧 M_1N_1 比较长的弧 MN 弯曲得厉害.

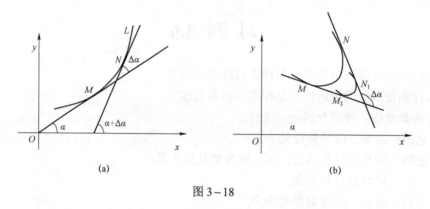

(a)　　　　　　　　　　　(b)

图 3－18

这就是说，曲线的弯曲程度与曲线的弧长和它的切线的转角这两个因素有关，于是应当以单位弧长上曲线切线转角的值来衡量曲线的弯曲程度.

定义 1　弧 MN 的切线转角 Δa 与该弧长 Δs 之比的绝对值，叫作该弧的平均曲率，记为 $\overline{K}$，即

$$\overline{K} = \left| \frac{\Delta a}{\Delta s} \right|.$$

曲线上各点附近的弯曲程度不一定处处相同，所以弧的平均曲率一般只能表示整段弧的平均弯曲程度. 弧越短时，平均曲率就越能近似地表示弧上某一点附近的弯曲程度，因此我们给出下面的定义：

定义 2　当点 N 沿曲线 L 趋近于点 M 时，若弧 MN 的平均曲率的极限存在，则称此极限为曲线 L 在点 M 的曲率，记作 K，即

$$K = \lim_{\Delta s \to 0} \left| \frac{\Delta a}{\Delta s} \right| = \left| \frac{\mathrm{d}a}{\mathrm{d}s} \right|.$$

定义 3　曲线的曲率是曲线切线倾斜角关于弧长的变化率的绝对值.

注意：

（1）因为只考虑曲线弯曲程度的大小，所以曲率 K 只取非负值；

（2）曲率的单位为弧度单位长.

例1　已知圆的半径为 R，求圆上任取一段弧的平均曲率和任一点处的曲率.

解　（1）如图 3-19 所示，在圆上任取一段弧 AB，由平面几何知道，弧 AB 上切线的转角 Δa 等于圆心角，于是弧 AB 的弧长 $\Delta s = R \cdot \Delta a$. 因此，弧 AB 的平均曲率为

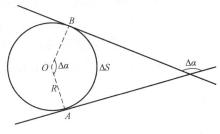

图 3-19

$$\overline{K} = \left| \frac{\Delta a}{\Delta s} \right| = \left| \frac{\Delta a}{R \cdot \Delta a} \right| = \frac{1}{R}.$$

（2）圆上任一点的曲率为 $K = \lim\limits_{\Delta s \to 0} \left| \frac{\Delta a}{\Delta s} \right| = \lim\limits_{\Delta s \to 0} \frac{1}{R} = \frac{1}{R}.$

上述结论表明，圆周上任一点的曲率相等，其值等于圆半径的倒数，这就是说，圆的弯曲程度处处一样，且半径越小，曲率越大，即弯曲得越厉害.

§3.7.2　曲率的计算

下面给出曲线 $y = f(x)$ 上任意点处的曲率计算公式.

设函数 $y = f(x)$ 具有二阶导数，则曲线 $y = f(x)$ 在任意一点 $M(x, y)$ 处的曲率计算公式为

$$K = \frac{|y''|}{(1 + y'^2)^{\frac{3}{2}}}. \tag{1}$$

推导从略.

例2　求直线上各点处的曲率.

解　设直线方程为 $y = kx + b$，将 $y' = k$，$y'' = 0$ 代入式（1）得

$$K = \frac{|y''|}{(1 + y'^2)^{\frac{3}{2}}} = 0.$$

即直线的曲率为零，这与人们"直线没有弯曲"的直觉是一致的.

§3.7.3　曲率圆和曲率半径

在例 1 中，我们已经知道，圆周上每一点的曲率是常数，而且等于它的半径的倒数，至于一般的曲线，它在各点的曲率一般都不相同. 但在研究曲线某点的曲率时，往往可以用一个圆弧来代替该点附近的曲线（见图 3-20）. 对于这样的圆弧所在的圆，我们给出下面的定义：

定义 4   如果一个圆满足下列 3 个条件：

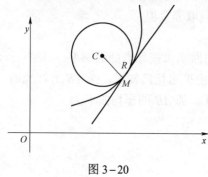

图 3-20

（1）在点 M 处与曲线有公切线；

（2）与曲线在点 M 附近有相同的凹凸方向；

（3）与曲线在点 M 处有相同的曲率.

那么这个圆就叫作直线在点 M 处的曲率圆. 曲率圆的中心 C，叫作曲线在点 M 处的曲率中心；曲率圆的半径 R，叫作曲线在点 M 处的曲率半径. 由定义 4 可知，曲率中心必位于曲线在点 M 处的法线上，且在曲线的凹向一侧. 如果曲线在点 M 处的曲率用 K 表示，那么在该点曲率圆的曲率也是 K. 由例 1 我们知道

$$K = \frac{1}{R}.$$

所以，曲率半径 R 就是

$$R = \frac{1}{K}.$$

将式（1）代入上式得

$$R = \frac{(1+y'^2)^{\frac{1}{2}}}{|y''|}. \tag{2}$$

这就是曲线在给定点处的曲率半径的计算公式.

例 3   求双曲线 $xy = 1$ 在点 $(1,1)$ 处的曲率半径.

在点 $(1,1)$ 处的曲率为

$$K = \frac{2}{[1+(-1)^2]^{\frac{3}{2}}} = \frac{1}{\sqrt{2}} = \frac{\sqrt{2}}{2}.$$

从而曲线在 $(1,1)$ 处的曲率半径为 $R = \frac{1}{K} = \sqrt{2}$.

例 4   设工件内表面的截线为抛物线 $y = 0.4x^2$（见图 3-21），现在要用砂轮磨削其内表面，问：用直径多大的砂轮比较合适？

由图 3-21 可见不等式恒成立.

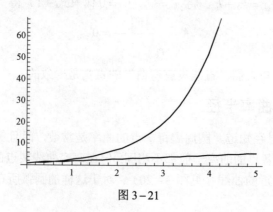

图 3-21

解 为了在磨削时不使砂轮与工件接触处附近的部分工件磨去太多,砂轮的半径应小于或等于抛物线上各点处曲率半径中的最小值.为此,应先计算其曲率半径的最小值,即曲率的最大值.

因为 $y'=0.8x$, $y''=0.8$,所以曲线的曲率为 $K=\dfrac{0.8}{[1+(0.8x)^2]^{\frac{3}{2}}}$.

因为 K 的分子是常数,所以只要分母最小,K 就最大.当 $x=0$ 时,分母最小,K 的值最大,这时 $K=0.8$.

于是得曲率半径的最小值为

$$R=\frac{1}{K}=\frac{1}{0.8}=1.25.$$

所以选用砂轮的半径不超过 1.25 单位长,即直径不得超过 2.50 单位长.

习 题 3.7

1. 长半轴为 50 cm,短半轴为 40 cm 的椭圆形工件,现用圆柱形铣刀加工椭圆上短轴附近的一段弧,问:选用直径多大的铣刀比较合适?

2. 求下列各曲线在给定点的曲率:

(1) $y=x^3$,点 $(1,1)$;   (2) $y=4x-x^2$,顶点;

(3) $y=\ln(1-x^2)$,原点;   (4) $y=x\cos x$,原点.

3. 求下列各曲线在给定点的曲率和曲率半径:

(1) $y=\mathrm{e}^x$,点 $(0,1)$;   (2) $y=\tan x$,点 $\left(\dfrac{\pi}{4},1\right)$.

4. 求曲线 $y=\dfrac{1}{x}(x>0)$ 上曲率最大的点.

5. 求曲线 $y=\ln x$ 上曲率半径最小的点,并求出该点处的曲率半径.

课外阅读:导数和微分在生活中的应用

导数知识是学习高等数学的基础,它在自然科学、工程技术及日常生活等方面都有着广泛的应用.导数是从生产技术和自然科学的需要中产生的;同时,又促进了生产技术和自然科学的发展.它不仅在天文、物理、生物和工程领域有着广泛的应用,而且在日常生活及经济领域也逐渐显示出重要的作用.

类型一:环境污染问题

首先这个问题就是不容忽视的环境问题,我们都知道,随着工业进程的日益加快,环境污染越来越严重,在经济高速发展的同时,人们越来越关心我们赖以生存的环境质量,这时可利用导数对其进行研究.

例 1 烟囱向其周围地区散落烟尘造成环境污染,已知落在地面某处的烟尘浓度与该处到烟囱的距离的平方成反比,而与该烟囱喷出的烟尘量成正比.现有 A、B 两座烟囱相距 20 km,其中 B 座烟囱喷出的烟尘量是 A 的 8 倍,试求出两座烟囱连线上的点 C,使该点的烟尘浓度最低.

分析：由题意知，要确定某点的烟尘浓度最低．显然其烟尘浓度源自这两座烟囱，与其距离密切相关，因此可考虑先设出与某个烟囱的距离，从而表示出相应的烟尘浓度，再确定其最小值即可．

解　不妨设 A 烟囱喷出的烟尘量是 1，而 B 烟囱喷出的烟尘量为 8，设 $AC=X$（$0<X<20$），所以 $BC=20-X$，依题意得点 C 处的烟尘浓度

$$y=\frac{K}{x^2}+\frac{8K}{(20-X)^2}\quad（K\text{ 是比例系数，且 }k>0），$$

$$y'=2K\left[\frac{8}{(20-x)^3}-\frac{1}{x^3}\right]，\text{令 }y'=0\text{ 得 }X=\frac{20}{3}.$$

因为当 $x\in\left(0,\dfrac{20}{3}\right)$ 时，$y'<0$；当 $x\in\left(\dfrac{20}{3},20\right)$ 时，$y'>0$．故当 $x=\dfrac{20}{3}$ 时，y 取得最小值，即当 C 位于距点 $A\dfrac{20}{3}$ km 时，使该点的烟尘浓度最低．

类型二：工程造价问题

我国旅游资源丰富，近年来旅游业发展迅速，而旅游业的兴旺自然离不开基础设施的完善，这时我们便可利用导数来解决修路的问题，可通过导数求得工程的最小造价，降低工程难度，减少修建成本，以实现经济效益的最大化．

例 2　某地建一座桥，两端的桥墩已建好，这两墩相距 m m，余下工程只需要建两端桥墩之间的桥面和桥墩，经预测，一个桥墩的工程费用为 256 万元，距离为 x m 的相邻两墩之间的桥面工程费用为 $(2+\sqrt{x})x$ 万元．假设桥墩等距离分布，所有桥墩都视为点，且不考虑其他因素，记余下工程的费用为 y 万元．

（1）试写出 y 关于 x 的函数关系式；

（2）当 $m=640$ m 时，需新建多少个桥墩才能使 y 最小？

解　（1）设需要新建 n 个桥墩，

$$(n+1)x=m，\text{ 即 }n=\frac{m}{x}-1.$$

$$y=f(x)=256n+(n+1)(2+\sqrt{x})x$$

$$=256\left(\frac{m}{x}-1\right)+\frac{m}{x}(2+\sqrt{x})x$$

$$=\frac{256x}{x}+m\sqrt{x}+2m-256.$$

（2）由（1）知，

$$f'(x)=-\frac{256m}{x^2}+\frac{1}{2}mx^{\frac{3}{2}}=\frac{m}{2x^2}\left(x^{\frac{3}{2}}-512\right).$$

令 $f'(x)=0$，得 $x^{\frac{3}{2}}=512$，所以 $x=64$．

当 $0<x<64$ 时，$f'(x)<0$，$f(x)$ 在区间（0，64）内为减函数；

当 $64<x<640$ 时，$f'(x)>0$，$f(x)$ 在区间（64，640）内为增函数．

所以 $f(x)$ 在 $x=64$ 处取得最小值，此时，

$$n = \frac{m}{x} - 1 = \frac{640}{64} - 1 = 9.$$

故需新建 9 个桥墩才能使 y 最小.

类型三：效益最大问题或者面积容积最大问题

例 3　请您设计一个帐篷，它下部的形状是高为 1 m 的正六棱柱，上部的形状是侧棱长为 3 m 的正六棱锥（见图 3-22）. 试问：当帐篷的顶点 O 到底面中心 O_1 的距离为多少时，帐篷的体积最大？

解　设 OO_1 为 x m，则 $1 < x < 4$，由题设可得正六棱锥底面边长为

$$\sqrt{3^2 - (x-1)^2} = \sqrt{8 + 2x - x^2}.$$

故底面正六变形的面积为

$$6 \times \frac{\sqrt{3}}{4} \times (\sqrt{8 + 2x - x^2})^2 = \frac{3\sqrt{3}}{2} \times (8 + 2x - x^2)，（单位：m^2）$$

帐篷的体积为

$$V(x) = \frac{3\sqrt{3}}{2}(8 + 2x - x^2)\left[\frac{1}{3}(x-1) + 1\right] = \frac{\sqrt{3}}{2}(16 + 12x - x^3).（单位：m^3）$$

求导得 $V'(x) = \frac{\sqrt{3}}{2}(12 - 3x^2)$.

令 $V'(x) = 0$，解得 $x = -2$（不合题意，舍去），$x = 2$.

当 $1 < x < 2$ 时，$V'(x) > 0$，$V(x)$ 为增函数；

当 $2 < x < 4$ 时，$V'(x) < 0$，$V(x)$ 为减函数.

所以当 $x = 2$ 时，$V(x)$ 最大.

答：当 OO_1 为 2 m 时，帐篷的体积最大，最大体积为 $16\sqrt{3}$ m^3.

例 4　某地政府为科技兴市，欲在如图 3-23 所示的矩形 $ABCD$ 的非农业用地中规划出一个高科技工业园区（见图 3-23 中阴影部分），形状为直角梯形 $QPRE$（线段 EQ 和 RP 为两个底边），已知 $AB = 2$ km, $BC = 6$ km, $AE = BF = 4$ km，其中，AF 是以 A 为顶点、AD 为对称轴的抛物线段. 试求该高科技工业园区的最大面积.

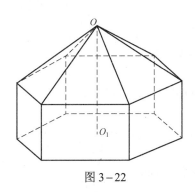

图 3-22

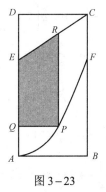

图 3-23

解　以 A 为原点，AB 所在直线为 x 轴建立直角坐标系，则 $A(0,0), F(2,4)$.

由题意可设抛物线段所在抛物线的方程为 $y = ax^2 (a > 0)$，由 $4 = a \times 2^2$ 得，$a = 1$.

所以 AF 所在抛物线的方程为 $y = x^2$.

又 $E(0,4), C(2,6)$，所以 EC 所在直线的方程为 $y = x + 4$.

设 $P(x, x^2)(0 < x < 2)$，则 $PQ = x, QE = 4 - x^2, PR = 4 + x - x^2$.

所以，工业园区的面积 $S = \dfrac{1}{2}(4 - x^2 + 4 + x - x^2) \cdot x = -x^3 + \dfrac{1}{2}x^2 + 4x \ (0 < x < 2)$.

所以 $S' = -3x^2 + x + 4$，令 $S' = 0$ 得 $x = \dfrac{4}{3}$ 或 $x = -1$（舍去负值）.

当 x 变化时，S' 和 S 的变化情况如下表：

x	$\left(0, \dfrac{4}{3}\right)$	$\dfrac{4}{3}$	$\left(\dfrac{4}{3}, 2\right)$
S'	$+$	0	$-$
S	$\uparrow$	极大值 $\dfrac{104}{27}$	$\downarrow$

由表格可知，当 $x = \dfrac{4}{3}$ 时，S 取得最大值 $\dfrac{104}{27}$.

答：该高科技工业园区的最大面积为 $\dfrac{104}{27}$.

点评：本题主要考查利用导数研究函数的最值的基础知识，以及运用数学知识解决实际问题的能力.

类型四：经济问题

例 5 已知某商品生产成本 C 与常量 q 的函数关系式为 $C = 100 + 4q$，价格 p 与产量 q 的函数关系式 $p = 25 - \dfrac{1}{8}q$. 求产量 q 为何值时，利润 L 最大.

分析：利润 L 等于收入 R 减去成本 C，而收入 R 等于产量乘价格. 由此可得出利润 L 与产量 q 的函数关系式，再用导数求最大利润.

解 收入 $R = q \cdot p = q\left(25 - \dfrac{1}{8}q\right) = 25q - \dfrac{1}{8}q^2$.

利润 $L = R - C = \left(25q - \dfrac{1}{8}q^2\right) - (100 + 4q)$

$\qquad = -\dfrac{1}{8}q^2 + 21q - 100 \, (0 < q < 200).$

$\qquad L' = -\dfrac{1}{4}q + 21.$

令 $L' = 0$，即 $-\dfrac{1}{4}q + 21 = 0$. 求得唯一的极值点 $q = 84$.

因为 L 只有一个极值点，所以它是最大值.

答：产量为 84 时，利润 L 最大.

点评：上题主要也是考查利用导数研究函数的最值的基础知识．运用数学知识解决利润问题，在实际生活中应用得也很广泛．

例 6　在甲、乙两工厂，甲厂位于一直线河岸的岸边 A 处，乙厂与甲厂位于河的同侧，乙厂位于离河岸 40 km 的 B 处，乙厂到河岸的垂足 D 与 A 相距 50 km，两厂要在此岸边合建一个供水站 C，从供水站到甲厂和乙厂的水管费用分别为每千米 $3a$ 元和 $5a$ 元，问：供水站 C 建在岸边何处才能使水管费用最省？

解　设 $\angle BCD = Q$，则 $BC = \dfrac{40}{\sin \theta}$，$CD = 40 \cot \theta \left(0 < \theta < \dfrac{\pi}{2} \right)$．

所以
$$AC = 50 - 40 \cot \theta.$$

设总的水管费用为 $f(\theta)$，依题意，有

$$f(\theta) = 3a(50 - 40 \cdot \cot \theta) + 5a \cdot \frac{40}{\sin \theta} = 150a + 40a \cdot \frac{5 - 3 \cos \theta}{\sin \theta}.$$

所以 $f'(\theta) = 40a \cdot \dfrac{(5 - 3 \cot \theta)' \cdot \sin \theta - (5 - 3 \cos \theta) \cdot (\sin \theta)'}{\sin^2 \theta} = 40a \cdot \dfrac{3 - 5 \cos \theta}{\sin^2 \theta}$．

令 $f'(\theta) = 0$，得 $\cos \theta = \dfrac{3}{5}$．

根据问题的实际意义，当 $\cos \theta = \dfrac{3}{5}$ 时，函数取得最小值．

此时 $\sin \theta = \dfrac{4}{5}$，所以 $\cot \theta = \dfrac{3}{4}$．

所以 $AC = 50 - 40 \cot \theta = 20$（km），即供水站建在 A、D 之间距甲厂 20 km 处，可使水管费最省．

例 7　有一隧道既是交通拥挤地段，又是事故多发地段．为了保证安全，交通部门规定，隧道内的车距 d（m）正比于车速 v（km/h）的平方与车身长 l（m）的积，且车距不得小于一个车身长 l（假设所有车身长均为 l），而当车速为 60（km/h）时，车距为 1.44 个车身长．

求（1）通过隧道的最低车速；

（2）在交通繁忙时，应规定怎样的车速，可以使隧道在单位时段内通过的汽车数量 Q 最多？

解　（1）依题意，设 $d = kv^2 l$，其中 k 是待定系数，

因为当 $v = 60$ 时，$d = 1.44l$，所以 $1.44l = k \times 60^2 l$，$k = 0.000\,4$，所以 $d = 0.000\,4v^2 l$．

因为 $d \geqslant l$，所以 $0.000\,4v^2 l \geqslant l$，$v \geqslant 50$．

所以最低车速为 50 km/h．

（2）因为两车间距为 d，则两辆车头间的距离为 $l + d$，一小时内通过汽车的数量为

$$Q = \frac{1\,000v}{l + 0.000\,4v^2 l} = \frac{1\,000}{l \left(\dfrac{1}{v} + 0.000\,4v \right)},$$

因为 $\dfrac{1}{v} + 0.000\,4v \geqslant 2 \sqrt{\dfrac{1}{v} \times 0.000\,4v} = 0.04$，所以 $Q \leqslant \dfrac{25\,000}{l}$．

所以当 $\dfrac{1}{v}=0.000\,4\,v$，即 $v=50$ km/h 时，单位时段内通过的汽车数量最多.

例 8 统计表明，某种型号的汽车匀速行驶时每小时的耗油量为 y（L），关于行驶速度 x（km/h）的函数解析式可以表示为

$$y=\frac{1}{128\,000}x^3-\frac{3}{80}x+8\ (0<x\leqslant 120).$$

已知甲、乙两地相距 100 km.

（1）当汽车以 40 km/h 的速度匀速行驶时，从甲地到乙地要耗油多少升？

（2）当汽车以多大的速度匀速行驶时，从甲地到乙地耗油最少？最少为多少升？

解 （1）当 $x=40$ 时，汽车从甲地到乙地行驶了 $\dfrac{100}{40}=2.5$（h），

要耗油 $\left(\dfrac{1}{128\,000}\times 40^3-\dfrac{3}{80}\times 40+8\right)\times 2.5=17.5$（L）.

答：当汽车以 40 km/h 的速度匀速行驶时，从甲地到乙地耗油 17.5 L.

（2）当速度为 x km/h 时，汽车从甲地到乙地行驶了 $\dfrac{100}{x}$ h，设耗油为 $h(x)$.

依题意：$h(x)=\left(\dfrac{1}{128\,000}x^3-\dfrac{3}{80}x+8\right)\cdot\dfrac{100}{x}=\dfrac{1}{1\,280}x^2+\dfrac{800}{x}-\dfrac{15}{4}\ (0<x\leqslant 120)$，

$$h'(x)=\frac{x}{640}-\frac{800}{x^2}=\frac{x^3-80^3}{640x^2}\ (0<x\leqslant 120).$$

令 $h'(x)=0$，得 $x=80$.

当 $x\in(0,80)$ 时，$h'(x)<0$，$h(x)$ 是减函数；

当 $x\in(80,120)$ 时，$h'(x)>0$，$h(x)$ 是增函数.

所以当 $x=80$ 时，$h(x)$ 取到极小值 $h(80)=11.25$.

因为 $h(x)$ 在 $(0,120]$ 上只有一个极值，所以它是最小值.

答：当汽车以 80 km/h 的速度匀速行驶时，从甲地到乙地耗油最少，最少为 11.25 L.

点评：以导数知识为工具对函数单调性进行研究，导数作为强有力的工具提供了简单、程序化的方法，具有普遍的可操作方法.

除了上诉例子，对经济学家来说，对其经济环节进行定量分析是非常必要的，而将数学作为分析工具，还可以给企业经营者提供客观、精确的数据. 因此，在当今国内外，越来越多地应用数学知识，使经济学走向了定量化、精密化和准确化. 运用导数可以对经济活动中的实际问题进行边际分析、需求弹性分析和最值分析，从而为企业经营者科学决策提供量化依据. 随着市场经济的不断发展，利用数学知识解决经济问题显得越来越重要，而导数是高等数学中的重要概念，是经济分析的重要工具.

微分在经济领域中同样有重要应用，主要是研究在这一领域中出现的一些函数关系问题，包括价格函数、需求函数、成本函数、收益函数等各项，还有弹性的经济分析、需求弹性、收益弹性等. 最优化问题是经济管理活动的核心，各种最优化问题也是微积分中最关心的问题之一. 这些重要的经济理论都可以用微积分的一些内容解释，所以说微积分在经济学中的应用也是十分有效可行的. 同时，微积分是异形部位工程量计算的有利工具，其精确

计算结果对编制计划、财务管理以及成本计划执行情况的分析是十分重要的. 不仅如此, 微分在投资决策中也有重要运用, 由此可见, 初等数学在经济生活中的应用是十分广泛的.

导数的概念来源于生活, 又服务于生活. 导数的概念是许多自然现象在数量关系上抽象出来的研究变化率结构的数学模型. 例如, 物理运动的瞬时速度, 化学中的反应速度, 生物学中的出生率、死亡率, 人口增长率, 细胞繁殖速度, 医学中病人血液浓度的变化率, 经济学中利润的变化率等, 都可以归结为导数问题.

又例如在投资决策中如果以均匀流的存款方式, 也就是将资金以流水一样的方式定期不断地存入银行, 那么一年后的价值就可以通过微积分知识求得. 在生物学领域中, 可以利用微积分的相关知识, 根据生物种群周围各种因素的变化情况, 来推测种群数量的变化. 例如, 在鱼类养殖中, 找到合适的 $k/2$ 值, 适时适量地科学捕鱼. 工程最优化问题也离不开微积分的相关知识. 例如, 酒桶的设计问题, 如何设计酒桶能够使其装酒最多而且最节省材料? 这就需要构造酒桶体积关于酒桶表面积的函数, 并考虑各种形状, 求得最值. 像可口可乐瓶子的设计, 就遵循了这个计算原理.

高等数学是一门专业基础课, 也是一门方法学科, 学好高等数学对其他科目的学习具有十分重要的意义. 而导数在高等数学基本概念中占有重要位置, 是高等数学的重要根基, 所以, 导数学习的重要性是显而易见的. 大学数学的学习价值不仅在于掌握知识, 而且使我们获得了解决生活中实际问题的一种必不可少的重要工具, 并是推动我们的智慧进步、数学不断发展的强大助推器, 它在一定程度上提高了人们的观察能力、思维能力、分析能力以及个人素质等, 使我们能够适应当前发展迅速的新社会的严峻形势. 实际上, 微积分本身就存在于生活中的各项事物中, 只有不断深入挖掘, 才能透过现象看本质, 将抽象的数学付诸具体事物中, 为社会发展和个人生活提供无限便利, 推动人类社会永续发展.

本 章 小 结

1. 函数的单调性

若 $f'(x) > 0$, 则 $f(x)$ 在 (a,b) 内严格单调增加.

若 $f'(x) < 0$, 则 $f(x)$ 在 (a,b) 内严格单调减少.

2. 函数的极值

$f'(x) = 0$ 的点——函数 $f(x)$ 的驻点. 设为 x_0,

(1) 若 $x < x_0$, $f'(x) > 0$; $x > x_0$, $f'(x) < 0$, 则 $f(x_0)$ 为 $f(x)$ 的极大值.

(2) 若 $x < x_0$, $f'(x) < 0$; $x > x_0$, $f'(x) > 0$, 则 $f(x_0)$ 为 $f(x)$ 的极小值.

(3) 如果 $f'(x)$ 在 x_0 的两侧的符号相同, 那么 $f(x_0)$ 不是极值.

3. 曲线的凹凸性

若 $f''(x) > 0$, 则曲线 $y = f(x)$ 在 (a,b) 内是凹的.

若 $f''(x) < 0$, 则曲线 $y = f(x)$ 在 (a,b) 内是凸的.

4. 曲线的拐点

(1) 当 $f''(x)$ 在 x_0 的左、右两侧异号时, 点 $(x_0, f(x_0))$ 为曲线 $y = f(x)$ 的拐点, 此时 $f''(x) = 0$.

(2) 当 $f''(x)$ 在 x_0 的左、右两侧同号时, 点 $(x_0, f(x_0))$ 不为曲线 $y = f(x)$ 的拐点.

5. 函数的最大值与最小值

极值和端点的函数值中最大和最小的就是最大值和最小值.

6. 洛必达（L'Hospital）法则

"$\dfrac{0}{0}$" 型和 "$\dfrac{\infty}{\infty}$" 型不定式，存在有 $\lim\limits_{x\to a}\dfrac{f(x)}{g(x)}=\lim\limits_{x\to a}\dfrac{f'(x)}{g'(x)}=A$（或 ∞）.

7. 导数在经济分析中的应用（经济管理系选讲）

（1）边际与边际分析：

边际函数；边际成本；边际收入；边际利润.

（2）弹性与弹性分析：

弹性概念；需求价格弹性；供给价格弹性；需求弹性与总收益的关系.

数学实验与应用三

【实验课题】

1. 用 Mathematica 作函数 $f(x)$ 和 $f'(x)$ 的图像，通过观察图像，进一步理解微分中值定理的几何意义.

2. 用 Mathematica 作函数 $f(x)$、$f'(x)$ 和 $f''(x)$ 的图像，通过观察图像，进一步理解 $f(x)$、$f'(x)$ 和 $f''(x)$ 在研究函数性质中的作用.

3. 用 Mathematica 验证不等式的正确性.

【实验内容】

1. 证明不等式 $e^x>1+x$.

输入并运行下列 Mathematica 语句：

$$\text{Plot}[\{\text{Exp}[x],1+x\},\{x,0,5\}]$$

2. 设 $f(x)=(x-1)(x-2)(x-3)$，作函数 $f(x)$、$f'(x)$ 和 $f''(x)$ 的图像，通过观察图像，研究函数性质，并理解微分中值定理的几何意义. 如图 3-24 所示.

输入并运行下列 Mathematica 语句：

```
Clear [f, x]
f [x_]:=(x-1)(x-2)(x-3);
g1=Plot[f[x],{x,0.5,4},PlotStyle → RGBColor[1,0,0]];
g2=Plot[f'[x],{x,0.5,4},PlotStyle → RGBColor[0,0,1]];
g3=Plot[f''[x],{x,0.5,4},PlotStyle → RGBColor[0,1,0]];
Show[g1,g2,g3]
v=x/.NSolve[f[x]=0,x]
v1=x/.NSolve[f[x]=0,x]
v1=x/.NSolve[f''[x]=0,x]
f[v1]
```

结果显示：

$$\{1., 2., 3.\}$$

$$\{1.42265, 2.57735\}$$

$$\{2.000000000000000\}$$

$$\{0.3849, -0.3849\}$$

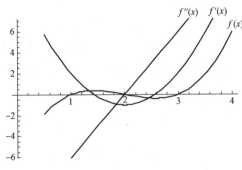

图 3－24

结果表明：

（1）函数 $f(x)$、$f'(x)$ 和 $f''(x)$ 在 $(-\infty, +\infty)$ 内连续且处处光滑．

（2）函数 $f(x)$ 在 $[1，3]$ 上满足罗尔定理条件．

（3）函数 $f(x)$ 有三个实根，分别为 $x = 1, x = 2, x = 3$．

（4）函数 $f(x)$ 有两个驻点，分别为 $x = 1.422\,65, x = 2.577\,35$．

（5）函数 $f''(x)$ 有一个实根，为 $x = 2$．

（6）$f'(x) \geqslant 0$，$x \in (-\infty, 1.422\,65) \cup [2.577\,35, +\infty)$，函数 $f(x)$ 在 $(-\infty, 1.422\,65) \cup [2.577\,35, +\infty)$ 内单调递增．

（7）函数 $f(x)$ 有两个极值点，当 $x = 1.422\,65$ 时，$f(x)$ 取极大值 $0.384\,9$；当 $x = 2.577\,35$ 时，$f(x)$ 取极小值 $-0.384\,9$．

（8）$f''(x) \geqslant 0$，$x \in [2, +\infty]$，$f(x)$ 在 $[2, +\infty]$ 上是凹的，$f''(x) \leqslant 0$，$x \in (-\infty, 2)$，$f(x)$ 在 $(-\infty, 2)$ 内是凸的．

（9）$f(x)$ 的拐点为 $(2, 0)$．

（10）$\lim\limits_{x \to -\infty} f(x) = -\infty$，$\lim\limits_{x \to +\infty} f(x) = +\infty$．

3. 设 $f(x) = \dfrac{1}{x^4 + 1}$，$x \in [1, 2]$，通过作图，观察拉格朗日定理的几何意义．

（1）先运行下列 Mathematica 语句，画出函数以及其端点连线，如图 3－25 所示．

```
Clear[g1,g2,g3]
f[x_] := 1/(x^4 + 1); a = 1; b = 2;
k = (f[b] − f[a])/(b − a);
g1[x_] := f[a] + k*(x − a);
Plot[{f[x],g1[x]},{x,1,2}]
```

观察可以看到，函数 $f(x)$ 在 $[1，2]$ 上满足拉朗日定理条件．

（2）解 $f'(x) = \dfrac{f(b)-f(a)}{b-a}$，求出满足拉朗日定理条件的 ξ.

运行下列 Mathematica 语句，求 $f'(x)=0$ 的根.

Solve[f'[x] == k,x] // N

结果显示：

$\{\{x \to 0.499227\},\{x \to 1.42478\}\}$,

$\{x \to -1.29291 - 1.00155\text{i}\},\{x \to -1.29291 + 1.00155\text{i}\}$,

$\{x \to -0.246231 - 0.400953\text{i}\},\{x \to -0.246231 + 0.400953\text{i}\}$,

$\{x \to 0.577138 - 1.42866\text{i}\},\{x \to 0.577138 + 1.42866\text{i}\}$,

可知 $\xi = 1.424\,78$ 是满足条件的唯一实根.

（3）运行下列 Mathematica 语句，画出 $f(x)$、$f(x)$ 的割线、$f(x)$ 在点 $(\xi, f(\xi))$ 处的切线，如图 3-26 所示.

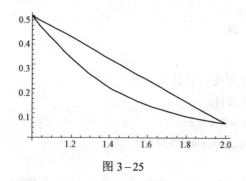

图 3-25

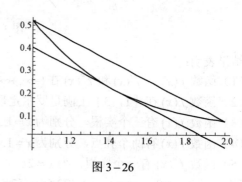

图 3-26

g2[x_] := f[1.42478]+k*(x - 1.42478);

Plot[{f[x],g1[x],g2[x]},{x,1,2}]

复 习 题 三

1. 填空题：

（1）函数 $f(x) = 2x^2 - x + 1$ 在 $[-1,2]$ 上满足拉格朗日中值定理，则 $\xi = $＿＿＿＿＿＿.

（2）函数 $f(x) = x + \dfrac{1}{x}$ 的单调减区间为＿＿＿＿＿＿.

（3）函数 $f(x) = x^2 - 2x$ 的最小值为＿＿＿＿＿＿，函数 $f(x) = x(x-3)^2$ 的极大值点为

＿＿＿＿＿＿.

（4）函数 $y = xe^{-x}$ 在 $[-1,2]$ 上的最大值为＿＿＿＿＿＿.

（5）曲线 $y = x^3 - 2x + 3$ 的凸区间为＿＿＿＿＿＿.

（6）函数取得最大值的点可能是＿＿＿＿或＿＿＿＿或＿＿＿＿.

（7）函数 $y = x^3 - \dfrac{3}{2}x^2 - 6x + 1$ 单调减少且图形为凹的区间是＿＿＿＿＿＿.

（8）设点 $(1,3)$ 为曲线 $y = ax^3 + bx^2$ 的拐点，则 $a = $＿＿＿＿＿＿，$b = $＿＿＿＿＿＿.

（9）若 $f(x)$ 在 $[a,b]$ 上连续，在 (a,b) 内可导，则至少有一点 $\xi\in(a,b)$，使 $f(b)=$ _____.

2. 选择题：

（1）下列函数在给定区域内满足拉格朗日中值定理的是（ ）.

A. $f(x)=|x-1|,[0,2]$ B. $f(x)=\sqrt[3]{x},[-1,1]$

C. $f(x)=x+|x|,[-1,2]$ D. $f(x)=\ln(x-2),[3,6]$

（2）下列各式中能够用洛必达法则的是（ ）.

A. $\lim\limits_{x\to\infty}\dfrac{\sin x}{x^2}$ B. $\lim\limits_{x\to\infty}\dfrac{x-\sin x}{x+\sin x}$

C. $\lim\limits_{x\to0}\dfrac{2x^2+3x}{x^2+1}$ D. $\lim\limits_{x\to\infty}\dfrac{x-\sin x}{x^3}$

（3）下列命题中正确的是（ ）.

A. 驻点一定是极值点   B. 驻点不是极值点

C. 驻点不一定是极值点   D. 驻点是函数的零点

（4）曲线 $y=3x^2-x^3$ 是凸的且具有一个极值点的区间为（ ）.

A. $(-\infty,+\infty)$ B. $(-\infty,1)$

C. $(1,+\infty)$ D. $(-1,+\infty)$

（5）已知 $f(x)=a\sin x+\dfrac{1}{3}\sin 3x$（$a$ 为常数）在 $x=\dfrac{\pi}{3}$ 取得极值，则 $a=$（ ）.

A. 2   B. 1   C. 0   D. -1

（6）若 $f(x)$ 在区间 (a,b) 内恒有 $f'(x)<0$，$f''(x)>0$，则曲线 $f(x)$ 在此区间内是（ ）.

A. 递减，凹的   B. 递减，凸的

C. 递增，凹的   D. 递增，凸的

（7）设函数 $f(x)$ 在 $(-\infty,+\infty)$ 内二阶可导，且 $f(-x)=-f(x)$，如果当 $x>0$ 时，$f'(x)>0$，且 $f''(x)>0$，则当 $x<0$ 时，曲线 $y=f(x)$（ ）.

A. 递增，凸的   B. 递增，凹的

C. 递减，凸的   D. 递减，凹的

（8）如果 $f'(x_0)=f''(x_0)=0$，则 $f(x)$ 在 $x=x_0$ 处（ ）.

A. 一定有极大值   B. 一定有极小值

C. 不一定有极值   D. 一定没有极值

3. 求下列各极限：

（1）$\lim\limits_{x\to0}\dfrac{x-\tan x}{x-\sin x}$；

（2）$\lim\limits_{x\to0^+}\dfrac{1-e^{\frac{1}{x}}}{x+e^{\frac{1}{x}}}$；

（3）$\lim\limits_{x\to0^+}(\sin x)^{\frac{1}{\ln x}}$；

（4）$\lim\limits_{x\to1}(1-x^2)\tan\dfrac{\pi}{2}x$.

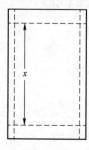

图 3-27

4. 求下列函数 $f(x) = \sqrt[3]{x}(1-x)^{\frac{2}{3}}$ 的单调区间和极值.

5. 判断曲线 $y = \ln(x^2 + 1)$ 的凸凹性, 并求其拐点.

6. 设圆柱形有盖茶缸容积 V 为常数, 求表面积最小时, 底半径 x 与高 y 之比.

7. 海报版面尺寸的设计: 学校或班级举行活动, 通常需要张贴海报进行宣传, 现让你设计一张如图 3-27 所示的竖向张贴的海报, 要求版心面积为 128 dm², 上下边各空 2 dm, 左右空 1 dm, 如何设计海报的尺寸, 才能使四周空白面积最小?

第四章 不 定 积 分

[目标] 理解原函数和不定积分的概念，掌握不定积分的基本公式，会用换元积分和分部积分法来求积分.

[导读] 前面，我们已经讨论了一元函数微分学，它的基本问题是：已知一个函数，求它的导数或微分. 本章研究与之相反的一个问题：已知一个函数的导数（或微分），求这个函数（原函数）. 这种问题在科学技术、经济领域也会遇到，这是积分学的基本问题之一，称为求不定积分.

§4.1 不定积分的概念

§4.1.1 原函数的概念

先看两个问题：

（1）已知某质点以速度 $v = v(t)$ 做变速直线运动，求该质点的运动方程. 即寻求函数 $s = s(t)$，使 $s'(t) = v(t)$.

（2）已知一平面曲线通过点 $(1,2)$，且其上任一点处的切线斜率等于这点横坐标的两倍，求该曲线的方程. 即求函数 $y = f(x)$，使得 $f'(x) = 2x$.

以上两个实际问题，如果不考虑其物理意义和几何意义，都归结为已知函数的导数（或微分），求这个函数，即已知 $F'(x) = f(x)$，求 $F(x)$.

定义 设函数 $f(x)$ 在某区间有定义，如果存在函数 $F(x)$，对于该区间上的任意一点 x，都有 $F'(x) = f(x)$ 或 $\mathrm{d}F(x) = f(x)\mathrm{d}x$，则称函数 $F(x)$ 是 $f(x)$ 在该区间上的一个原函数.

例如，由于 $(\sin x)' = \cos x$，因此 $\sin x$ 是 $\cos x$ 的一个原函数.

又因为 $(\sin x + 1)' = (\sin x - 3)' = (\sin x)' = \cos x$，所以 $\cos x$ 的原函数是不唯一的.

定理 若 $F(x)$ 是 $f(x)$ 的一个原函数，则 $F(x) + C$（C 为任意常数）是 $f(x)$ 的全部原函数.

证 一方面，因为 $[F(x) + C]' = F'(x) = f(x)$，所以函数族 $F(x) + C$ 中每一个函数都是 $f(x)$ 的原函数；另一方面，设 $\varPhi(x)$ 是 $f(x)$ 的任意一个原函数，即 $\varPhi'(x) = f(x)$，则

$$[\varPhi(x) - F(x)]' = \varPhi'(x) - F'(x) = f(x) - f(x) = 0.$$

所以 $\varPhi(x) - F(x) = C$（C 为任意常数），即 $\varPhi(x) = F(x) + C$.

若函数 $f(x)$ 在某一区间内连续，则函数 $f(x)$ 在该区间内存在原函数，因为初等函数在定义域内连续，所以初等函数在定义域内都有原函数.

§4.1.2 不定积分的概念

定义 若 $F(x)$ 是 $f(x)$ 在某个区间上的一个原函数，则 $F(x) + C$（C 为任意常数）称为

$f(x)$ 在该区间上的不定积分，记为

$$\int f(x)\mathrm{d}x，\text{即} \int f(x)\mathrm{d}x = F(x) + C .$$

其中，符号 $\int$ 称为积分号；$f(x)$ 称为被积函数；$f(x)\mathrm{d}x$ 称为被积表达式；x 称为积分变量；C 称为积分常数.

根据不定积分的定义可知，求函数 $f(x)$ 的不定积分，只需求出 $f(x)$ 的一个原函数再加上积分常数 C 即可.

例 1 求下列不定积分：

（1）$\int \cos x\mathrm{d}x$；　　　（2）$\int \mathrm{e}^{-x}\mathrm{d}x$.

解（1）因为 $(\sin x)' = \cos x$，即 $\sin x$ 是 $\cos x$ 一个原函数，所以

$$\int \cos x\mathrm{d}x = \sin x + C .$$

（2）因为 $(-\mathrm{e}^{-x})' = \mathrm{e}^{-x}$，即 $-\mathrm{e}^{-x}$ 是 e^{-x} 一个原函数，所以

$$\int \mathrm{e}^{-x}\mathrm{d}x = -\mathrm{e}^{-x} + C .$$

例 2 求不定积分 $\int \dfrac{1}{x}\mathrm{d}x$.

解 当 $x > 0$ 时，因为 $(\ln x)' = \dfrac{1}{x}$，所以 $\int \dfrac{1}{x}\mathrm{d}x = \ln x + C$.

当 $x < 0$ 时，因为 $[\ln(-x)]' = \dfrac{1}{x}$，所以 $\int \dfrac{1}{x}\mathrm{d}x = \ln(-x) + C$.

所以

$$\int \dfrac{1}{x}\mathrm{d}x = \ln|x| + C \ (x \neq 0) .$$

通常把求不定积分的方法称为积分法.

例 3 已知曲线上任一点的切线斜率等于该点处横坐标平方的 3 倍，且过点 $(0,1)$，求此曲线方程.

解 设所求曲线方程为 $y = f(x)$. 由题意知，$y' = 3x^2$，所以

$$y = \int 3x^2\mathrm{d}x = x^3 + C .$$

又因为曲线经过点 $(0,1)$，从而有 $1 = 0^3 + C$，即 $C = 1$.

于是，所求的曲线方程为 $y = x^3 + 1$.

从不定积分的定义可知，不定积分与导数（或微分）是两种互逆的运算，它们的关系是：

（1）$\left[\int f(x)\mathrm{d}x\right]' = f(x)$；或 $\mathrm{d}\left[\int f(x)\mathrm{d}x\right] = f(x)\mathrm{d}x$.

此式表明，若先求积分后求导数（或求微分），则两者的作用互相抵消.

（2）$\int F'(x)\mathrm{d}x = F(x) + C$；或 $\int \mathrm{d}F(x) = F(x) + C$．

此式表明，若先求导数（或求微分）后求积分，则两者的作用互相抵消后还相差一个常数．

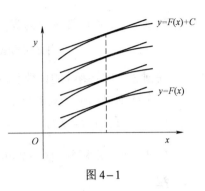

函数 $f(x)$ 的原函数 $F(x)$ 的图形称为 $f(x)$ 的积分曲线，而 $\int f(x)\mathrm{d}x$，即 $F(x) + C$，其图像称为 $f(x)$ 的积分曲线族，其中任一条曲线都可由另一条积分曲线沿 y 轴方向上下平移而得，如图 4-1 所示．因此，这个曲线族里的所有曲线在横坐标 x 相同的点处的切线互相平行，即它们有相同的斜率．这就是不定积分的几何意义．

图 4-1

§4.1.3　不定积分的基本积分公式

由于积分运算是微分运算的逆运算，因此从基本导数公式，可以直接得到基本积分公式．

例如，由导数公式

$$\left(\frac{x^{\alpha+1}}{\alpha+1}\right)' = x^{\alpha} \quad (\alpha \neq -1),$$

得到积分公式

$$\int x^{\alpha}\mathrm{d}x = \frac{x^{\alpha+1}}{\alpha+1} + C \quad (\alpha \neq -1)．$$

类似地，可以推导出其他基本积分公式如下：

（1）$\int k\mathrm{d}x = kx + C$（$C$ 为常数）；　　（2）$\int x^{a}\mathrm{d}x = \frac{1}{a+1}x^{a+1} + C$（$a \neq -1$）；

（3）$\int \frac{1}{x}\mathrm{d}x = \ln|x| + C$；　　（4）$\int \mathrm{e}^{x}\mathrm{d}x = \mathrm{e}^{x} + C$；

（5）$\int a^{x}\mathrm{d}x = \frac{1}{\ln a}a^{x} + C$；　　（6）$\int \sin x\,\mathrm{d}x = -\cos x + C$；

（7）$\int \cos x\mathrm{d}x = \sin x + C$；　　（8）$\int \sec^{2}x\mathrm{d}x = \tan x + C$；

（9）$\int \csc^{2}x\mathrm{d}x = -\cot x + C$；　　（10）$\int \sec x\tan x\mathrm{d}x = \sec x + C$；

（11）$\int \csc x\cot x\mathrm{d}x = -\csc x + C$；　　（12）$\int \frac{1}{\sqrt{1-x^{2}}}\mathrm{d}x = \arcsin x + C$；

（13）$\int \frac{1}{1+x^{2}}\mathrm{d}x = \arctan x + C$．

以上各不定积分是基本积分公式，它是求不定积分的基础，必须熟记，并会用公式和性质求一些简单的不定积分．

§4.1.4 不定积分的基本运算法则

法则1 被积函数中不为零的常数因子可以提到积分号前面.

$$\int kf(x)\mathrm{d}x = k\int f(x)\mathrm{d}x \quad (k\text{ 是常数且 }k\neq 0).$$

法则2 两个函数的代数和的不定积分等于这两个函数的不定积分的代数和.

这个法则可以推广到求有限个函数的代数和的不定积分.

即

$$\int [f_1(x)\pm f_2(x)\pm\cdots\pm f_n(x)]\mathrm{d}x = \int f_1(x)\mathrm{d}x \pm \int f_2(x)\mathrm{d}x \pm\cdots\pm \int f_n(x)\mathrm{d}x.$$

例4 求不定积分 $\int (x^3 - 2\sin x + 2^x)\mathrm{d}x$.

解

$$\int (x^3 - 2\sin x + 2^x)\,\mathrm{d}x = \int x^3\mathrm{d}x - 2\int \sin x\mathrm{d}x + \int 2^x\mathrm{d}x$$

$$= \frac{1}{4}(x^4 + C_1) - 2(-\cos x + C_2) + \left(\frac{2^x}{\ln 2} + C_3\right)$$

$$= \frac{1}{4}x^4 + 2\cos x + \frac{2^x}{\ln 2} + \left(\frac{1}{4}C_1 - 2C_2 + C_3\right)$$

$$= \frac{1}{4}x^4 + 2\cos x + \frac{2^x}{\ln 2} + C.$$

其中， $C = \dfrac{1}{4}C_1 - 2C_2 + C_3$ ，即各积分常数可以合并. 因此，求代数和的不定积分，只需在最后加上一个常数 C 即可.

例5 求不定积分 $\int \tan^2 x\mathrm{d}x$.

解 $\int \tan^2 x\mathrm{d}x = \int (\sec^2 x - 1)\,\mathrm{d}x = \int \sec^2 x\mathrm{d}x - \int \mathrm{d}x = \tan x - x + C$.

例6 求下列不定积分：

（1） $\int (\sqrt{x}-1)\left(\dfrac{1}{\sqrt{x}}+1\right)\mathrm{d}x$ ；　　　　（2） $\int \dfrac{(x+1)^3}{x^2}\mathrm{d}x$ ；

（3） $\int \dfrac{x^4}{1+x^2}\mathrm{d}x$ ；　　　　　　　　　（4） $\int (\tan x + \cot x)^2\mathrm{d}x$ ；

（5） $\int \dfrac{\cos 2x}{\cos x + \sin x}\mathrm{d}x$ ；　　　　　　（6） $\int \dfrac{1}{\sin^2 x\cos^2 x}\mathrm{d}x$.

解（1） $\int (\sqrt{x}-1)\left(\dfrac{1}{\sqrt{x}}+1\right)\mathrm{d}x = \int \left(1 + x^{\frac{1}{2}} - x^{-\frac{1}{2}} - 1\right)\mathrm{d}x = \dfrac{2}{3}x^{\frac{3}{2}} - 2x^{\frac{1}{2}} + C$ ；

（2） $\int \dfrac{(x+1)^3}{x^2}\mathrm{d}x = \int (x + 3 + 3x^{-1} + x^{-2})\,\mathrm{d}x = \dfrac{1}{2}x^2 + 3x + 3\ln|x| - \dfrac{1}{x} + C$ ；

（3） $\int \dfrac{x^4}{1+x^2}\mathrm{d}x = \int \dfrac{x^4 - 1 + 1}{1+x^2}\mathrm{d}x = \int (x^2 - 1)\,\mathrm{d}x + \int \dfrac{1}{1+x^2}\mathrm{d}x$

$$= \dfrac{1}{3}x^3 - x + \arctan x + C;$$

$$（4）\int (\tan x + \cot x)^2 dx = \int (\tan^2 x + 2 + \cot^2 x)\, dx$$
$$= \int (\sec^2 x + \csc^2 x)^2 dx = \tan x - \cot x + C；$$

$$（5）\int \frac{\cos 2x}{\cos x + \sin x}\, dx = \int \frac{\cos^2 x - \sin^2 x}{\cos x + \sin x}\, dx = \int (\cos x - \sin x)\, dx$$
$$= \sin x + \cos x + C；$$

$$（6）\int \frac{1}{\sin^2 x \cos^2 x}\, dx = \int \frac{\sin^2 x + \cos^2 x}{\sin^2 x \cos^2 x}\, dx = \int (\sec^2 x + \csc^2 x)\, dx = \tan x - \cot x + C.$$

例 7 设一质点以速度 $v = 2\cos t$ m/s 做直线运动，开始时质点的位移为 5 m，求质点的运动规律.

解 质点的运动规律是指位移 s 是时间 t 的函数. 设所求运动规律为 $s = s(t)$，于是有

$$v = s'(t) = 2\cos t，\quad s(t) = \int 2\cos t\, dt = 2\sin t + C .$$ 由条件 $s(0) = 5$，代入上式，得 $C = 5$，所以

质点运动规律为 $s(t) = 2\sin t + 5$.

上述几例求函数的不定积分，都是直接先对被积函数进行简单的恒等变形，然后用不定积分的运算法则公式就能求出结果，这种求不定积分的方法称为直接积分法.

习 题 4.1

1. 思考题

（1）若 $f(x)$ 的一个原函数为 $x^3 - e^x$，求 $\int f(x)dx$.

（2）若 $f(x)$ 的一个原函数为 x^5，求 $f(x)$.

（3）若 $\int f(x)dx = 3^x + \cos x + C$，求 $f(x)$.

（4）若 $f(x)$ 的一个原函数为 $\sin x$，求 $\int f'(x)dx$.

（5）若 $f(x)$ 的一个原函数为 $\sin x$，求 $\left[\int f(x)dx\right]'$.

（6）若 $f(x) = \ln x$，求 $\int (e^{2x} + e^x) f'(e^x)dx$.

2. 求下列不定积分：

（1）$\int \dfrac{1}{x^2}\, dx$；

（2）$\int x^2 \sqrt{x}\, dx$；

（3）$\int (3e)^x dx$；

（4）$\int a^x e^x dx$；

（5）$\int e^{x+3} dx$；

（6）$\int (x^5 + 3e^x + \csc^2 x - 2^x)\, dx$；

（7）$\int \left(\dfrac{x}{2} + \dfrac{3}{x}\right)^2 dx$；

（8）$\int \cos^2 \dfrac{x}{2}\, dx$.

3. 已知函数 $f(x)$ 的导数为 $3x^2 + 1$，且当 $x = 1$ 时，$y = 3$，求 $f(x)$.

4. 已知一条曲线在任一点的切线斜率等于该点横坐标的倒数，且曲线过点 $(e^3, 5)$，求曲线方程.

§4.2 不定积分的换元法

利用不定积分的性质及基本积分公式，只能计算很有限的简单的不定积分，对于更多的比较复杂的不定积分，还需要建立一些基本的积分方法，换元法就是其中之一.

§4.2.1 第一类换元法（凑微分法）

第一类换元法是求复合函数的不定积分的基本方法.

例1 求 $\int \cos 3x \, dx$.

解 因为 $d(3x) = 3dx$，所以

$$\int \cos 3x \, dx = \frac{1}{3} \int 3 \cos 3x \, dx = \frac{1}{3} \int \cos 3x \, d(3x)$$

$$\xupparrow{\text{令}u=3x} \frac{1}{3} \int \cos u \, du = \frac{1}{3} \sin u + C \xupparrow{\text{回代}} \frac{1}{3} \sin 3x + C.$$

经验证计算正确.

上例中，将式 $\int \cos x \, dx = \sin x + C$ 中的 x 换成了 $u = 3x$，对应的公式为

$$\int \cos u \, du = \sin u + C.$$

一般地，有以下定理：

定理 若 $\int f(x) \, dx = F(x) + C$，则 $\int f(u) \, du = F(u) + C$，其中，$u = \varphi(x)$ 是可导函数.（证明从略）.

这个定理表明：在基本积分公式中，把自变量 x 换成任一可导函数 $u = \varphi(x)$ 后公式仍成立. 这就扩充了基本积分公式的使用范围. 应用定理求积分的一般步骤为

$$\int f[\varphi(x)]\varphi'(x) \, dx \xupparrow{\text{凑微分}} \int f[\varphi(x)] \, d\varphi(x)$$

$$\xupparrow{\text{令}u=\varphi(x)} \int f(u) \, du \xupparrow{\text{公式}} F(u) + C \xupparrow{\text{回代}} F[\varphi(x)] + C.$$

以上求积分的方法，叫作第一换元积分法或者凑微分法.

例2 求 $\int e^{5x} \, dx$.

解 因为 $dx = \frac{1}{5} d(5x)$，所以

$$dx = \frac{1}{5} d(5x) \xupparrow{\text{凑微分}} \frac{1}{5} \int e^{5x} \, d(5x) \xupparrow{\text{令}u=5x} \frac{1}{5} \int e^u \, du \xupparrow{\text{公式}} \frac{1}{5} e^u + C = \frac{1}{5} e^{5x} + C.$$

第一换元法关键在于凑微分，即把不定积分中的某一部分凑成 $d\varphi(x)$，这是一种技巧，需要熟记下列一些等式：

$$dx = \frac{1}{a} d(ax + b) \; ; \quad x \, dx = \frac{1}{2} dx^2 \; ; \quad \frac{1}{\sqrt{x}} dx = 2d\sqrt{x} \; ; \quad \frac{1}{x^2} dx = -d\frac{1}{x} \; ;$$

$$\frac{1}{x}\mathrm{d}x = \mathrm{d}\ln|x|; \quad \mathrm{e}^x\mathrm{d}x = \mathrm{d}\mathrm{e}^x; \quad \cos x\mathrm{d}x = \mathrm{d}\sin x; \quad \sin x\mathrm{d}x = -\mathrm{d}\cos x;$$

$$\sec^2 x\mathrm{d}x = \mathrm{d}\tan x; \quad \csc^2 x\mathrm{d}x = -\mathrm{d}\cot x; \quad \frac{1}{1+x^2}\mathrm{d}x = \mathrm{d}\arctan x \text{ 等.}$$

利用以上等式可以对下列类型的不定积分凑微分进行计算：

$$\int f(ax+b)\mathrm{d}x = \frac{1}{a}\int f(ax+b)\mathrm{d}(ax+b)(a \neq 0);$$

$$\int f(x^2) \cdot x\mathrm{d}x = \frac{1}{2}\int f(x^2)\mathrm{d}x^2;$$

$$\int f(\sqrt{x}) \cdot \frac{1}{\sqrt{x}}\mathrm{d}x = 2\int f(\sqrt{x})\mathrm{d}\sqrt{x};$$

$$\int f\left(\frac{1}{x}\right) \cdot \frac{1}{x^2}\mathrm{d}x = \int f\left(\frac{1}{x}\right)\mathrm{d}\frac{1}{x};$$

$$\int f(\ln x) \cdot \frac{1}{x}\mathrm{d}x = \int f(\ln x)\mathrm{d}\ln x;$$

$$\int f(\mathrm{e}^x) \cdot \mathrm{e}^x\mathrm{d}x = \int f(\mathrm{e}^x)\mathrm{d}\mathrm{e}^x;$$

$$\int f(\sin x) \cdot \cos x\mathrm{d}x = \int f(\sin x)\mathrm{d}\sin x;$$

$$\int f(\cos x) \cdot \sin x\mathrm{d}x = -\int f(\cos x)\mathrm{d}\cos x;$$

$$\int f(\tan x) \cdot \sec^2 x\mathrm{d}x = \int f(\tan x)\mathrm{d}\tan x;$$

$$\int f(\cot x) \cdot \csc^2 x\mathrm{d}x = -\int f(\cot x)\mathrm{d}\cot x;$$

$$\int f(\arcsin x) \cdot \frac{1}{\sqrt{1-x^2}}\mathrm{d}x = \int f(\arcsin x)\mathrm{d}\arcsin x;$$

$$\int f(\arctan x) \cdot \frac{1}{1+x^2}\mathrm{d}x = \int f(\arctan x)\mathrm{d}\arctan x.$$

方法熟悉后，换元的中间步骤可以省略，凑成以上某种形式后直接用公式写出结果.

例3 求下列不定积分：

（1）$\int (2x+5)^{10}\mathrm{d}x$；（2）$\int \frac{1}{x\ln x}\mathrm{d}x$；（3）$\int \frac{\arctan x}{1+x^2}\mathrm{d}x$.

解 （1）$\int (2x+5)^{10}\mathrm{d}x = \frac{1}{2}\int (2x+5)^{10}\mathrm{d}(2x+5)$

$$= \frac{1}{2} \cdot \frac{1}{11}(2x+5)^{11} + C = \frac{1}{22}(2x+5)^{11} + C;$$

（2）$\int \frac{1}{x\ln x}\mathrm{d}x = \int \frac{1}{\ln x} \cdot \frac{1}{x}\mathrm{d}x = \int \frac{1}{\ln x}\mathrm{d}\ln x = \ln|\ln x| + C;$

（3）$\int \frac{\arctan x}{1+x^2}\mathrm{d}x = \int \arctan x \cdot \frac{1}{1+x^2}\mathrm{d}x = \int \arctan x\mathrm{d}\arctan x = \frac{1}{2}(\arctan x)^2 + C.$

§4.2.2 第二类换元法

第一类换元法是先凑微分，再用新变量 u 替换 $\varphi(x)$. 但是有些积分是不容易凑成微分的，需要新的积分法，例如，在求不定积分 $\int f(x)\mathrm{d}x$ 时，用一个新变量 t 的函数 $\varphi(t)$ 替换 x（$x = \varphi(t)$ 严格单调、可导），且 $\varphi'(t) \neq 0$. 一般表达式为

$$\int f(x)\mathrm{d}x \xrightarrow{\text{令}x=\varphi(t)} \int f[\varphi(t)]\mathrm{d}\varphi(t) = \int f[\varphi(t)]\varphi'(t)\mathrm{d}t$$
$$= F(t) + C \xrightarrow{t=\varphi^{-1}(x)} F[\varphi^{-1}(x)] + C.$$

以上求积分的方法，叫作第二类换元积分法

第二类换元积分法与第一类换元积分法相反，第一类换元积分法是用新变量 u 替换 $\varphi(x)$，第二类换元积分法是用一个新变量 t 的函数 $\varphi(t)$ 替换 x .

1. 代数代换

例 4 求不定积分 $\displaystyle\int \frac{1}{\sqrt{x}+1}\mathrm{d}x$.

解 为了消去根式，令 $\sqrt{x} = t$，即 $x = t^2$，则 $\mathrm{d}x = 2t\mathrm{d}t$，于是

$$\int \frac{1}{\sqrt{x}+1}\mathrm{d}x = \int \frac{1}{t+1}2t\mathrm{d}t = 2\int \frac{t+1-1}{t+1}\mathrm{d}t = 2\int\left(1-\frac{1}{t+1}\right)\mathrm{d}t$$
$$= 2t - 2\ln|t+1| + C = 2\sqrt{x} - 2\ln(\sqrt{x}+1) + C.$$

例 5 求不定积分 $\displaystyle\int \frac{\mathrm{d}x}{\sqrt{x}(1+\sqrt[3]{x})}$.

解 令 $\sqrt[6]{x} = t$，则 $x = t^6$，$\mathrm{d}x = 6t^5\mathrm{d}t$，

$$原式 = \int \frac{6t^5}{t^3\left(1+t^2\right)}\mathrm{d}t = 6\int \frac{t^2}{1+t^2}\mathrm{d}t = 6\int\left(1-\frac{1}{1-t^2}\right)\mathrm{d}t$$
$$= 6(t - \arctan t) + C = 6(\sqrt[6]{x} - \arctan\sqrt[6]{x}) + C.$$

2. 三角代换（选学）

例 6 求 $\displaystyle\int \sqrt{a^2 - x^2}\mathrm{d}x$.

解 令 $x = a\sin t$（或 $a\cos t$），则

$$\sqrt{a^2 - x^2} = a\cos t, \mathrm{d}x = a\cos t\mathrm{d}t$$

$$原式 = \int a\cos t \cdot a\cos t\mathrm{d}t = a^2\int \frac{1+2\cos 2t}{2}\mathrm{d}t$$

$$= \frac{a^2}{2}\left(\int \mathrm{d}t + \frac{1}{2}\int\cos 2t\mathrm{d}2t\right) = \frac{a^2}{2}t + \frac{a^2}{4}\sin 2t + C.$$

根据 $x = a\sin t$（或 $a\cos t$），作辅助三角形如图 4-2 所示，得

$$\int \sqrt{a^2 - x^2} \, dx = \frac{a^2}{2} \arcsin \frac{x}{a} + \frac{a^2}{4} \cdot 2 \cdot \frac{x}{a} \cdot \frac{\sqrt{a^2 - x^2}}{a} + C$$

$$= \frac{1}{2} a^2 \arcsin \frac{x}{a} + \frac{1}{2} x \sqrt{a^2 - x^2} + C.$$

例 7 求 $\displaystyle\int \frac{dx}{\sqrt{a^2 + x^2}}$.

解 令 $x = a \tan t$ ，则 $\sqrt{a^2 + x^2} = a \sec t$ ， $dx = a \sec^2 t \, dt$ ，

$$原式 = \int \frac{a \sec^2 t \, dt}{a \sec t} = \int \sec t \, dt = \ln(\sec t + \tan t) + C_1.$$

根据 $x = a \tan t$ ，作辅助三角形，如图 4-3 所示，得

$$\int \frac{dx}{\sqrt{a^2 + x^2}} = \ln\left(\frac{\sqrt{x^2 + a^2}}{a} + \frac{x}{a} \right) + C_1$$

$$= \ln(x + \sqrt{x^2 + a^2}) + C(C = C_1 - \ln a).$$

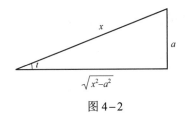

图 4-2

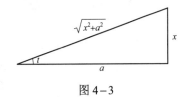

图 4-3

例 8 求 $\displaystyle\int \frac{dx}{\sqrt{x^2 - a^2}} (a > 0)$.

解 为了去掉被积函数中的根号，利用 $\sec^2 x - 1 = \tan^2 x$ ，令 $x = a \sec t$ ，则 $dx = a \sec t \tan t \, dt$ ，于是

$$\int \frac{dx}{\sqrt{x^2 - a^2}} = \int \frac{a \sec t \tan t}{a \tan t} \, dt = \int \sec t \, dt = \ln|\sec t + \tan t| + C_1.$$

根据 $\sec t = \dfrac{x}{a}$ ，作辅助三角形，如图 4-4 所示，得

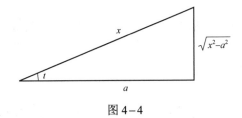

图 4-4

$$\int \frac{dx}{\sqrt{x^2 - a^2}} = \ln|\sec t + \tan t| + C_1 = \ln\left| \frac{x}{a} + \frac{\sqrt{x^2 - a^2}}{a} \right| + C_1$$

$$= \ln\left| x + \sqrt{x^2 - a^2} \right| + C_1 - \ln a = \ln\left| x + \sqrt{x^2 - a^2} \right| + C ,$$

其中 $C = C_1 - \ln a$.

例 9 求 $\int \dfrac{\sqrt{x^2-9}}{x} dx$.

解 令 $x = 3\sec t$，则 $\sqrt{x^2-9} = 3\tan t$，$dx = 3\sec t \tan t dt$，

$$原式 = \int \frac{3\tan t}{3\sec t} \cdot 3\sec t \tan t dt = 3\int \tan^2 t dt = 3\int (\sec^2 t - 1)\, dt$$

$$= 3(\tan t - t) + C$$

$$= 3\left(\frac{\sqrt{x^2-9}}{3} - \arccos\frac{3}{x} \right) + C = \sqrt{x^2-9} - 3\arccos\frac{3}{x} + C.$$

一般地，如果被积函数含有根式 $\sqrt{a^2-x^2}$ 或 $\sqrt{x^2 \pm a^2}$ 时，可作如下变换：

（1）含有 $\sqrt{a^2-x^2}$ 时，令 $x = a\sin t$；

（2）含有 $\sqrt{x^2+a^2}$ 时，令 $x = a\tan t$；

（3）含有 $\sqrt{x^2-a^2}$ 时，令 $x = a\sec t$.

这三种变换称为三角代换．在具体应用时，还需根据被积函数的具体情况，尽可能选取简捷的代换．

习 题 4.2

1. 在括号内填入适当的常数，使等式成立．

（1）$dx = ($ $) d(ax+b)(a \neq 0)$；

（2）$xdx = ($ $) d(x^2+b)$；

（3）$\dfrac{1}{x}dx = ($ $) d(a\ln x + b)(a \neq 0)$；

（4）$\dfrac{1}{\sqrt{x}}dx = ($ $) d(\sqrt{x}+b)$；

（5）$\dfrac{1}{x^2}dx = ($ $) d\left(\dfrac{1}{x}\right)$；

（6）$e^{\alpha x}dx = ($ $) d(e^{\alpha x}+b)$；

（7）$\dfrac{dx}{1+(ax)^2} = ($ $) d(\arctan ax)(a \neq 0)$；

（8）$\dfrac{dx}{\sqrt{1-4x^2}} = ($ $) d(\arcsin 2x)$；

（9）$\sin\dfrac{2}{3}xdx = ($ $) d\left(\cos\dfrac{2}{3}x\right)$；

（10）$\dfrac{xdx}{\sqrt{a^2-x^2}} = ($ $) d(\sqrt{a^2-x^2})$.

2. 判断题．

（1）$\int e^{2x}dx = \int e^{2x}d(2x)$；   （   ）

（2）$\int e^{x+2}dx = \int e^{x+2}d(x+2)$；   （   ）

（3）$\int \cos x \sin x dx = \int \sin x d(\sin x)$；   （   ）

（4）$\int \cos x \sin x dx = \int \cos x d(\cos x)$；   （   ）

（5）$\int \dfrac{1}{1-x}dx = \ln|x-1| + C$；   （   ）

（6）$\int e^{\varphi(x)}\varphi'(x)dx = e^{\varphi(x)} + C$.   （   ）

3. 求下列不定积分.

（1）$\int (3-2x)^3 \mathrm{d}x$ ；

（2）$\int 2^{-2x} \mathrm{d}x$ ；

（3）$\int \dfrac{1}{1-2x} \mathrm{d}x$ ；

（4）$\int \dfrac{1}{\sqrt{x}(1+x)} \mathrm{d}x$ ；

（5）$\int \dfrac{\mathrm{d}x}{(1+2x)^2}$ ；

（6）$\int \dfrac{\mathrm{d}x}{\sqrt[3]{2-3x}}$ ；

（7）$\int \dfrac{\cos x}{\sin^3 x} \mathrm{d}x$ ；

（8）$\int \dfrac{\sin x}{\sqrt{\cos x}} \mathrm{d}x$ ；

（9）$\int \dfrac{1+\ln x}{x} \mathrm{d}x$ ；

（10）$\int \dfrac{\mathrm{d}x}{\mathrm{e}^x + \mathrm{e}^{-x}}$ ；

（11）$\int \dfrac{\mathrm{d}x}{x \ln x}$ ；

（12）$\int x\mathrm{e}^{-x^2} \mathrm{d}x$ ；

（13）$\int x\cos(x^2)\mathrm{d}x$ ；

（14）$\int \dfrac{x\mathrm{d}x}{\sqrt{2-3x^2}}$ ；

（15）$\int \dfrac{3x^3 \mathrm{d}x}{1-x^4}$ ；

（16）$\int \cos^3 x \mathrm{d}x$.

§4.3 不定积分的分部积分法

分部积分法是基本积分法之一，它是由两个函数乘积的微分运算法则推得的一种求积分的基本方法. 这种方法常用于被积函数是两种不同类型函数的积分，如 $\int x^2 3^x \mathrm{d}x$，$\int x^2 \sin x \mathrm{d}x$，$\int x \ln x \mathrm{d}x$，$\int \mathrm{e}^x \cos x \mathrm{d}x$ 等.

设函数 $u=u(x)$，$v=v(x)$ 具有连续导数 $u'=u'(x)$，$v'=v'(x)$，根据乘积微分运算法则 $\mathrm{d}(uv) = v\mathrm{d}u + u\mathrm{d}v$，得 $u\mathrm{d}v = \mathrm{d}(uv) - v\mathrm{d}u$.

两边积分，得 $\int u\mathrm{d}v = uv - \int v\mathrm{d}u$.

上式称为分部积分式，利用上式求不定积分的方法称为分部积分法.

运用分部积分法的关键是选择 u，$\mathrm{d}v$. 一般原则是：

（1）使 v 更容易求出.

（2）新积分 $\int v\mathrm{d}u$ 要比原积分 $\int u\mathrm{d}v$ 容易积出.

例1 求下列不定积分：

（1）$\int x\cos x\mathrm{d}x$ ； （2）$\int x\ln x\mathrm{d}x$ ；   （3）$\int \arcsin x\mathrm{d}x$.

解（1）设 $u=x$，$\mathrm{d}v = \cos x\mathrm{d}x = \mathrm{d}\sin x$，则

$$\int x\cos x\mathrm{d}x = \int x\mathrm{d}\sin x = x\sin x - \int \sin x\mathrm{d}x = x\sin x + \cos x + C.$$

分部积分法运用熟练后，选取 u，$\mathrm{d}v$ 的步骤不必写出.

（2）$\int x\ln x\mathrm{d}x = \int \ln x\mathrm{d}\dfrac{x^2}{2} = \dfrac{x^2}{2}\ln x - \int \dfrac{x^2}{2}\mathrm{d}\ln x$

$\qquad\qquad = \dfrac{x^2}{2}\ln x - \dfrac{1}{2}\int x\mathrm{d}x = \dfrac{1}{2}x^2\ln x - \dfrac{1}{4}x^2 + C.$

（3）$\int \arcsin x\mathrm{d}x = x\arcsin x - \int x\mathrm{d}\arcsin x = x\arcsin x - \int \dfrac{x}{\sqrt{1-x^2}}\mathrm{d}x$

$\qquad\qquad = x\arcsin x + \dfrac{1}{2}\int \dfrac{\mathrm{d}(1-x^2)}{\sqrt{1-x^2}} = x\arcsin x + \sqrt{1-x^2} + C.$

例 2　求 $\int x^2\arctan x\mathrm{d}x$.

解　$\int x^2\arctan x\mathrm{d}x = \dfrac{1}{3}\int \arctan x\mathrm{d}(x^3)$

$\qquad\qquad = \dfrac{1}{3}\left[x^3\arctan x - \int x^3\dfrac{1}{1+x^2}\mathrm{d}x \right]$

$\qquad\qquad = \dfrac{x^3}{3}\arctan x - \dfrac{x^2}{6} + \dfrac{1}{6}\ln(1+x^2) + C.$

例 3　求 $\int \mathrm{e}^x\cos x\mathrm{d}x$.

解

$$\int \mathrm{e}^x\cos x\mathrm{d}x = \int \cos x\mathrm{d}\mathrm{e}^x = \mathrm{e}^x\cos x - \int \mathrm{e}^x\mathrm{d}\cos x$$

$$= \mathrm{e}^x\cos x + \int \mathrm{e}^x\sin x\mathrm{d}x = \mathrm{e}^x\cos x + \int \sin x\mathrm{d}\mathrm{e}^x$$

$$= \mathrm{e}^x\cos x + \mathrm{e}^x\sin x - \int \mathrm{e}^x\mathrm{d}\sin x$$

$$= \mathrm{e}^x(\sin x + \cos x) - \int \mathrm{e}^x\cos x\mathrm{d}x.$$

移项得

$$2\int \mathrm{e}^x\cos x\mathrm{d}x = \mathrm{e}^x(\sin x + \cos x) + C_1.$$

因此

$$\int \mathrm{e}^x\cos x\mathrm{d}x = \dfrac{1}{2}\mathrm{e}^x(\sin x + \cos x) + C.$$

注意：两次分部积分后，出现了循环现象，又回到原来的不定积分，两者系数不同，可通过移项整理得到积分结果，这在分部积分中是常用的技巧.

运用好分部积分公式关键是 u，$\mathrm{d}v$，恰当地选择好 u 和 $\mathrm{d}v$，一般要考虑如下三点：

（1）v 要容易求得（可用凑微分法求出）.

（2）$\int v\mathrm{d}u$ 要比 $\int u\mathrm{d}v$ 容易积出.

（3）u 的选择顺序口诀："指（三）、幂、对、反，谁在后边谁为 u".

分部积分常见类型及 u 和 $\mathrm{d}v$ 的选取归纳如下：

（1）$\int x^n e^x dx$，$\int x^n \sin \beta x dx$，$\int x^n \cos \beta x dx$，可设 $u = x^n$.

（2）$\int x^n \arcsin x dx$，$\int x^n \arctan x dx$，$\int x^n \ln x dx$，可设 $u = \arcsin x$，$\arctan x$，$\ln x$.

（3）$\int e^{ax} \sin \beta x dx$，$\int e^{ax} \cos \beta x dx$，设哪个函数为 u 都可以.

上述情况中 x^n 换为多项式时仍成立.

习 题 4.3

1. 运用分部积分公式 $\int u dv = uv - \int v du$ 的关键是什么？选取 u 和 dv 遵循什么原则？

2. 求下列不定积分：

（1）$\int x \sin x dx$；　　（2）$\int \ln(1 + x^2) dx$；　　（3）$\int x^2 e^x dx$；

（4）$\int \arccos x dx$；　　（5）$\int x \arctan x dx$；　　（6）$\int e^x \sin x dx$.

*§4.4　有理函数积分举例及积分表的使用

§4.4.1　有理分式函数的积分

有理函数的形式：

有理函数是指由两个多项式的商所表示的函数，即具有如下形式的函数

$$\frac{P(x)}{Q(x)} = \frac{a_0 x^n + a_1 x^{n-1} + \cdots + a_{n-1} x + a_n}{b_0 x^m + b_1 x^{m-1} + \cdots + b_{m-1} x + b_m},$$

其中，m 和 n 都是非负整数；$a_0, a_1, a_2, \cdots, a_n$ 及 $b_0, b_1, b_2, \cdots, b_m$ 都是实数，并且 $a_0 \neq 0$，$b_0 \neq 0$. 当 $n < m$ 时，称这个有理函数是真分式；而当 $n \geq m$ 时，称这个有理函数是假分式. 假分式总可以化成一个多项式与一个真分式之和的形式. 例如，

$$\frac{x^3 + x + 1}{x^2 + 1} = \frac{x(x^2 + 1) + 1}{x^2 + 1} = x + \frac{1}{x^2 + 1}.$$

真分式的不定积分：

求真分式的不定积分时，如果分母可因式分解，则先因式分解，然后化成部分分式的和再积分.

例1　求 $\int \frac{x+3}{x^2 - 5x + 6} dx$.

解

$$\int \frac{x+3}{x^2 - 5x + 6} dx = \int \frac{x+3}{(x-2)(x-3)} dx = \int \left(\frac{6}{x-3} - \frac{5}{x-2} \right) dx$$

$$= \int \frac{6}{x-3} dx - \int \frac{5}{x-2} dx$$

$$= 6\ln|x-3| - 5\ln|x-2| + C.$$

提示：$\dfrac{x+3}{(x-2)(x-3)} = \dfrac{A}{x-3} + \dfrac{B}{x-2} = \dfrac{(A+B)x+(-2A-3B)}{(x-2)(x-3)}$.

$$A+B=1，\quad -2A-3B=3，\quad A=6，\quad B=-5 .$$

分母是二次质因式的真分式的不定积分：

例2　求 $\displaystyle\int \dfrac{x-2}{x^2+2x+3}\,\mathrm{d}x$.

解　$\displaystyle\int \dfrac{x-2}{x^2+2x+3}\,\mathrm{d}x = \int\left(\dfrac{1}{2}\cdot\dfrac{2x+2}{x^2+2x+3} - 3\cdot\dfrac{1}{x^2+2x+3}\right)\mathrm{d}x$

$$= \dfrac{1}{2}\int\dfrac{2x+2}{x^2+2x+3}\,\mathrm{d}x - 3\int\dfrac{1}{x^2+2x+3}\,\mathrm{d}x$$

$$= \dfrac{1}{2}\int\dfrac{\mathrm{d}(x^2+2x+3)}{x^2+2x+3} - 3\int\dfrac{\mathrm{d}(x+1)}{(x+1)^2+(\sqrt{2})^2}$$

$$= \dfrac{1}{2}\ln(x^2+2x+3) - \dfrac{3}{\sqrt{2}}\arctan\dfrac{x+1}{\sqrt{2}} + C.$$

提示：$\dfrac{x-2}{x^2+2x+3} = \dfrac{\frac{1}{2}(2x+2)-3}{x^2+2x+3} = \dfrac{1}{2}\cdot\dfrac{x-2}{x^2+2x+3} - 3\cdot\dfrac{1}{x^2+2x+3}$.

例3　求 $\displaystyle\int \dfrac{1}{x(x-1)^2}\mathrm{d}x$.

解　$\displaystyle\int\dfrac{1}{x(x-1)^2}\,\mathrm{d}x = \int\left[\dfrac{1}{x} - \dfrac{1}{x-1} + \dfrac{1}{(x-1)^2}\right]\mathrm{d}x$

$$= \int\dfrac{1}{x}\,\mathrm{d}x - \int\dfrac{1}{x-1}\,\mathrm{d}x + \int\dfrac{1}{(x-1)^2}\,\mathrm{d}x$$

$$= \ln|x| - \ln|x-1| - \dfrac{1}{x-1} + C.$$

提示：$\dfrac{1}{x(x-1)^2} = \dfrac{1-x+x}{x(1-x)^2} = -\dfrac{1}{x(x-1)} + \dfrac{1}{(x-1)^2}$

$$= -\dfrac{1-x+x}{x(x-1)} + \dfrac{1}{(x-1)^2} = \dfrac{1}{x} - \dfrac{1}{x-1} + \dfrac{1}{(x-1)^2} .$$

§4.4.2　三角函数有理式的积分

三角函数有理式是指由三角函数和常数经过有限次四则运算所构成的函数，其特点是分子、分母都包含三角函数的和差和乘积运算．由于各种三角函数都可以用 $\sin x$ 和 $\cos x$ 的有理式表示，故三角函数有理式也就是 $\sin x$ 、$\cos x$ 的有理式．

用于三角函数有理式积分的变换：

把 $\sin x$ 、$\cos x$ 表示成 $\tan\dfrac{x}{2}$ 的函数，然后作变换 $u = \tan\dfrac{x}{2}$，

$$\sin x = 2\sin\frac{x}{2}\cos\frac{x}{2} = \frac{2\tan\frac{x}{2}}{\sec^2\frac{x}{2}} = \frac{2\tan\frac{x}{2}}{1+\tan^2\frac{x}{2}} = \frac{2u}{1+u^2},$$

$$\cos x = \cos^2\frac{x}{2} - \sin^2\frac{x}{2} = \frac{1-\tan\frac{x}{2}}{\sec^2\frac{x}{2}} = \frac{1-u^2}{1+u^2}.$$

变换后原积分就变成了有理函数的积分.

例 4　求 $\displaystyle\int \frac{1+\sin x}{\sin x(1+\cos x)}\,\mathrm{d}x$.

解　令 $u = \tan\dfrac{x}{2}$，则 $\sin x = \dfrac{2u}{1+u^2}$，$\cos x = \dfrac{1-u^2}{1+u^2}$，$x = \arctan u$，$\mathrm{d}x = \dfrac{2}{1+u^2}\,\mathrm{d}u$.

于是

$$\int \frac{1+\sin x}{\sin x(1+\cos x)}\,\mathrm{d}x = \int \frac{\left(1+\dfrac{2u}{1+u^2}\right)}{\dfrac{2u}{1+u^2}\left(1+\dfrac{1-u^2}{1+u^2}\right)}\cdot\frac{2}{1+u^2}\,\mathrm{d}u = \frac{1}{2}\int\left(u+2+\frac{1}{u}\right)\mathrm{d}u$$

$$= \frac{1}{2}\left(\frac{u^2}{2} + 2u + \ln|u|\right) + C$$

$$= \frac{1}{4}\tan^2\frac{x}{2} + \tan\frac{x}{2} + \frac{1}{2}\ln\left|\tan\frac{x}{2}\right| + C.$$

说明：并非所有的三角函数有理式的积分都要通过变换化成有理函数的积分. 例如，

$$\int \frac{\cos x}{1+\sin x}\,\mathrm{d}x = \int \frac{1}{1+\sin x}\,\mathrm{d}(1+\sin x) = \ln(1+\sin x) + C.$$

§4.4.3　积分表的使用

通过前面的讨论可以看出，积分的计算要比导数的计算灵活复杂，为了使用的方便，往往把许多常用的积分公式汇集成表（见本书附录二），这种表叫作积分表，积分表是按照被积函数的类型来排列的，求积分时，可根据被积函数的类型直接地或经过简单变形后，在表内查得所需的结果. 我们先举几个可以直接从积分表中查得的积分例子.

例 5　查表求 $\displaystyle\int \frac{x}{(3x+4)^2}\,\mathrm{d}x$.

解　这是含有 $3x+4$ 的积分，在积分表（一类）中查得公式

$$\int \frac{x}{(ax+b)^2}\,\mathrm{d}x = \frac{1}{a^2}\left(\ln|ax+b| + \frac{b}{ax+b}\right) + C.$$

现在 $a=3, b=4$，于是

$$\int \frac{x}{(3x+4)^2}\,\mathrm{d}x = \frac{1}{9}\left(\ln|3x+4| + \frac{4}{3x+4}\right) + C.$$

例 6　查表求 $\int \sqrt{4-x^2}\,\mathrm{d}x$.

解　被积函数含有 $\sqrt{a^2-x^2}$ ，属于表中（六类）的积分，按式 50，当 $a=2$ 时，得

$$\int \sqrt{4-x^2}\,\mathrm{d}x = \frac{x}{2}\sqrt{4-x^2} + 2\arcsin\frac{x}{2} + C .$$

例 7　查表求 $\int \dfrac{\mathrm{d}x}{x^2(5+4x)}$.

解　被积函数含有 $a+bx$ ，属于表中（一类）的积分，按式 6，得

$$\int \frac{\mathrm{d}x}{x^2(a+bx)} = -\frac{1}{ax} + \frac{b}{a^2}\ln\left|\frac{a+bx}{x}\right| + C .$$

当 $a=5, b=4$ 时，有

$$\int \frac{\mathrm{d}x}{x^2(5+4x)} = -\frac{1}{5x} + \frac{4}{25}\ln\left|\frac{5+4x}{x}\right| + C .$$

例 8　查表求 $\int \sin^4 x\,\mathrm{d}x$.

解　这是含三角函数的积分．在积分表（十一类）中查得公式

$$\int \sin^n x\,\mathrm{d}x = -\frac{1}{n}\sin^{n-1}x\cos x + \frac{n-1}{n}\int \sin^{n-2}x\,\mathrm{d}x, \int \sin^2 x\,\mathrm{d}x = \frac{x}{2} - \frac{1}{4}\sin 2x + C .$$

这里 $n=4$ ，于是

$$\int \sin^4 x\,\mathrm{d}x = -\frac{1}{4}\sin^3 x\cos x + \frac{3}{4}\int \sin^2 x\,\mathrm{d}x = -\frac{1}{4}\sin^3 x + \frac{3}{4}\left(\frac{x}{2} - \frac{1}{4}\sin 2x\right) + C$$

$$= -\frac{1}{4}\sin^3 x\cos x + \frac{3}{8}x - \frac{1}{16}\sin 2x + C .$$

例 9　查表求 $\int \dfrac{\mathrm{d}x}{5-4\cos x}$.

解　这是含三角函数的积分．在积分表（十一类）中查得式

$$\int \frac{\mathrm{d}x}{a+b\cos x} = \frac{2}{a+b}\sqrt{\frac{a+b}{a-b}}\arctan\left(\sqrt{\frac{a-b}{a+b}}\tan\frac{x}{2}\right) + C\,(a^2>b^2) .$$

这里 $a=5, b=-4(a^2>b^2)$ ，于是

$$\int \frac{\mathrm{d}x}{5-4\cos x} = \frac{2}{5+(-4)}\sqrt{\frac{5+(-4)}{5-(-4)}}\arctan\left(\sqrt{\frac{5-(-4)}{5+(-4)}}\tan\frac{x}{2}\right) + C$$

$$= \frac{2}{3}\arctan\left(3\tan\frac{x}{2}\right) + C .$$

例 10　查表求 $\int \dfrac{\mathrm{d}x}{x\sqrt{4x^2+9}}$.

解　因为 $\displaystyle\int \frac{\mathrm{d}x}{x\sqrt{4x^2+9}} = \frac{1}{2}\int \frac{\mathrm{d}x}{x\sqrt{x^2+\left(\dfrac{3}{2}\right)^2}}$ ，

所以这是含有 $\sqrt{x^2+a^2}$ 的积分，这里 $a=\dfrac{3}{2}$，在积分表（六类）中查得式

$$\int \frac{\mathrm{d}x}{x\sqrt{x^2+a^2}}=\frac{1}{a}\ln\frac{\sqrt{x^2+a^2}-a}{|x|}+C.$$

于是

$$\int \frac{\mathrm{d}x}{x\sqrt{4x^2+9}}=\frac{1}{2}\cdot\frac{2}{3}\ln\frac{\sqrt{x^2+\left(\frac{3}{2}\right)^2}-\frac{3}{2}}{|x|}+C=\frac{1}{3}\ln\frac{\sqrt{4x^2+9}-3}{2|x|}+C.$$

一般来说，查积分表可以节省计算积分的时间，但是，只有掌握了前面学过的基本积分方法才能灵活地使用积分表，而且对一些比较简单的积分，应用基本积分方法来计算比查表更快些，例如，对 $\int \sin^2 x\cos^2 x\mathrm{d}x$，用变换 $\mathrm{d}u=\mathrm{d}\sin x$ 很快就可以得到结果，所以，求积分时究竟是直接计算，还是查表，或是两者结合使用，应该作具体分析，不能一概而论.

习 题 4.4

1. 求下列不定积分：

（1）$\displaystyle\int \frac{x^3}{x+3}\mathrm{d}x$；　　　（2）$\displaystyle\int \frac{x+1}{(x-1)(x-2)}\mathrm{d}x$；　　　（3）$\displaystyle\int \frac{2x+3}{x^2+3x-10}\mathrm{d}x$；

（4）$\displaystyle\int \frac{\mathrm{d}x}{x(x^2+1)}$；　　　（5）$\displaystyle\int \frac{\mathrm{d}x}{3+5\cos x}$；　　　（6）$\displaystyle\int \frac{\mathrm{d}x}{1+\sin x}$.

2. 利用积分表求下列不定积分：

（1）$\displaystyle\int \frac{\mathrm{d}x}{\sqrt{4x^2-9}}$；　　　（2）$\displaystyle\int \frac{1}{x^2+2x+5}\mathrm{d}x$；　　　（3）$\displaystyle\int \frac{\mathrm{d}x}{\sqrt{5-4x+x^2}}$；

（4）$\displaystyle\int \sqrt{2x^2+9}\mathrm{d}x$；　　　（5）$\displaystyle\int \sqrt{3x^2-2}\mathrm{d}x$；　　　（6）$\displaystyle\int \mathrm{e}^{2x}\cos x\mathrm{d}x$；

（7）$\displaystyle\int x\arcsin\frac{x}{2}\mathrm{d}x$；　　　（8）$\displaystyle\int \ln^3 x\mathrm{d}x$.

课外阅读：科学史上著名的公案

如果将整个数学比作一棵大树，那么初等数学是树的根，名目繁多的数学分支是树枝，而树干的主要部分就是微积分. 微积分堪称是人类智慧最伟大的成就之一.

从 17 世纪开始，随着社会的进步和生产力的发展，以及如航海、天文、矿山建设等许多课题要解决，数学也开始研究变化着的量，数学进入了"变量数学"时代，即微积分不断完善成为一门学科. 整个 17 世纪有数十位科学家为微积分的创立做了开创性的研究，但使微积分成为数学的一个重要分枝的还是牛顿和莱布尼茨.

1. 微积分的思想

从微积分成为一门学科来说，是在 17 世纪，但是，微分和积分的思想早在古代就已经产生了. 公元前 3 世纪，古希腊的数学家、力学家阿基米德（公元前 287—前 212）的著作

《圆的测量》和《论球与圆柱》中就已含有微积分的萌芽，他在研究解决抛物线下的弓形面积、球和球冠面积、螺线下的面积和旋转双曲线的体积的问题中就隐含着近代积分的思想．作为微积分的基础极限理论来说，早在我国的古代就有非常详尽的论述，比如庄周所著的《庄子》一书中的"天下篇"中，著有"一尺之棰，日取其半，万世不竭."三国时期的高徽在他的割圆术中提出"割之弥细，所失弥少，割之又割以至于不可割，则与圆合体而无所失矣."他在 1615 年《测量酒桶体积的新科学》一书中，就把曲线看成边数无限增大的直线形．圆的面积就是无穷多的三角形面积之和，这些都可视为极限思想的佳作．意大利数学家卡瓦列利在 1635 年出版的《连续不可分几何》，就把曲线看成由无限多条线段（不可分量）拼成的．这些都为后来的微积分的诞生作了思想准备．

2. 解析几何为微积分的创立奠定了基础

由于 16 世纪以后欧洲封建社会日趋没落，取而代之的是资本主义的兴起，这为科学技术的发展开创了美好前景．到了 17 世纪，有许多著名的数学家、天文学家、物理学家都为解决上述问题做了大量的研究工作．

笛卡尔 1637 年发表了《科学中的正确运用理性和追求真理的方法论》（简称《方法论》），从而确立了解析几何，表明了几何问题不仅可以归结成为代数形式，而且可以通过代数变换来发现几何性质，证明几何性质．他不仅用坐标表示点的位置，而且把点的坐标运用到曲线上．他认为点移动成线，所以方程不仅可表示已知数与未知数之间的关系，表示变量与变量之间的关系，还可以表示曲线，于是方程与曲线之间建立起对应关系．此外，笛卡尔打破了表示体积、面积及长度的量之间不可相加减的束缚．于是几何图形各种量之间可以化为代数量之间的关系，使得几何与代数在数量上统一了起来．笛卡尔就这样把相互对立着的"数"与"形"统一起来，从而实现了数学史的一次飞跃，而且更重要的是它为微积分的成熟提供了必要的条件，从而开拓了变量数学的广阔空间．

3. 牛顿的"流数术"

数学史的另一次飞跃就是研究"形"的变化．17 世纪生产力的发展推动了自然科学和技术的发展，不但使已有的数学成果得到进一步巩固、充实和扩大，而且由于实践的需要，开始研究运动着的物体和变化的量，这样就获得了变量的概念，研究变化着的量的一般性和它们之间的依赖关系．到了 17 世纪下半叶，在前人创造性研究的基础上，英国大数学家、物理学家牛顿（1642—1727 年）是从物理学的角度研究微积分的，他为了解决运动问题，创立了一种和物理概念直接联系的数学理论，即牛顿称之为"流数术"的理论，这实际上就是微积分理论．牛顿的有关"流数术"的主要著作是《求曲边形面积》《运用无穷多项方程的计算法》《流数术和无穷极数》．这些概念是力的概念的数学反映．牛顿认为任何运动存在于空间，依赖于时间，因而他把时间作为自变量，把和时间有关的固变量作为流量，不仅这样，他还把几何图形——线、角、体，都看作力学位移的结果．因而，一切变量都是流量．

牛顿指出，"流数术"基本上包括三类问题：

（1）已知流量之间的关系，求它们的流数的关系，这相当于微分学．

（2）已知表示流数之间的关系的方程，求相应的流量间的关系．这相当于积分学，牛顿意义下的积分法不仅包括求原函数，还包括解微分方程．

（3）"流数术"应用范围包括计算曲线的极大值、极小值，求曲线的切线和曲率，求曲线长度及计算曲边形面积等.

牛顿已完全清楚上述（1）与（2）两类问题中的运算是互逆的运算，于是建立起微分学和积分学之间的联系. 牛顿在 1665 年 5 月 20 日的一份手稿中提到"流数术"，因而有人把这一天作为诞生微积分的标志.

4. 莱布尼茨使微积分更加简洁和准确

德国数学家莱布尼茨(G.W. Leibniz 1646—1716 年)则是从几何方面独立发现了微积分，在牛顿和莱布尼茨之前至少有数十位数学家研究过，他们为微积分的诞生作了开创性贡献. 但是他们这些工作是零碎的、不连贯的，缺乏统一性. 莱布尼茨创立微积分的途径与方法与牛顿是不同的. 莱布尼茨是经过研究曲线的切线和曲线包围的面积，运用分析学方法引进微积分概念、得出运算法则的. 牛顿在微积分的应用上更多地结合了运动学，造诣较莱布尼茨高一等，但莱布尼茨的表达形式采用数学符号却又远远优于牛顿一筹，既简洁又准确地揭示出微积分的实质，强有力地促进了高等数学的发展.

莱布尼茨创造的微积分符号，正像印度阿拉伯数码促进了算术与代数发展一样，促进了微积分学的发展. 莱布尼茨是数学史上最杰出的符号创造者之一.

牛顿当时采用的微分和积分符号现在不用了，而莱布尼茨所采用的符号现今仍在使用. 莱布尼茨比别人更早更明确地认识到，好的符号能大大节省思维劳动，运用符号的技巧是数学成功的关键之一.

5. 留给后人的思考

从始创微积分的时间来说，牛顿比莱布尼茨大约早 10 年，但从正式公开发表的时间来说，牛顿却比莱布尼茨要晚. 牛顿系统论述"流数术"的重要著作《流数术和无穷极数》是 1671 年写成的，但因 1676 年伦敦大火殃及印刷厂，致使该书 1736 年才发表，这比莱布尼茨的论文要晚半个世纪. 后人通过研究莱布尼茨的手稿还发现，莱布尼茨和牛顿是从不同的思路创建微积分的：牛顿是为解决运动问题，先有导数概念，后有积分概念；莱布尼茨则反过来，受其哲学思想的影响，先有积分概念，后有导数概念. 牛顿仅仅是把微积分当作物理研究的数学工具，而莱布尼茨则意识到了微积分将会给数学带来一场革命. 这些似乎又表明莱布尼茨像他一再声称的那样，是自己独立地创建微积分的. 即使莱布尼茨不是独立地创建微积分，他也对微积分的发展作出了重大贡献. 莱布尼茨对微积分表述得更清楚，采用的符号系统比牛顿的更直观、合理，被普遍采纳沿用至今. 因此现在的教科书一般把牛顿和莱布尼茨共同列为微积分的创建者. 实际上，如果这个事件发生在现在的话，莱布尼茨会毫无争议地被视为微积分的创建者，因为现在的学术界遵循的是谁先发表谁就拥有发现权的原则，反对长期对科学发现秘而不宣. 至于两人之间私下的恩怨，谁说得清呢？尤其是在有国家荣耀、民族情绪参与其中时，更难以达成共识. 牛顿与莱布尼茨之争，演变成了英国科学界与德国科学界乃至与整个欧洲大陆科学界的对抗. 英国数学家此后在很长一段时间内不愿接受欧洲大陆数学家的研究成果. 他们坚持教授、使用牛顿那套落后的微积分符号和过时的数学观念，使得英国的数学研究停滞了一个多世纪，直到 1820 年才愿意承认其他国家的数学成果，重新加入国际主流.

牛顿与莱布尼茨之争无损于莱布尼茨的名声，对英国的科学事业却是一场灾难. 虽然说"科学没有国界，但是科学家有祖国"（巴斯德语），但是让民族主义干扰了科学研究，就很容易变成了科学也有国界，被排斥于国际科学界之外，反而妨碍了本国的科学发展.

牛顿和莱布尼茨的特殊功绩在于，他们站在更高的角度，分析和综合了前人的工作，将前人解决各种具体问题的特殊技巧，统一为两类普通的算法——微分与积分，并发现了微分和积分互为逆运算，建立了所谓的微积分基本定理（现今称为牛顿——莱布尼茨公式），从而完成了微积分发明中最关键的一步，并为其深入发展和广泛应用铺平了道路．由于受当时历史条件的限制，牛顿和莱布尼茨建立的微积分的理论基础还不十分牢靠，有些概念比较模糊，因此引发了长期关于微积分的逻辑基础的争论和探讨．经过 18 世纪、19 世纪一大批数学家的努力，特别是在法国数学家柯西首先成功地建立了极限理论之后，以极限的观点定义了微积分的基本概念，并简洁而严格地证明了微积分基本定理即牛顿—莱布尼茨公式，才给微积分建立了一个基本严格的完整体系．

16 世纪下半叶，两个巨星般的人物：牛顿和莱布尼茨，照亮了整个科学的天空．迄今为止，他们的思想和方法仍然深刻地影响着我们的思维．

本 章 小 结

一、基本概念

（1）原函数的定义．

（2）不定积分的定义，不定积分是求导的逆运算，最后的结果是函数+C 的表达形式．公式可以用求导公式来记忆．

二、不定积分的性质

（1）$\left[\int f(x)\mathrm{d}x\right]' = f(x)$ 或 $\mathrm{d}\int f(x)\mathrm{d}x = f(x)\mathrm{d}x$．

（2）$\int F'(x)\mathrm{d}x = F(x)+C$ 或 $\int \mathrm{d}F(x) = F(x)+C$．

（3）$\int [f(x) \pm \varphi(x) \pm \cdots \pm \psi(x)]\mathrm{d}x = \int f(x)\mathrm{d}x \pm \int \varphi(x)\mathrm{d}x \pm \cdots \pm \int \psi(x)\mathrm{d}x$．

（4）$\int k f(x)\mathrm{d}x = k\int f(x)\mathrm{d}x$（$k$ 为常数且 $k \neq 0$）．

三、基本积分公式（要求熟练记忆）

（1）$\int 0\mathrm{d}x = C$；

（2）$\int x^a \mathrm{d}x = \dfrac{1}{a+1}x^{a+1}+C(a \neq -1)$；

（3）$\int \dfrac{1}{x}\mathrm{d}x = \ln|x|+C$；

（4）$\int a^x \mathrm{d}x = \dfrac{1}{\ln a}a^x+C(a>0, a \neq 1)$；

（5）$\int \mathrm{e}^x \mathrm{d}x = \mathrm{e}^x+C$；

（6）$\int \sin x\mathrm{d}x = -\cos x+C$；

（7）$\int \cos x\mathrm{d}x = \sin x+C$；

（8）$\int \dfrac{1}{\cos^2 x}\mathrm{d}x = \tan x+C$；

（9）$\int \dfrac{1}{\sin^2 x}\mathrm{d}x = -\cot x+C$；

（10）$\int \dfrac{1}{\sqrt{1-x^2}}\mathrm{d}x = \arcsin x+C$；

（11）$\int \dfrac{1}{1+x^2} dx = \arctan x + C$.

四、积分方法

（1）直接积分法.

（2）换元积分法：① 凑微分法.

$$\int f[\varphi(x)]\varphi'(x)dx \xrightarrow{\text{凑微分}} \int f[\varphi(x)]d\varphi(x) \xrightarrow{\text{令}u=\varphi(x)} \int f(u)du = F(u) + C \xrightarrow{\text{回代}} F[\varphi(x)] + C.$$

这种先"凑"微分式，再作变量置换的方法，叫第一类换元积分法，也称**凑微分法**.

凑微分法运用时的难点在于原题并未指明应该把哪一部分凑成 $d\varphi(x)$，这需要解题经验，如果记熟下列一些微分式，则会给我们以启示.

$$dx = \frac{1}{a}d(ax+b) \; ; \quad xdx = \frac{1}{2}d(x^2) \; ; \quad \frac{dx}{\sqrt{x}} = 2d(\sqrt{x}) \; ;$$

$$e^x dx = d(e^x) \; ; \quad \frac{1}{x}dx = d(\ln|x|) \; ; \quad \sin x dx = -d(\cos x) \; ;$$

$$\cos x dx = d(\sin x) \; ; \quad \sec^2 x dx = d(\tan x) \; ; \quad \csc^2 x dx = -d(\cot x) \; ;$$

$$\frac{dx}{\sqrt{1-x^2}} = d(\arcsin x) \; ; \quad \frac{dx}{1+x^2} = d(\arctan x) \; .$$

② 第二类换元法.

第一类换元积分方法是选择新的积分变量 $u = \varphi(x)$，但对有些被积函数则需要作相反方式的换元，即令 $x = \varphi(t)$，把 t 作为新积分变量，才能积出结果，即

$$\int f(x)dx \xrightarrow[\text{换元}]{x=\varphi(t)} \int f[\varphi(t)]\varphi'(t)dt \xrightarrow{\text{积分}} F(t) + C \xrightarrow[\text{回代}]{t=\varphi^{-1}(x)} F[\varphi^{-1}(x)] + C.$$

这种方法叫**第二类换元法**.

使用第二类换元法关键是恰当地选择变换函数 $x = \varphi(t)$，对于 $x = \varphi(t)$，要求其单调可导，$\varphi'(t) \neq 0$ 且其反函数 $t = \varphi^{-1}(x)$ 存在.

（3）分部积分法：$\int u dv = uv - \int v du$.

运用好分部积分公式关键是 u, dv，恰当地选择好 u 和 dv，一般要考虑如下三点：

（1）v 要容易求得（可用凑微分法求出）.

（2）$\int v du$ 要比 $\int u dv$ 容易积出.

（3）u 的选择顺序口诀："反、对、幂、三、指".

数学实验与应用四

【实验课题】

用 Mathematica 计算不定积分.

基本语句：

Integrate [f [x], x] +C

功能：计算不定积分 $\int f(x)\mathrm{d}x$.

【实验内容】

计算下列不定积分：

(1) $\int (x^3 - 2x + 1)\,\mathrm{d}x$;　　　(2) $\int \dfrac{x^4 - 2}{x^2 + 1}\,\mathrm{d}x$;　　　(3) $\int \tan^2 x\mathrm{d}x$;

(4) $\int \dfrac{\sqrt{x} - 1}{x^2}\mathrm{d}x$;　　　(5) $\int x^3 \mathrm{e}^x \mathrm{d}x$;　　　(6) $\int (\ln x - 2x)\mathrm{d}x$.

输入并运行下列 Mathematica 语句：

f1[x_] := x^3−2x+1;

f2[x_] := (x^4−2)/(x^2 + 1);

f3[x_] := Tan[x]^2;

f4[x_] := (Sqrt[x]−1)/x^2;

f5[x_] := x^3Exp[x];

f6[x_] := Log[x] − 2x

Integrate[{f1[x],f2[x],f3[x],f4[x],f5[x],f6[x]},x] + C

结果显示：

C+x−x²+x⁴/4, C−x−ArcTan[x]+x³/3, C−x+Tan[x], C+1/x−2/$\sqrt{x}$,

C+x³Exp[x]−3x³Exp[x]+6xExp[x]−6Exp[x], C−x+xLog[x]

复 习 题 四

1. 填空题：

(1) 若 $\forall x \in I$ ，有 $F'(x) = f(x)$ ，则_____是_____的原函数.

(2) 设 $f(x) = a$ （ a 为任意常数），则 $\int f(x)\mathrm{d}x \equiv$ _____.

(3) 函数 $f(x)$ 的_____称为 $f(x)$ 的不定积分.

(4) 若 $\int f(x)\mathrm{d}x \equiv 3\mathrm{e}^{2x} + C$ ，则 $f(x) =$ _____.

(5) $\int (\sin x)'\mathrm{d}x =$ _____.

(6) 函数 $y = \arccos x$ 是函数 $f(x) =$ _____的一个原函数.

(7) $\int x^2 \sqrt{x}\mathrm{d}x =$ _____.

(8) 设 $x\mathrm{e}^{-x}$ 为 $f(x)$ 的一个原函数，则 $\int xf(x)\mathrm{d}x =$ _____.

2. 选择题：

(1) 若 $F'(x) = f(x)$ ，则 $\int \mathrm{d}F(x) =$ （　　　）.

A. $f(x)$ B. $F(x)$ C. $f(x)+C$ D. $F(x)+C$

（2）下列函数中不是 $f(x)=\dfrac{1}{1+x^2}$ 的原函数的是（　　）.

A. $F(x)=\operatorname{arccot}\dfrac{1}{x}+C$ B. $F(x)=\arctan\dfrac{1}{x}+C$

C. $F(x)=\arctan x+C$ D. $F(x)=-\operatorname{arccot} x+C$

（3）设 $f(x)$ 为可导函数，则下列各式中正确的是（　　）.

A. $\left[\displaystyle\int f'(x)\mathrm{d}x\right]'=f(x)$ B. $\displaystyle\int f'(x)\mathrm{d}x=f(x)$

C. $\left[\displaystyle\int f(x)\mathrm{d}x\right]'=f(x)$ D. $\left[\displaystyle\int f(x)\mathrm{d}x\right]'=f(x)+C$

（4）若 $\displaystyle\int f(x)\mathrm{d}x=2\sin\dfrac{x}{2}+C$ ，则 $f(x)=$ （　　）.

A. $\cos\dfrac{x}{2}+C$ B. $\cos\dfrac{x}{2}$ C. $2\cos\dfrac{x}{2}+C$ D. $2\sin\dfrac{x}{2}$

（5）下列不定积分中正确的是（　　）.

A. $\displaystyle\int\arctan x\mathrm{d}x=\dfrac{1}{1+x^2}+C$ B. $\displaystyle\int\dfrac{1}{\sqrt{1-x^2}}\mathrm{d}x=-\arccos x+C$

C. $\displaystyle\int\sin(-x)\mathrm{d}x=-\cos(-x)+C$ D. $\displaystyle\int x\mathrm{d}x=\dfrac{1}{2}x^2$

3. 求下列不定积分：

（1）$\displaystyle\int\dfrac{x^3-8}{x-2}\mathrm{d}x$ ；   （2）$\displaystyle\int\left(\dfrac{1}{x}-2^x+5\cos x\right)\mathrm{d}x$ ；

（3）$\displaystyle\int\dfrac{\cos\sqrt{x}}{\sqrt{x}}\mathrm{d}x$ ；   （4）$\displaystyle\int\dfrac{2x-3}{x^2-3x+8}\mathrm{d}x$ ；

（5）$\displaystyle\int\dfrac{x^3}{\sqrt[3]{x^4+1}}\mathrm{d}x$ ；   （6）$\displaystyle\int\sin^2 x\mathrm{d}x$ ；

（7）$\displaystyle\int(\ln x)^2\mathrm{d}x$ ；   （8）$\displaystyle\int\dfrac{1}{x^2-1}\mathrm{d}x$.

4. 设曲线 $y=f(x)$ 通过点 $(1,1)$ ，且其上任一点处的切线斜率 $k=3x^2$ ，求此曲线的方程.

5. 证明：函数 $F_1(x)=\dfrac{1}{2}\sin^2 x,F_2(x)=-\dfrac{1}{2}\cos^2 x$ 和 $F_3(x)=-\dfrac{1}{4}\cos 2x$ 都是函数 $f(x)=\sin x\cos x$ 的原函数.

第五章 定积分及其应用

[**目标**]理解定积分的概念和性质，掌握牛顿—莱布尼茨公式的应用，理解微元法的概念和思想，掌握定积分在几何上的应用，了解定积分在物理和经济方面的应用.

[**导读**]上一章我们讨论了积分学的第一个基本问题——不定积分，它是作为微分的逆运算而引入的. 本章我们将研究积分学中的第二个问题——定积分. 它主要解决一类"和数极限"的计算问题. 先从实例引出定积分的概念，讨论定积分的基本性质，揭示出定积分与不定积分的关系，找出定积分的计算方法，给出定积分的一些简单应用，并简要介绍广义积分的概念.

§5.1 定积分的概念及基本性质

§5.1.1 定积分的概念

一、引例

1. 曲边梯形的面积

在初等数学中，我们对于一些规则图形如三角形、矩形、梯形等给出了面积计算公式，但现实中还存在着许多以曲线为边缘的平面图形，这类图形的面积计算就需要引入新的方法加以解决.

先从平面图形中较为简单的曲边梯形的面积问题来加以考虑. 所谓曲边梯形是指如图 5-1 所示的图形，设这曲边梯形是由连续曲线 $y = f(x)$（不妨设 $f(x) \geq 0$）和直线 $x = a, x = b, y = 0$ 所围成的. 求其面积 A.

将曲边梯形与矩形的面积比较可以看出，矩形的高是常量，而曲边梯形的高 $f(x)$ 是变量. 因此，不能直接用矩形的面积公式计算曲边梯形的面积. 为此，我们用细分、近似代替、作和、取极限的思想来解决. 其具体步骤如下：

（1）分割

（见图 5-2）在 $[a,b]$ 上任意插入 $n-1$ 个分点，使

$$a = x_0 < x_1 < x_2 < \cdots < x_{i-1} < x_i \cdots < x_{n-1} < x_n = b.$$

将区间 $[a,b]$ 分成 n 个子区间 $[x_{i-1}, x_i](i = 1, 2, \cdots, n)$，其长度记为

$$\Delta x_i = x_i - x_{i-1} \quad (i = 1, 2, \cdots, n).$$

过各分点 $x_i(i = 1, 2, \cdots, n-1)$ 作 x 轴的垂线，将原曲边梯形划分成 n 个小曲边梯形.

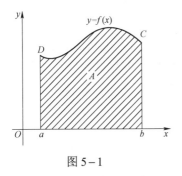

图 5-1

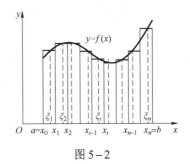

图 5-2

（2）"以直代曲"，取近似值.

在每个子区间 $[x_{i-1}, x_i]$ 上任取一点 $\xi_i(x_{i-1} \leqslant \xi_i \leqslant x_i)$. 当子区间长度 Δx_i 很小时，用以 Δx_i 为宽，$f(\xi_i)$ 为高的小矩形面积近似代替小曲边梯形的面积 $\Delta A_i (i=1,2,\cdots,n)$，即

$$\Delta A_i \approx f(\xi_i) \cdot \Delta x_i.$$

（3）作和式.

将这 n 个小曲边梯形面积的近似值相加，就得到曲边梯形的面积 A 的近似值，即

$$A = \sum_{i=1}^{n} \Delta A_i \approx \sum_{i=1}^{n} f(\xi_i) \cdot \Delta x_i.$$

（4）求极限.

显然，分割越细，即 $\Delta x_i (i=1,2,\cdots,n)$ 越小，则 $f(\xi_i) \cdot \Delta x_i$ 的值与 ΔA_i 就越接近，从而 $\sum_{i=1}^{n} f(\xi_i) \cdot \Delta x_i$ 亦越接近于曲边梯形的面积 A，为了保证每个子区间的长度无限小，令

$$\lambda = \max\{\Delta x_i\}(i=1,2,\cdots,n).$$

我们称为最大子区间长度，当 $\lambda \to 0$ 时（这时子区间数 n 无限增多，即 $n \to \infty$），若 $\sum_{i=1}^{n} f(\xi_i) \cdot \Delta x_i$ 的极限存在，则可以认为此极限就是曲边梯形面积 A 的精确值，即

$$A = \lim_{\lambda \to 0} \sum_{i=1}^{n} f(\xi_i) \cdot \Delta x_i.$$

由此把曲边梯形的面积归结为一个和式的极限问题.

2. 变速直线运动的路程

设某物体做直线运动，且其速度 $v = v(t)$ 是时间段 $[T_1, T_2]$ 上的 t 的连续函数 $(v(x) \geqslant 0)$，求物体在该时间段内所经过的路程 S. 这是一个变速直线运动的路程问题.

在物理学中，我们知道匀速直线运动的路程计算公式为

路程＝速度×时间

因为物体做变速直线运动，所以路程不能简单地按匀速直线运动的路程公式来计算.

解决这个问题的思路和步骤与求曲边梯形的面积相似.

（1）分割：用分点 $T_1 = t_0 < t_1 < t_2 < \cdots < t_{i-1} < t_i \cdots < t_{n-1} < t_n = T_2$，将总的时间间隔 $[T_1, T_2]$ 分成 n 个子区间 $[t_{i-1}, t_i](i=1,2,\cdots,n)$，记它们的长度为

$$\Delta t_i = t_i - t_{i-1}(i=1,2,\cdots,n).$$

（2）"以不变代变"，取近似值.

把每小段时间 $[t_{i-1}, t_i]$ 上的运动视作匀速，任选一时刻 $\xi_i(t_{i-1} \leq \xi_i \leq t_i)$，作乘积 $v(\xi_i) \cdot \Delta t_i (i = 1, 2, \cdots, n)$，显然在这小段时间内所经过的路程 ΔS_i 可近似地表示为

$$\Delta S_i \approx v(\xi_i) \cdot \Delta t_i \quad (i = 1, 2, \cdots, n).$$

（3）作和式：将 n 个小段时间上的路程相加，就得总路程 S 的近似值为

$$S = \sum_{i=1}^{n} \Delta S_i \approx \sum_{i=1}^{n} v(\xi_i) \cdot \Delta t_i.$$

（4）求极限：显然，当 $\lambda = \max\{\Delta t_i\} \to 0$ 时，若 $\sum_{i=1}^{n} v(\xi_i) \cdot \Delta t_i$ 的极限存在，则这个极限值可以作为 S 的精确值，即

$$S = \lim_{\lambda \to 0} \sum_{i=1}^{n} v(\xi_i) \cdot \Delta t_i.$$

上述两个实际问题，虽然意义不同，但解决问题的方法完全相同，都是采用分割、取近似值、作和式、求极限四个步骤，并且最终具有完全相同的数学模式——和式的极限.

二、定积分的定义

定义 5.1 设函数 $f(x)$ 在区间 $[a, b]$ 上有定义，任取分点，

$$a = x_0 < x_1 < x_2 < \cdots < x_{i-1} < x_i \cdots < x_{n-1} < x_n = b.$$

将区间 $[a, b]$ 分成 n 个子区间 $[x_{i-1}, x_i](i = 1, 2, \cdots, n)$，记 $\Delta x_i = x_i - x_{i-1}$ 为第 i 个子区间的长度. 在每个子区间上任取一点 $\xi_i(x_{i-1} \leq \xi_i \leq x_i)$，作函数值 $f(\xi_i)$ 与相应子区间长度 Δx_i 的积 $f(\xi_i) \cdot \Delta x_i (i = 1, 2, \cdots, n)$，并作和式

$$\sum_{i=1}^{n} f(\xi_i) \cdot \Delta x_i.$$

记 $\lambda = \max\{\Delta x_i\}(i = 1, 2, \cdots, n)$，如果不论对 $[a, b]$ 怎样分，也不论在子区间 $[x_{i-1}, x_i]$ 上点 ξ_i 怎样取，极限

$$A = \lim_{\lambda \to 0} \sum_{i=1}^{n} f(\xi_i) \cdot \Delta x_i$$

存在，则称函数 $f(x)$ 在 $[a, b]$ 上**可积**，且称这个极限是 $f(x)$ 在区间 $[a, b]$ 上的**定积分**（简称**积分**），记为 $\int_a^b f(x)\mathrm{d}x$，即

$$\int_a^b f(x)\mathrm{d}x = \lim_{\lambda \to 0} \sum_{i=1}^{n} f(\xi_i) \cdot \Delta x_i.$$

其中，$f(x)$ 称为**被积函数**；$f(x)\mathrm{d}x$ 称为**被积表达式**；x 称为**积分变量**；$[a, b]$ 称为**积分区间**；a 称为**积分下限**；b 称为**积分上限**.

由定积分定义可知，前述的曲边梯形面积 A 可表示为 $A = \int_a^b f(x)\mathrm{d}x$.

变速直线运动的路程 S 可表示为 $S = \int_{T_1}^{T_2} v(t)\mathrm{d}t$.

对定积分的定义需要说明的是：

（1）定积分是一个数值，它只与积分区间和被积函数有关，而与$[a,b]$的分法和ξ_i的取法无关，亦与积分变量的记号无关，故若$\int_a^b f(x)\mathrm{d}x$存在，则有

$$\int_a^b f(x)\mathrm{d}x = \int_a^b f(u)\mathrm{d}u = \int_a^b f(t)\mathrm{d}t .$$

（2）在定义中假设了$a < b$，为了计算方便，规定

$$\int_a^b f(x)\mathrm{d}x = -\int_b^a f(x)\mathrm{d}x .$$

$$\int_a^a f(x)\mathrm{d}x = 0 .$$

（3）函数$f(x)$在$[a，b]$上可积的充分条件是：若函数$f(x)$在$[a，b]$上连续或只有有限个第一类间断点，则$f(x)$在$[a，b]$上可积.

由于初等函数在其定义区间内是连续的，故初等函数在其定义域内的闭区间上可积.

三、定积分的几何意义

观察图$5-3$、图$5-4$、图$5-5$，设阴影部分图形的面积为A，由定积分概念可知.

若在$[a,b]$上有$f(x) \geqslant 0$，则图形位于x轴上方，有$\int_a^b f(x)\mathrm{d}x = A$（见图$5-3$）.

若在$[a,b]$上有$f(x) \leqslant 0$（见图$5-4$），则图形位于x轴下方，积分值为负，即$\int_a^b f(x)\mathrm{d}x = -A$.

如果$f(x)$在$[a，b]$上有正、有负，则积分值等于曲线$y = f(x)$在x轴上方部分与下方部分面积的代数和，即

$$\int_a^b f(x)\mathrm{d}x = A_1 - A_2 + A_3 \neq A \text{（见图5-5），而} A = \int_a^b |f(x)|\mathrm{d}x = A_1 + A_2 + A_3 .$$

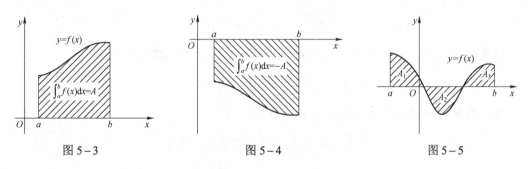

图$5-3$ 　　　　　　　图$5-4$ 　　　　　　　图$5-5$

总之，定积分$\int_a^b f(x)\mathrm{d}x$在具体的问题中所代表的实际意义不尽相同，但它的值在几何上总可以用曲边梯形面积的代数和来表示.

§5.1.2　定积分的基本性质

为了理论和计算的需要，下面来讨论定积分的有关性质. 假设下面论述中的函数在相应的区间上均是可积的.

性质1　被积函数中的常数因子可以提到积分号外，即

$$\int_a^b kf(x)\mathrm{d}x = k\int_a^b f(x)\mathrm{d}x \text{（k为常数）.}$$

性质 2 函数代数和的积分等于它们积分的代数和，即

$$\int_a^b [f(x) \pm g(x)]dx = \int_a^b f(x)dx \pm \int_a^b g(x)dx.$$

此性质可推广到任意有限个函数代数和的情形.

性质 3 被积函数为常数 k 时，其积分等于 k 乘以积分区间的长度，即

$$\int_a^b kdx = k(b-a).$$

特别地，有

$$\int_a^b 1dx = \int_a^b dx = b - a.$$

性质 4（定积分关于积分区间的可加性） 设 c 为区间 $[a, b]$ 上（或外）的一点，则有

$$\int_a^b f(x)dx = \int_a^c f(x)dx + \int_c^b f(x)dx.$$

此性质从几何意义看非常明显.

性质 5（保序性） 在 $[a, b]$ 上，若 $f(x) \leqslant g(x)$，则

$$\int_a^b f(x)dx \leqslant \int_a^b g(x)dx.$$

以上性质均可由定积分定义证得.

例 1 试证明不等式 $\int_0^{\frac{\pi}{4}} \sin^3 xdx \leqslant \int_0^{\frac{\pi}{4}} \sin^2 xdx$.

证 因为在区间 $\left[0, \dfrac{\pi}{4}\right]$ 上，$0 \leqslant \sin x < 1$，故 $\sin^3 x \leqslant \sin^2 x$，所以

$$\int_0^{\frac{\pi}{4}} \sin^3 xdx \leqslant \int_0^{\frac{\pi}{4}} \sin^2 xdx.$$

性质 6（可估性） 设 M 和 m 分别是 $f(x)$ 在 $[a, b]$ 上的最大值与最小值，则

$$m(b-a) \leqslant \int_a^b f(x)dx \leqslant M(b-a).$$

证 因为 $m \leqslant f(x) \leqslant M(x \in [a, b])$，由性质 5 得

$$\int_a^b m\,dx \leqslant \int_a^b f(x)dx \leqslant \int_a^b Mdx.$$

又由性质 3 得 $\qquad m(b-a) \leqslant \int_a^b f(x)dx \leqslant M(b-a).$

例 2 估计定积分 $\int_1^4 (x^2+1)dx$ 的值.

解 由被积函数 $f(x) = x^2 + 1$ 在积分区间 $[1,4]$ 上是单调增加的，于是有最小值 $m = f(1) = 2$. 最大值 $M = f(4) = 4^2 + 1 = 17$，由性质 6 可知

$$2(4-1) \leqslant \int_1^4 (x^2+1)dx \leqslant 17(4-1).$$

即

$$6 \leqslant \int_1^4 (x^2+1)dx \leqslant 51.$$

性质 7（定积分中值定理）　若函数 $f(x)$ 在区间 $[a,b]$ 上连续，则在 $[a,b]$ 上至少存在一点 ξ，使

$$\int_a^b f(x)\mathrm{d}x = f(\xi)(b-a).$$

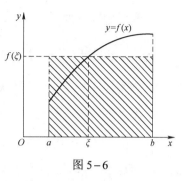

图 5-6

定积分中值定理的几何意义是显然的．如图 5-6 所示，设 $f(x) \geqslant 0$，对于以区间 $[a,b]$ 为底，$y=f(x)$ 为曲边的曲边梯形，则必存在一个同一底边而高为 $f(\xi)$ 的一个矩形与它的面积相等．

习　题　5.1

1. 填空题：

（1）由曲线 $y=x^2+1$ 与直线 $x=1$，$x=3$ 及 x 轴围成的曲边梯形的面积用定积分表示为 _____．

（2）定积分 $\displaystyle\int_{-3}^{3}\sin t\mathrm{d}t$ 中积分上限是 _____，积分下限是 _____，积分区间是 _____．

（3）定积分 $\displaystyle\int_{-2}^{2}x\mathrm{d}x =$ _____．

2. 设物体以速度 $v=2t+1$ 做直线运动，用定积分表示时间 t 从 0 到 5 该物体移动的路程 S．

3. 用定积分表示图 5-7 中阴影部分的面积．

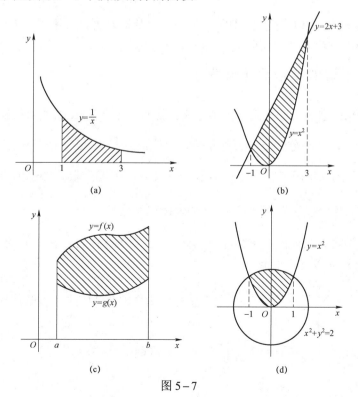

(a)

(b)

(c)

(d)

图 5-7

4. 利用定积分的几何意义，判断下列定积分值的正负（不必计算）：

（1）$\int_0^{\frac{\pi}{2}} \sin x \mathrm{d}x$；（2）$\int_{-1}^2 x^2 \mathrm{d}x$；（3）$\int_{-\frac{\pi}{2}}^0 x \sin x \mathrm{d}x$.

5. 利用定积分定义证明 $\int_a^b kf(x)\mathrm{d}x = k\int_a^b f(x)\mathrm{d}x$（$k$ 为常数）.

6. 不计算比较下列定积分的大小：

（1）$\int_1^2 \sqrt{5-x}\mathrm{d}x$ 和 $\int_1^2 \sqrt{x+1}\mathrm{d}x$；（2）$\int_0^3 \sqrt{1+x}\mathrm{d}x$ 和 3.

7. 已知 $\int_0^2 x^2 \mathrm{d}x = \dfrac{8}{3}$，$\int_{-1}^0 x^2 \mathrm{d}x = \dfrac{1}{3}$，计算不列定积分：

（1）$\int_{-1}^2 x^2 \mathrm{d}t$；（2）$\int_{-1}^2 (2x^2+4)\mathrm{d}x$.

8. 估计定积分 $\int_{\frac{\pi}{4}}^{\frac{3\pi}{4}} \sin^2 \mathrm{d}x$ 的值.

§5.2 微积分基本定理

按照定义来计算定积分，一般说来是十分复杂的. 因此，本节将通过讨论定积分与原函数的关系，推导出求定积分的基本计算方法，即**牛顿—莱布尼茨公式**.

在§5.1 中讨论变速直线运动的路程问题时就可以注意到，物体运动时的速度函数为 $v=v(t)$，相应的物体运动的路程函数为 $s=s(t)$，得到物体在时间 $[t_1,t_2]$ 上所移动的路程为

$$S = s(t_2) - s(t_1) = \int_{T_1}^{T_2} v(t)\mathrm{d}t.$$

又知道 $s'(t)=v(t)$，即函数 $s(t)$ 是函数 $v(t)$ 的原函数，因此，不失普遍性地可以想象定积分的计算应该与被积函数的原函数之间存在着密切关系.

*§5.2.1 变上限的定积分（选学）

设函数 $f(x)$ 在区间 $[a,b]$ 上连续，由定义，定积分 $\int_a^x f(x)\mathrm{d}x$ 的值由被积函数 $f(x)$ 和积分区间 $[a,b]$ 所确定，与积分变量的记号无关，故改记为 $\int_a^x f(t)\mathrm{d}t$. 由于对任意的 $x\in[a,b]$，都有一个积分 $\int_a^x f(t)\mathrm{d}t$ 所确定的值与之对应，因此 $\int_a^x f(t)\mathrm{d}t$ 是上限 x 的函数，记为 $\Phi(x)$，即

$$\Phi(x) = \int_a^x f(t)\mathrm{d}t \ (a \leqslant x \leqslant b).$$

显然 $\Phi(a)=0$，$\Phi(b) = \int_a^b f(t)\mathrm{d}t = \int_a^b f(x)\mathrm{d}x$. 函数 $\Phi(x)$ 称为定积分的**变上限函数**. 变上限函数 $\Phi(x)$ 具有下面的重要性质.

定理 5.1 若函数 $f(x)$ 在区间 $[a,b]$ 上连续，则函数 $\Phi(x) = \int_a^x f(t)\mathrm{d}t$ 在 $[a,b]$ 上可导，且导数为

$$\Phi'(x) = \frac{\mathrm{d}}{\mathrm{d}x}\left[\int_a^x f(t)\mathrm{d}t\right] = f(x)(a \leqslant x \leqslant b).$$

证 欲证 $\Phi'(x) = f(x)$，即证

$$\lim_{\Delta x \to 0} \frac{\Phi(x+\Delta x) - \Phi(x)}{\Delta x} = \lim_{\Delta x \to 0} \frac{\Delta \Phi}{\Delta x} = f(x).$$

而由 $\Phi(x)$ 的定义，可知

$$\Delta \Phi = \Phi(x+\Delta x) - \Phi(x) = \int_a^{x+\Delta x} f(t)\mathrm{d}t - \int_a^x f(t)\mathrm{d}t$$

$$= \int_a^x f(t)\mathrm{d}t + \int_x^{x+\Delta x} f(t)\mathrm{d}t - \int_a^x f(t)\mathrm{d}t = \int_x^{x+\Delta x} f(t)\mathrm{d}t.$$

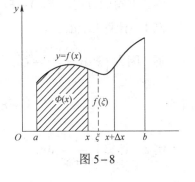

图 5-8

又由定积分中值定理可知，在 x 与 $x+\Delta x$ 之间至少存在一点 ξ（见图 5-8），使得

$$\Delta \Phi = \int_x^{x+\Delta x} f(t)\mathrm{d}t = f(\xi) \cdot \Delta x.$$

于是有 $\dfrac{\Delta \Phi}{\Delta x} = f(\xi)$.

由于 $f(x)$ 在 $[a,b]$ 上连续，又当 $\Delta x \to 0$ 时有 $\xi \to x$，由此得

$$\lim_{\Delta x \to 0} \frac{\Delta \Phi(x)}{\Delta x} = \lim_{\Delta x \to 0} f(\xi) = \lim_{\xi \to x} f(\xi) = f(x).$$

即

$$\Phi'(x) = \frac{\mathrm{d}}{\mathrm{d}x}\left[\int_a^x f(t)\mathrm{d}t\right] = f(x)(a \leqslant x \leqslant b).$$

这定理表明定积分变上限函数 $\Phi(x)$ 是被积函数 $f(x)$ 的一个原函数，由此，揭示出了定积分与原函数（不定积分）之间的内在联系，使得通过原函数来计算定积分有了可能.

§5.2.2 牛顿—莱布尼茨公式

定理 5.2（微积分基本定理）若 $F(x)$ 是连续函数 $f(x)$ 在区间 $[a,b]$ 上的一个原函数，则

$$\int_a^b f(x)\mathrm{d}x = F(b) - F(a).$$

证 已知 $F(x)$ 是被积函数 $f(x)$ 的一个原函数，又由**定理 5.1** 可知

$$\Phi(x) = \int_a^x f(t)\mathrm{d}t$$

也是 $f(x)$ 的一个原函数，而任意两原函数只是相差一个常数 C，即 $F(x) = \Phi(x) + C$.

于是

$$F(b) - F(a) = \Phi(b) - \Phi(a)$$

$$= \int_a^b f(t)\mathrm{d}t - \int_a^a f(t)\mathrm{d}t = \int_a^b f(t)\mathrm{d}t = \int_a^b f(x)\mathrm{d}x.$$

即

$$\int_a^b f(x)\mathrm{d}x = F(b) - F(a).$$

$\int_a^b f(x)\mathrm{d}x = F(b) - F(a)$ 称为**牛顿—莱布尼茨公式**，也称为**微积分基本公式**，该公式把定积分的计算问题转化成了求不定积分的问题，从而给定积分提供了一个有效而简便的计算方法.

为了书写的方便，$F(b) - F(a)$ 也可以用记号 $[F(x)]_a^b$ 或 $F(x)\big|_a^b$ 来表示.

例 1 计算 $\int_0^1 x^2 \mathrm{d}x$.

解 因为 $\int x^2 \mathrm{d}x = \dfrac{1}{3}x^3 + C$,

所以
$$\int_0^1 x^2 \mathrm{d}x = \left[\frac{1}{3}x^3\right]_0^1 = \frac{1}{3} \times 1^3 - \frac{1}{3} \times 0^3 = \frac{1}{3}.$$

例 2 计算 $\int_0^1 \dfrac{x^2}{1+x^2}\mathrm{d}x$.

解
$$\int_0^1 \frac{x^2}{1+x^2}\mathrm{d}x = \int_0^1 \frac{x^2+1-1}{1+x^2}\mathrm{d}x = \int_0^1 \left(1 - \frac{1}{1+x^2}\right)\mathrm{d}x$$
$$= (x - \arctan x)\big|_0^1 = 1 - \frac{\pi}{4}.$$

注意到，牛顿—莱布尼茨公式的适用条件是被积函数在积分区间上是连续的. 但当被积函数在积分区间上是分段连续且有界时，可把积分区间分成若干个子区间，使得每一个子区间上的被积函数是连续的，仍然可以应用牛顿—莱布尼茨公式.

例 3 设 $f(x) = \begin{cases} x-1, & -1 \leqslant x \leqslant 1, \\ \dfrac{1}{x}, & 1 < x \leqslant 2, \end{cases}$ 求 $\int_{-1}^2 f(x)\mathrm{d}x$.

解 函数 $f(x)$ 在 $[-1, 2]$ 上是分段连续的，于是
$$\int_{-1}^2 f(x)\mathrm{d}x = \int_{-1}^1 f(x)\mathrm{d}x + \int_1^2 f(x)\mathrm{d}x$$
$$= \int_{-1}^1 (x-1)\mathrm{d}x + \int_1^2 \frac{1}{x}\mathrm{d}x$$
$$= \left[\frac{x^2}{2} - x\right]_{-1}^1 + \left[\ln|x|\right]_1^2 = \ln 2 - 2.$$

例 4 求由曲线 $y = \sin x$ 和 x 轴在区间 $[0, \pi]$ 上所围成图形的面积.

解 由于当 $0 \leqslant x \leqslant \pi$ 时，有 $y = \sin x \geqslant 0$，因此所求图形的面积为
$$A = \int_0^\pi \sin x \mathrm{d}x = -\cos x\big|_0^\pi = -(\cos \pi - \cos 0) = 2.$$

习 题 5.2

1. 计算下列定积分：

（1）$\int_1^3 \dfrac{\mathrm{d}x}{\sqrt{x}}$;

（2）$\int_0^\pi \cos\dfrac{x}{2}\sin\dfrac{x}{2}\mathrm{d}x$;

（3）$\int_{\frac{\pi}{2}}^{\frac{\pi}{2}} \cos^2 \dfrac{t}{2}\mathrm{d}t$;

（4）$\int_{-1}^0 \dfrac{3x^4 + 3x^2 + 1}{x^2 + 1}\mathrm{d}x$;

（5）$\int_{-\mathrm{e}-1}^{-2} \dfrac{\mathrm{d}x}{x}$;

（6）$\int_{-\frac{1}{2}}^{\frac{1}{2}} \dfrac{\mathrm{d}x}{\sqrt{1-x^2}}$;

(7) 设 $f(x) = \begin{cases} x^2, & -1 \le x \le 0, \\ x-1, & 0 < x \le 1, \end{cases}$ 求 $\int_{-\frac{1}{2}}^{\frac{1}{2}} f(x)\mathrm{d}x$.

2. 求下列曲线所围成图形的面积:

(1) $y = 2\sqrt{x}, x = 4, x = 9, y = 0$　　(2) $y = \sin x, x = -\dfrac{\pi}{2}, x = \dfrac{\pi}{2}, y = 0$.

§5.3　定积分的换元积分法与分部积分法

牛顿—莱布尼茨公式的运用使定积分的计算简单化,本节所提的两个积分法是以牛顿—莱布尼茨公式为基础,进一步简化定积分计算的方法.

§5.3.1　定积分的换元积分法

定理 5.3　若函数 $f(x)$ 在区间 $[a,b]$ 上连续,函数 $x = \varphi(t)$ 在区间 $[\alpha,\beta]$ 上单调且有连续而不为零的导函数 $\varphi'(t)$,又 $\varphi(\alpha) = a, \varphi(\beta) = b$,则

$$\int_a^b f(x)\mathrm{d}x = \int_\alpha^\beta f[\varphi(t)] \cdot \varphi'(t)\mathrm{d}t .$$

这就是定积分的换元积公式(证明从略).

公式与不定积分的换元公式很类似,所不同的是用不定积分的换元法时,最后需将变量还原,而用定积分换元法时,需要将积分限作相应的改变.

例 1　求 $\int_0^{\frac{\pi}{2}} \cos^3 x \sin x \mathrm{d}x$.

解　设 $\cos x = u$,则 $\mathrm{d}u = -\sin x\mathrm{d}x$,当 $x = 0$ 时,$u = 1$,当 $x = \dfrac{\pi}{2}$ 时,$u = 0$,于是

$$\int_0^{\frac{\pi}{2}} \cos^3 x \sin x \mathrm{d}x = -\int_1^0 u^3 \mathrm{d}u = \int_0^1 u^3 \mathrm{d}u = \frac{u^4}{4}\bigg|_0^1 = \frac{1}{4}.$$

为了书写简捷,上述运算过程也可写为

$$\int_0^{\frac{\pi}{2}} \cos^3 x \sin x \mathrm{d}x = -\int_0^{\frac{\pi}{2}} \cos^3 x \mathrm{d}(\cos x) = -\frac{\cos^4 x}{4}\bigg|_0^{\frac{\pi}{2}} = \frac{1}{4}.$$

这是由于上面计算中使用了凑微分法,没有明显地引进新变量,故积分的上、下限不必变更.

例 2　求 $\int_0^{\ln 2} \sqrt{\mathrm{e}^x - 1}\mathrm{d}x$.

解　设 $u = \sqrt{\mathrm{e}^x - 1}$,则 $x = \ln(u^2 + 1)$,$\mathrm{d}x = \dfrac{2u}{u^2 + 1}\mathrm{d}u$,当 $x = 0$ 时,$u = 0$,当 $x = \ln 2$ 时,$u = 1$. 于是

$$\int_0^{\ln 2} \sqrt{\mathrm{e}^x - 1}\mathrm{d}x = \int_0^1 u\frac{2u}{u^2 + 1}\mathrm{d}u = 2\int_0^1 \left(1 - \frac{1}{u^2 + 1}\right)\mathrm{d}u$$

$$= 2(u - \arctan u)\big|_0^1 = 2 - \frac{\pi}{2}.$$

例 3　求定积分 $\int_0^a \sqrt{a^2 - x^2}\mathrm{d}x (a > 0)$.

解法一 先求不定积分 $\int \sqrt{a^2 - x^2}\,\mathrm{d}x$. 令 $x = a\sin t$，则 $\mathrm{d}x = a\cos t\,\mathrm{d}t$，于是

$$\int \sqrt{a^2 - x^2}\,\mathrm{d}x = a^2 \int \cos^2 t\,\mathrm{d}t = \frac{a^2}{2}\int (1 + \cos 2t)\,\mathrm{d}t$$

$$= \frac{a^2}{2}\left(t + \frac{1}{2}\sin 2t\right) + C = \frac{a^2}{2}\arcsin\frac{x}{a} + \frac{x}{2}\sqrt{a^2 - x^2} + C.$$

因此

$$\int_0^a \sqrt{a^2 - x^2}\,\mathrm{d}x = \left[\frac{a^2}{2}\arcsin\frac{x}{a} + \frac{1}{2}x\sqrt{a^2 - x^2}\right]_0^a = \frac{\pi a^2}{4}.$$

解法二 用定积分的换元积分公式，设 $x = a\sin t$，则 $\mathrm{d}x = a\cos t\,\mathrm{d}t$，当 $x = 0$ 时，$t = 0$，当 $x = a$ 时，$t = \dfrac{\pi}{2}$，于是

$$\int_0^a \sqrt{a^2 - x^2}\,\mathrm{d}x = a^2 \int_0^{\frac{\pi}{2}} \cos^2 t\,\mathrm{d}t = \frac{a^2}{2}\left[t + \frac{1}{2}\sin 2t\right]_0^{\frac{\pi}{2}} = \frac{\pi a^2}{4}.$$

从两种解法中看到，显然第二种解法较第一种解法简单.

例 4 设 $f(x)$ 在区间 $[-a, a]$ 上连续，证明：

（1）如果 $f(x)$ 为奇函数，则 $\int_{-a}^a f(x)\,\mathrm{d}x = 0$；

（2）如果 $f(x)$ 为偶函数，则 $\int_{-a}^a f(x)\,\mathrm{d}x = 2\int_0^a f(x)\,\mathrm{d}x$.

证 因为 $\int_{-a}^a f(x)\,\mathrm{d}x = \int_{-a}^0 f(x)\,\mathrm{d}x + \int_0^a f(x)\,\mathrm{d}x$，

对 $\int_{-a}^0 f(x)\,\mathrm{d}x$ 作 $x = -t$ 的换元，由定积分的换元法，得

$$\int_{-a}^0 f(x)\,\mathrm{d}x = -\int_a^0 f(-t)\,\mathrm{d}t = \int_0^a f(-t)\,\mathrm{d}t = \int_0^a f(-x)\,\mathrm{d}x,$$

所以

$$\int_{-a}^a f(x)\,\mathrm{d}x = \int_{-a}^0 f(x)\,\mathrm{d}x + \int_0^a f(x)\,\mathrm{d}x = \int_0^a [f(x) + f(-x)]\,\mathrm{d}x.$$

因此

（1）若 $f(x)$ 为奇函数，有 $f(x) + f(-x) = 0$，

则

$$\int_{-a}^a f(x)\,\mathrm{d}x = 0.$$

（2）若 $f(x)$ 为偶函数，有 $f(x) + f(-x) = 2f(x)$，

则

$$\int_{-a}^a f(x)\,\mathrm{d}x = 2\int_0^a f(x)\,\mathrm{d}x.$$

该题几何意义是很明显的，如图 5-9、图 5-10 所示.

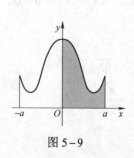

图 5-9

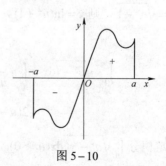

图 5-10

例 4 结论的几何意义是很明显的，利用例 4 的结论可对偶函数或奇函数在对称于原点的区间上积分时起到简化计算的作用，例如

$$\int_{-\frac{\pi}{4}}^{\frac{\pi}{4}} \frac{\sin x}{1+x^2}\,dx = 0\,;\quad \int_{-1}^{1} x^2(e^{-x}+e^x)dx = 2\int_0^1 x^2(e^{-x}+e^x)dx\,.$$

§5.3.2 定积分的分部积分法

不定积分有分部积分公式，相应地，定积分也有类似的分部积分公式.

若函数 $u = u(x)$，$v = v(x)$ 在区间 $[a,b]$ 上具有连续导数，则有

$$\int_a^b u\,dv = [uv]_a^b - \int_a^b v\,du\,.$$

这就是定积分的分部积分式.

例 5 求 $\int_0^1 xe^x\,dx$.

解 $\int_0^1 xe^x\,dx = \int_0^1 x\,de^x = [xe^x]_0^1 - \int_0^1 e^x\,dx = e - e^x\big|_0^1 = 1$.

例 6 求 $\int_0^{\frac{1}{2}} \arcsin x\,dx$.

解

$$\int_0^{\frac{1}{2}} \arcsin x\,dx = [x\arcsin x]_0^{\frac{1}{2}} - \int_0^{\frac{1}{2}} \frac{x\,dx}{\sqrt{1-x^2}}$$

$$= \frac{\pi}{12} + \frac{1}{2}\int_0^{\frac{1}{2}} \frac{1}{\sqrt{1-x^2}}\,d(1-x^2)$$

$$= \frac{\pi}{12} + \left[\sqrt{1-x^2}\right]_0^{\frac{1}{2}} = \frac{\pi}{12} + \frac{\sqrt{3}}{2} - 1\,.$$

与不定积分一样，有时求一个定积分，要同时用到多种积分方法. 如上例就用了两种积分方法.

例 7 求 $\int_{\frac{1}{e}}^{e} |\ln x|\,dx$.

解

$$\int_{\frac{1}{e}}^{e} |\ln x|\,dx = \int_{\frac{1}{e}}^{1}(-\ln x)\,dx + \int_1^e \ln x\,dx$$

$$= [-x\ln x]_{\frac{1}{e}}^{1} + \int_{\frac{1}{e}}^{1} x\cdot\frac{1}{x}\,dx + [x\ln x]_1^e - \int_1^e x\cdot\frac{1}{x}\,dx$$

$$= -\frac{1}{e} + \left(1-\frac{1}{e}\right) + e - (e-1) = 2 - \frac{2}{e}\,.$$

习 题 5.3

求下列定积分：

（1）$\int_0^1 x^2\sqrt{1-x^2}\,dx$；

（2）$\int_{\frac{\pi}{3}}^{\pi} \sin\left(x+\frac{\pi}{3}\right)dx$；

（3）$\int_{-2}^{0} \dfrac{dx}{x^2+2x+2}$；

（4）$\int_{0}^{1} \dfrac{1}{\sqrt{1+3x}+1}dx$；

（5）$\int_{0}^{1} x^3 e^{x^2} dx$；

（6）$\int_{0}^{\pi} x\cos 2x dx$；

（7）$\int_{0}^{1} \arcsin x dx$；

（8）$\int_{0}^{\frac{\pi}{2}} e^x \sin x dx$；

（9）$\int_{0}^{4} \dfrac{dx}{1+\sqrt{x}}$；

（10）$\int_{0}^{a\sqrt{2}} \dfrac{x dx}{\sqrt{3a^2-x^2}}$ $(a>0)$；

（11）$\int_{-\frac{\pi}{2}}^{\frac{\pi}{2}} \cos x\cos 2x dx$；

（12）$\int_{0}^{e-1} \ln(1+x)dx$；

（13）$\int_{-1}^{1} x^5 e^{-x^2} dx$；

（14）$\int_{-3}^{3} \dfrac{x\cos x dx}{2x^4+x^2+1}$.

§5.4 定积分的应用

§5.4.1 微元法

为了应用定积分解决实际问题更为方便，有必要回顾曲边梯形面积问题，以便更深刻地理解定积分概念的实质，从而掌握定积分应用中所需要的微元法的思想. 对于由曲线 $y=f(x)$(设$f(x)\geqslant 0$)，直线 $x=a,x=b$ 及 x 轴所围成的曲边梯形的面积为 A，有

$$A=\int_{a}^{b} f(x)dx=\lim_{\lambda\to 0}\sum_{i=1}^{n} f(\xi_i)\cdot \Delta x_i.$$

为了更简捷地认识上式右端的实质，用 $[x,x+dx]$ 表示任一微区间 $[x_i,x_{i+1}]$，$f(x)dx$ 表示相应区间上的微矩形面积 $f(\xi_i)\cdot \Delta x_i(i=1,2,\cdots,n)$. ΔA 表示区间 $[x,x+dx]$（假设 $dx>0$）上的微曲边梯形的面积（见图 5−11），则由图可以发现

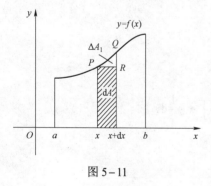

图 5−11

$$\Delta A=f(x)dx+\Delta A_1.$$

ΔA_1 是微曲边三角形 PQR 的面积. 显然，若 $f(x)$ 连续，则 ΔA_1 是较 $f(x)dx$ 高阶的无穷小，因此 $f(x)dx$ 就是曲边梯形面积 A 的微分，称为面积 A 的微元.

即

$$dA=f(x)dx.$$

曲边梯形面积 A 是微矩形面积 $f(x)dx$ 的无穷累加，也就是 A 的微分的无穷累加，即

$$A=\int_{a}^{b} f(x)dx=\int_{a}^{b} dA.$$

上述分析可理解为：积分是微分的无穷积累，因此，在实际问题中，要求区间 $[a,b]$ 上某个量 F 的积分表达式时，可按如下步骤进行：

（1）求微元（微分式）：找出 F 在任一微区间 $[x,x+dx]$ 上的改变量 ΔF 的近似值 dF，dF 即为 F 的微分，在实际问题中称为 F 的微元或微元素 $dF=f(x)dx$.

（2）求积分：量 F 就是 dF 在区间 $[a,b]$ 上的无穷积累，即 $F=\int_{a}^{b} dF=\int_{a}^{b} f(x)dx$.

上述方法通常被称为累积问题的**微元法**. 实际问题中应用微元法的关键是找出所求量的微元的表达式（即微分式），无论是几何问题还是物理问题均如此.

§5.4.2 定积分在几何方面的应用

一、平面图形的面积

若函数 $f(x)$、$g(x)$ 在 $[a,b]$ 上连续，且 $f(x) \geqslant g(x)$，则由曲线 $y=f(x)$、$y=g(x)$ 及直线 $x=a$、$x=b$ 所围成的平面图形的面积为

$$A = \int_a^b [f(x) - g(x)] \mathrm{d}x .$$

如图 5-12 所示，其中，面积 A 的微元为

$$\mathrm{d}A = [f(x) - g(x)] \mathrm{d}x .$$

类似地，由曲线 $x=\varphi(y)$、$x=\psi(y)$ 及直线 $y=c$、$y=d$ 所围成的平面图形的面积（见图 5-13）为

$$A = \int_a^b [\varphi(y) - \psi(y)] \mathrm{d}y .$$

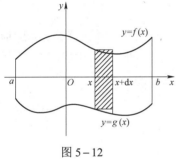

图 5-12

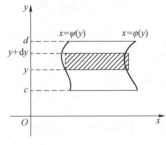

图 5-13

其中，面积 A 的微元为

$$\mathrm{d}A = [\varphi(y) - \psi(y)] \mathrm{d}y .$$

例 1 求由抛物线 $y=x^2$ 和 $y^2=x$ 所围成的图形的面积.

解 作图（见图 5-14），由方程组 $\begin{cases} y=x^2, \\ y^2=x \end{cases}$ 的解可知，两

曲线的交点为（0，0）和（1，1），即两曲线所围成的图形恰好在直线 $x=0$ 和 $x=1$ 之间，取 x 为积分变量，则所求面积 A 的微元为图中的阴影部分，其表达式为

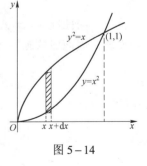

图 5-14

$$\mathrm{d}A = (\sqrt{x} - x^2) \mathrm{d}x .$$

于是

$$A = \int_0^1 (\sqrt{x} - x^2) \,\mathrm{d}x = \left[\frac{2}{3} x^{\frac{3}{2}} - \frac{1}{3} x^3 \right]_0^1 = \frac{1}{3} .$$

例 2 求抛物线 $y^2=2x$ 与直线 $x-y=4$ 所围成的图形的面积.

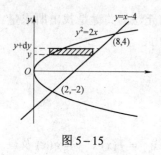

图 5－15

解 作图（见图 5－15），由方程组 $\begin{cases} y^2 = 2x, \\ x - y = 4 \end{cases}$ 的解可知，

交点为（2，－2）和（8，4），因此图形在直线 $y = -2$ 与 $y = 4$ 之间，取 y 为积分变量，则所求面积 A 的微元为

$$dA = \left[(y + 4) - \frac{y^2}{2} \right] dx.$$

于是得

$$A = \int_{-2}^{4} \left[(y + 4) - \frac{y^2}{2} \right] dy = \left[\frac{y^2}{2} + 4y - \frac{y^3}{6} \right]_{-2}^{4} = 18.$$

如果此题以 x 作为积分变量，则计算就要复杂得多．因此，使用微元法时正确选择积分变量是很重要的．由以上二例可知，利用微元法求平面图形的面积的步骤通常为：

（1）作图，求出曲线的交点．

（2）确定积分变量及其变化范围．

（3）写出面积的微元表达式．

（4）计算定积分的值．

二、旋转体的体积

设在 xOy 平面内，由曲线 $y = f(x)$ 与直线 $x = a$、$x = b$、$y = 0$ 所围成的平面图形绕 x 轴旋转一周，而产生一旋转体，如图 5－16 所示，由于垂直于 x 轴的截面图形为半径等于 y 的圆，因此截面面积为

$$A(x) = \pi y^2 = \pi [f(x)]^2.$$

于是，旋转体体积 V 的微元为

$$dV = \pi [f(x)]^2 dx.$$

所以

$$V = \pi \int_a^b [f(x)]^2 dx.$$

同理，由曲线 $x = \varphi(y)$ 与直线 $y = c$、$y = d$、$x = 0$ 所围成的平面图形（见图 5－17）绕 y 轴旋转一周而成的旋转体积为

$$V = \pi \int_c^d [\varphi(y)]^2 dy.$$

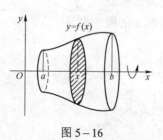

图 5－16

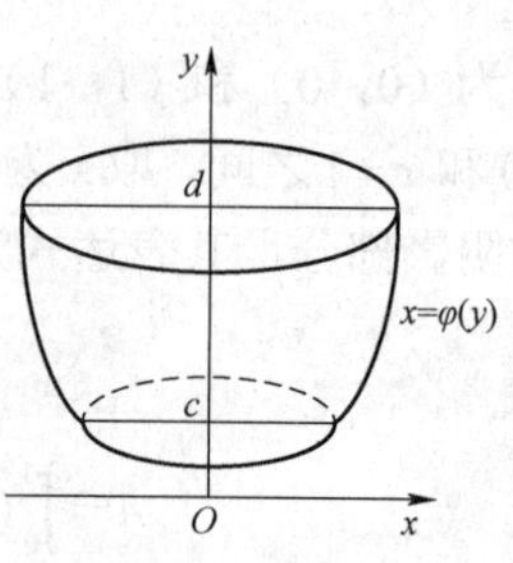

图 5－17

例 3 求底半径为 r，高为 h 的圆锥体的体积．

解　作图（见图 5-18），由图可知所求立体是由直线 $y = \dfrac{r}{h}x$、$y = 0$、$x = h$ 围成的图形绕 x 轴旋转一周而形成的旋转体.

在 x 轴上取一点 $x(a < x < b)$，过该点作一与 x 轴垂直的平面，可得半径为 $\dfrac{r}{h}x$ 的圆形截面，其面积为

$$A(x) = \pi\left(\frac{r}{h}x\right)^2.$$

因此，所求体积 V 的微元为

$$dV = A(x)dx = \pi\left(\frac{r}{h}x\right)^2 dx.$$

于是该圆锥体的体积是

$$V = \int_0^h \pi\left(\frac{r}{h}x\right)^2 dx = \left[\pi \cdot \frac{r^2}{h^2} \cdot \frac{x^3}{3}\right]_0^h = \frac{1}{3}\pi r^2 h.$$

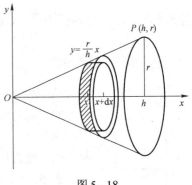

图 5-18

*三、平面曲线的弧长（选学）

如图 5-19 所示，设有一光滑曲线 $y = f(x)$（即 $f(x)$ 可导），求曲线从 $x = a$ 到 $x = b$ 的一段弧 $\overset{\frown}{AB}$ 的长度. 仍使用微元法，在 $[a,b]$ 上任取一微区间 $[x, x+dx]$，则与此相应的弧 $\overset{\frown}{MN}$ 可以用切线段 $|MT|$ 来近似代替，即弧长 S 的微元（又称为**弧微分**）为

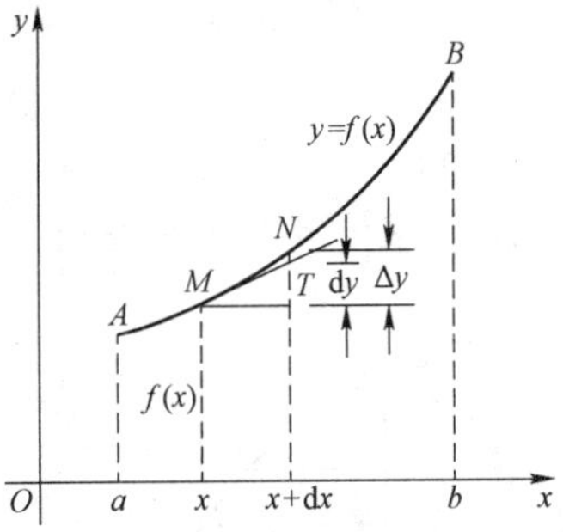

$$dS = \sqrt{(dx)^2 + (dy)^2} = \sqrt{1 + \left(\frac{dy}{dx}\right)^2}dx = \sqrt{1 + y'^2}dx.$$

在区间 $[a,b]$ 上将 dS 无穷累加，得弧长

$$S = \int_a^b \sqrt{1 + y'^2}dx.$$

图 5-19

例 4　求曲线 $y = \dfrac{1}{4}x^2 - \dfrac{1}{2}\ln x(1 \leqslant x \leqslant e)$ 的弧长.

解　由 $y = \dfrac{1}{4}x^2 - \dfrac{1}{2}\ln x(1 \leqslant x \leqslant e)$，

得

$$y' = \frac{1}{2}x - \frac{1}{2x} = \frac{1}{2}\left(x - \frac{1}{x}\right).$$

故弧微元为

$$dS = \sqrt{1 + y'^2}dx = \sqrt{1 + \frac{1}{4}\left(x - \frac{1}{x}\right)^2}dx = \frac{1}{2}\left(x + \frac{1}{x}\right)dx.$$

于是所求弧长为

$$S = \int_1^e \sqrt{1 + y'^2}dx = \int_1^e \frac{1}{2}\left(x + \frac{1}{x}\right)dx = \frac{1}{2}\left[\frac{x^2}{2} + \ln x\right]_1^e = \frac{1}{4}(e^2 + 1).$$

§5.4.3　定积分在物理方面的应用

一、变力所做的功

由物理学知道，如果物体在做直线运动的过程中有一个不变的 F 作用在这物体上，且

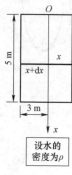

这力的方向与物体的运动方向一致，那么物体位移为 S 时，力 F 对物体所做的功为 $W = F \times S$. 如果物体在运动的过程中所受的力 $F = F(x)$ 是变化的，就不能直接使用此公式，而采用"微元法"思想.

例5　一蓄满水的圆柱形水桶高为 5 m，底圆半径为 3 m，试问：要把桶中的水全部吸出需做多少功？

解　建立坐标系，如图 5-20 所示，在任一小区间$[x, x+\mathrm{d}x]$上的一薄层水的重量为

$$g \cdot \rho \cdot \pi 3^2 \mathrm{d}x \quad (\mathrm{kN}).$$

图 5-20

这薄层水吸出桶外所做的功（功元素）为

$$\mathrm{d}W = 9\pi g \rho x \mathrm{d}x.$$

故所求功为

$$W = \int_0^5 9\pi g \rho x \mathrm{d}x = 9\pi g \rho \left. \frac{x^2}{2} \right|_0^5$$
$$= 112.5\pi g \rho \quad (\mathrm{kJ}).$$

二、液体的压力

由物理学知道，距液体表面深度为 h 处的液体压强为 $p = \rho g h$，这里 ρ 是液体密度，g 是重力加速度. 如果有一面积为 A 的平板水平地放置在液体深为 h 处，那么平板一侧所受的液体压力为 $F = p \cdot A$. 如果平板垂直放置在液体中，由于液体在不同的深度压强 p 不同，因此平板一侧所受的液体的压力就不能直接使用此公式，可采用"微元法"来计算.

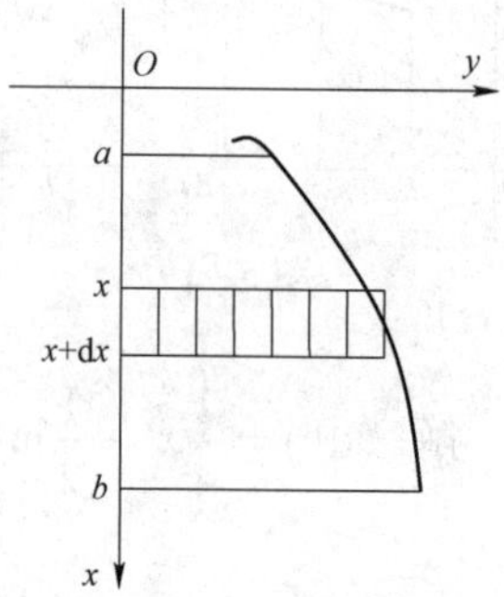

设薄板形状是曲边梯形，为了计算方便，建立如图 5-21 所示的坐标系，曲边方程为 $y = f(x)$. 取液体深度 x 为积分变量，$x \in [a, b]$，在 $[a, b]$ 上取一小区间 $[x, x+\mathrm{d}x]$，该区间上小曲边平板所受的压力可近似地看作长为 y，宽为 $\mathrm{d}x$ 的小矩形水平地放在距液体表面深度为 x 的位置上时，一侧所受的压力.

图 5-21

因此所求的压力微元为

$$\mathrm{d}F = \rho g h f(x) \mathrm{d}x.$$

于是，整个平板一侧所受压力为

$$F = \int_a^b \rho g h f(x) \mathrm{d}x.$$

例 6 修建一道梯形闸门，它的两条底边各长 6 m 和 4 m，高为 6 m，较长的底边与水面平齐，计算闸门一侧所受水的压力．

解 根据题设条件. 建立如图 5-22 所示的坐标系，

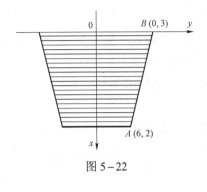

AB 的方程为 $y = -\dfrac{1}{6}x + 3$. 取 x 为积分变量，$x \in [0,6]$，在 $x \in [0,6]$ 上任一小区间 $[x, x+dx]$ 的压力微元为

$$dF = 2\rho gxy dx = 2 \times 9.8 \times 10^3 x \left(-\frac{1}{6}x + 3\right) dx ,$$

图 5-22

从而所求的压力为

$$F = \int_0^6 9.8 \times 10^3 \left(-\frac{1}{3}x^2 + 6x\right) dx$$

$$= 9.8 \times 10^3 \left[-\frac{1}{9}x^3 + 3x^2\right]_0^6 \approx 8.23 \times 10^5 \,(\text{N}) .$$

§5.4.4 定积分在经济方面的应用（经济管理系选讲）

一、计算经济总量

在经济活动中，经常会遇到计算产量问题，当生产处于均匀状态时，产量对于时间的变化率是常量，即单位时间内的产量，这样在均衡状态下：

总产量＝单位时间的产量×总时间.

但如果生产处于不均匀状态，就不能使用这个公式.

假设在某生产过程中，总产量对时间 t 的变化率为 $f(t)$，$t \in [a,b]$，参照求曲边梯形的面积方法可推出：

$$P = \int_a^b f(t) dt .$$

例 7 某煤矿生产煤炭的产量为 P（单位：kt），对生产时间（单位：年）的变化率为 $f(t) = 2t + 1$，求：（1）前 3 年的总产量；（2）第 4 年年初到第 8 年年底的总产量.

解 （1）$P = \int_0^3 f(t) dt = \int_0^3 (2t+1)\, dt = (t^2 + t)\big|_0^3 = 12\,(\text{kt})$.

（2）由题意知：积分区间为 $[3,8]$，于是，所求总产量为

$$P = \int_3^8 f(t) dt = \int_3^8 (2t+1)\, dt = (t^2 + t)\big|_3^8 = 60\,(\text{kt}) .$$

二、由边际成本（收入）计算总成本（总收入）（经济管理系选讲）

在生产经营活动中，当产品的产量为 x 时，其成本函数为 $C(x)$，收入函数为 $R(x)$，由导数知识知，边际成本为成本函数的导数 $C'(x)$，边际收入为收入函数的导数 $R'(x)$，因此，要求总成本或总收入，恰好是求导数的逆运算即求积分.

例 8 已知当某种商品的产量为 x 时，边际收入为

$$R'(x) = 100 - \frac{1}{20}x \quad （元/件），$$

试求此种商品产量为 1 000 件时的总收入 R.

解 若 $R(x)$ 为总收入函数，则生产 1 000 件该商品的收入应该为 $R(1\ 000)$，当然对于收入函数来讲 $R(0) = 0$，因此，所求总收入为

$$R(1\ 000) - R(0).$$

由定积分的牛顿—莱布尼茨公式，得

$$R(1\ 000) - R(0) = \int_0^{1\ 000} R'(x)\mathrm{d}x = \int_0^{1\ 000}\left(100 - \frac{1}{20}x\right)\mathrm{d}x$$

$$= \left(100x - \frac{x^2}{40}\right)\Big|_0^{1\ 000} = 100 \times 1\ 000 - \frac{1}{40} \times (1\ 000)^2$$

$$= 100\ 000 - 25\ 000 = 75\ 000（元）.$$

习 题 5.4

1. 求由下列曲线围成的平面图形的面积：

（1）$y = \dfrac{1}{x}$ 及直线 $y = x, x = 2, y = 0$； （2）$y = \dfrac{x^2}{2}$ 与 $x^2 + y^2 = 8$；

（3）$y = \mathrm{e}^x, y = \mathrm{e}^{-x}$ 与直线 $x = 1$；

（4）$y = \ln x, y$ 轴与直线 $y = \ln a, y = \ln b(b > a > 0)$.

2. 为使曲线 $y = x - x^2$ 与 $y = ax$ 所围成的平面图形面积是 $\dfrac{9}{2}$，试确定 a 的值.

3. 求摆线 $\begin{cases} x = a(t - \sin t), \\ y = a(1 - \cos t) \end{cases} (0 \leqslant t \leqslant 2\pi)$ 的一拱与 x 轴所围成的平面图形面积.

4. 求由 $y = x^3, x = 2, y = 0$ 所围成的图形，绕 x 轴及 y 轴旋转所得的两个不同的旋转体的体积.

5. 有一立体，以长半轴 $a = 10$、短半轴 $b = 5$ 的椭圆为底，而垂直于长轴的截面都是等边三角形，求该立体的体积.

6. 已知某产品的总产量的变化率是时间 t（单位：年）的函数 $f(t) = 2t + 5$ $(t \geqslant 0)$（单位：万吨/年），则第一个五年和第二个五年的总产量各为多少？

7. 设某产品在时间 t 的总产量的变化率为 $f(t) = 100 + 12t - 0.6t^2$（单位：h），求从 $t = 2$ 到 $t = 4$ 两个小时的总产量.

8. 已知生产某种产品的边际成本为 $c'(x) = 6 - 0.8x + 0.06x^2$（单位：万元/万件），试求生产 10 万件该产品的总成本.

9. 弹簧在拉伸过程中，所需要的力与弹簧的伸长量成正比，即 $F = kx$（k 为比例系数）. 已知弹簧拉长 $0.01\ \mathrm{m}$ 时，需力 $10\ \mathrm{N}$，要使弹簧伸长 $0.05\ \mathrm{m}$，计算外力所做的功.

10. 一水平横放的半径为 R 的圆桶，内盛半桶密度为 ρ 的液体，求桶的一个端面所受的侧压力.

11. 修建一座大桥的桥墩时要先下围图，并抽尽其中的水以便施工，已知围图的直径为

20 m，水深 27 m，围图高出水面 3 m，求抽尽水需做多少功.（见图 5-23）

12. 一水闸门形状是等腰梯形，上底长为 6 m，下底长为 4 m，高为 6 m，当水面涨到闸门顶部时，求闸门所受的水的压力 P，如图 5-24 所示.

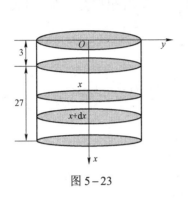

图 5-23

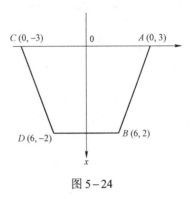

图 5-24

§5.5 广义积分（选学）

前面讨论的定积分，都是在有限区间上的有界函数的积分，这类积分属于通常意义下的积分，简称常义积分. 但在实际问题中，还会遇到积分区间为无限或被积函数在积分区间上是无界的情况，这就需将常义积分的概念推广，推广后的积分被称为广义积分.

一、积分区间为无限的广义积分

定义 5.2 若函数 $f(x)$ 在区间 $[a,+\infty)$ 内连续，且 $b>a$，如果极限 $\lim\limits_{b\to+\infty}\int_a^b f(x)\mathrm{d}x$ 存在，其极限值为 I，则称无穷限广义积分（或无穷限积分）$\int_a^{+\infty} f(x)\mathrm{d}x$ 收敛，记为

$$\int_a^{+\infty} f(x)\mathrm{d}x=\lim_{b\to+\infty}\int_a^b f(x)\mathrm{d}x=I.$$

否则，称该无穷限广义积分 $\int_a^{+\infty} f(x)\mathrm{d}x$ 发散.

类似地，定义函数 $f(x)$ 在 $(-\infty,b]$ 上的无穷限广义积分为

$$\int_{-\infty}^b f(x)\mathrm{d}x=\lim_{a\to-\infty}\int_a^b f(x)\mathrm{d}x.$$

同样，可定义无穷限广义积分 $\int_{-\infty}^b f(x)\mathrm{d}x$ 的收敛与发散.

对于函数 $f(x)$ 在 $(-\infty,+\infty)$ 内的无穷限广义积分 $\int_{-\infty}^{+\infty} f(x)\mathrm{d}x$，定义为

$$\int_{-\infty}^{+\infty} f(x)\mathrm{d}x=\int_{-\infty}^c f(x)\mathrm{d}x+\int_c^{+\infty} f(x)\mathrm{d}x.$$

其中，c 为任意给定的实数.

当无穷限广义积分 $\int_{-\infty}^c f(x)\mathrm{d}x$ 和 $\int_c^{+\infty} f(x)\mathrm{d}x$ 都收敛时，称无穷限广义积分 $\int_{-\infty}^{+\infty} f(x)\mathrm{d}x$ 收敛，否则称 $\int_{-\infty}^{+\infty} f(x)\mathrm{d}x$ 发散.

为书写简便，若 $F'(x)=f(x)$，则可记

$$\int_a^{+\infty} f(x)\mathrm{d}x = \left[F(x)\right]_a^{+\infty} = F(+\infty) - F(a).$$

其中，$F(+\infty)$ 应理解为 $\lim\limits_{x\to+\infty} F(+\infty)$. 而 $\int_{-\infty}^b f(x)\mathrm{d}x$ 和 $\int_{-\infty}^{+\infty} f(x)\mathrm{d}x$ 也有类似的简写法.

例1 求 $\int_0^{+\infty} \mathrm{e}^{-x}\mathrm{d}x$.

解 由无穷限积分定义，得

$$\int_0^{+\infty} \mathrm{e}^{-x}\mathrm{d}x = \lim_{b\to+\infty}\int_0^b \mathrm{e}^{-x}\mathrm{d}x = \lim_{b\to+\infty}\left[-\mathrm{e}^{-x}\right]_0^b = \lim_{b\to+\infty}(1-\mathrm{e}^{-b}) = 1.$$

例2 讨论无穷限积分 $\int_1^{+\infty} \dfrac{\mathrm{d}x}{x^p}$ 的敛散性.

解 当 $p=1$ 时，$\int_1^{+\infty} \dfrac{\mathrm{d}x}{x^p} = \ln x\big|_1^{+\infty} = +\infty$，即无穷限积分发散.

当 $p\neq 1$ 时，$\int_1^{+\infty} \dfrac{\mathrm{d}x}{x^p} = \left[\dfrac{1}{1-p}\cdot x^{1-p}\right]_1^{+\infty} = \begin{cases} +\infty, & p<1, \\ \dfrac{1}{p-1}, & p>1. \end{cases}$

所以当 $p>1$ 时，此无穷限积分收敛，且收敛于 $\dfrac{1}{p-1}$；当 $p\leqslant 1$ 时，此无穷限积分发散.

例3 求 $\int_{-\infty}^{+\infty} \dfrac{1}{1+x^2}\mathrm{d}x$.

解 $$\int_{-\infty}^{+\infty} \dfrac{1}{1+x^2}\mathrm{d}x = \left[\arctan x\right]_{-\infty}^{+\infty}$$

$$= \lim_{x\to+\infty} \arctan x - \lim_{x\to-\infty} \arctan x = \frac{\pi}{2} - \left(-\frac{\pi}{2}\right) = \pi.$$

二、无界函数的广义积分

定义5.3 若函数 $f(x)$ 在 $(a,b]$ 上连续，且 $\lim\limits_{x\to a^+} f(x) = \infty$. 又对 $\varepsilon > 0$，若 $\lim\limits_{x\to\varepsilon^+}\int_{a+\varepsilon}^b f(x)\mathrm{d}x = I$ 存在，则称**无界函数广义积分**（或**无界函数积分**）$\int_a^b f(x)\,\mathrm{d}x$ 收敛. 记为

$$\int_a^b f(x)\,\mathrm{d}x = \lim_{\varepsilon\to 0^+}\int_{a+\varepsilon}^b f(x)\mathrm{d}x = I.$$

否则，称该无界函数广义积分 $\int_a^b f(x)\,\mathrm{d}x$ 发散.

类似地，若函数 $f(x)$ 在 $[a,b)$ 内连续，且 $\lim\limits_{x\to b} f(x) = \infty$，则可定义无界函数积分 $\int_a^b f(x)\,\mathrm{d}x$ 为 $\int_a^b f(x)\,\mathrm{d}x = \lim\limits_{\varepsilon\to 0^+}\int_a^{b-\varepsilon} f(x)\mathrm{d}x$.

若函数 $f(x)$ 在 $[a,b]$ 上除点 $c\,(a<c<b)$ 外连续，且 $\lim\limits_{x\to c} f(x) = \infty$，而无界函数积分 $\int_a^c f(x)\,\mathrm{d}x$ 和 $\int_c^b f(x)\,\mathrm{d}x$ 都收敛，则定义无界函数积分 $\int_a^b f(x)\,\mathrm{d}x$ 为

$$\int_a^b f(x)\mathrm{d}x = \int_a^c f(x)\mathrm{d}x + \int_c^b f(x)\mathrm{d}x$$
$$= \lim_{\varepsilon_1 \to 0^+} \int_a^{c-\varepsilon_1} f(x)\mathrm{d}x + \lim_{\varepsilon_2 \to 0^+} \int_{c+\varepsilon_2}^b f(x)\mathrm{d}x.$$

并称其是收敛的，否则称其发散.

例 4 求积分 $\int_0^1 \ln x\mathrm{d}x$.

解 由于 $\lim\limits_{x \to 0^+} \ln x = -\infty$，故 $\int_0^1 \ln x\mathrm{d}x$ 是一个无界函数广义积分，由定义及应用分部积分法得

$$\int_0^1 \ln x\mathrm{d}x = \lim_{\varepsilon \to 0^+} \int_\varepsilon^1 \ln x\mathrm{d}x$$
$$= \lim_{\varepsilon \to 0^+} [x\ln x]_\varepsilon^1 - \lim_{\varepsilon \to 0^+} \int_\varepsilon^1 x \cdot \frac{1}{x}\mathrm{d}x$$
$$= \lim_{\varepsilon \to 0^+} (-\varepsilon \ln \varepsilon) - \lim_{\varepsilon \to 0^+} (1-\varepsilon) = 0 - 1 = -1.$$

其中，$\lim\limits_{\varepsilon \to 0^+} (-\varepsilon \ln \varepsilon) = 0$ 可由洛必达法则求得.

因为无界函数广义积分 $\int_a^b f(x)\,\mathrm{d}x$ 在记号上与函数 $f(x)$ 在 $[a,b]$ 上的常义积分相同，故在求积分时应先判断其是否为无界函数积分，否则就可能产生错误.

例 5 讨论积分 $\int_{-1}^1 \dfrac{\mathrm{d}x}{x^2}$.

解 因为 $\lim\limits_{x \to 0} \dfrac{1}{x^2} = \infty$，而 0 在 -1 与 1 之间，所以 $\int_{-1}^1 \dfrac{\mathrm{d}x}{x^2}$ 为广义积分，由于

$$\int_{-1}^0 \frac{\mathrm{d}x}{x^2} = \lim_{\varepsilon \to 0^+} \int_{-1}^{-\varepsilon} \frac{\mathrm{d}x}{x^2} = \lim_{\varepsilon \to 0^+} \left[-\frac{1}{x}\right]_{-1}^{-\varepsilon} = \lim_{\varepsilon \to 0^+} \left(\frac{1}{\varepsilon} - 1\right) = +\infty,$$

故 $\int_{-1}^0 \dfrac{\mathrm{d}x}{x^2}$ 发散，从而 $\int_{-1}^1 \dfrac{\mathrm{d}x}{x^2}$ 发散.

如果不注意到 $\int_{-1}^1 \dfrac{\mathrm{d}x}{x^2}$ 是无界函数积分，则就有错误的解法：$\int_{-1}^1 \dfrac{\mathrm{d}x}{x^2} = \left[-\dfrac{1}{x}\right]_{-1}^1 = -2$.

例 6 求由曲线 $y = \dfrac{1}{\sqrt{x}}$，直线 $x=0, x=1$ 与 x 轴所围成的"开口曲边梯形"的面积 A（见图 $5-25$）.

解 设 $0 < \varepsilon < 1$，则由 $y = \dfrac{1}{\sqrt{x}}$，$x=\varepsilon, x=1$ 与 x 轴所围成的曲边梯形的面积为

$$\int_\varepsilon^1 \frac{1}{\sqrt{x}}\mathrm{d}x = \left[2\sqrt{x}\right]_\varepsilon^1 = 2 - 2\varepsilon.$$

于是，所求"开口曲边梯形"的面积为

$$A = \int_0^1 \frac{1}{\sqrt{x}}\mathrm{d}x = \lim_{\varepsilon \to 0^+} \int_\varepsilon^1 \frac{1}{\sqrt{x}}\mathrm{d}x = \lim_{\varepsilon \to 0^+} (2 - 2\sqrt{\varepsilon}) = 2.$$

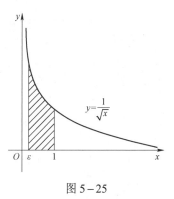

图 $5-25$

习 题 5.5

1. 下列广义积分是否收敛？若收敛，则求出其值：

(1) $\displaystyle\int_0^{+\infty} \dfrac{\mathrm{d}x}{(x+2)(x+3)}$；

(2) $\displaystyle\int_1^{+\infty} \dfrac{\ln x}{x}\mathrm{d}x$；

(3) $\displaystyle\int_{-\infty}^{+\infty} \mathrm{e}^{-|x|}\mathrm{d}x$；

(4) $\displaystyle\int_0^1 \dfrac{\mathrm{d}x}{(2x-1)^2}$；

(5) $\displaystyle\int_1^e \dfrac{\mathrm{d}x}{x\sqrt{1-\ln^2 x}}$；

(6) $\displaystyle\int_0^1 x\ln x\,\mathrm{d}x$；

(7) $\displaystyle\int_{\frac{\pi}{4}}^{\frac{\pi}{2}} \tan^2 x\,\mathrm{d}x$；

(8) $\displaystyle\int_{-2}^2 \dfrac{\mathrm{d}x}{x^2-1}$.

2. 讨论下列广义积分的敛散性：

(1) $\displaystyle\int_e^{+\infty} \dfrac{\mathrm{d}x}{x(\ln x)^p}$；

(2) $\displaystyle\int_0^1 \dfrac{1}{x^q}\mathrm{d}x\,(q>0)$.

课外阅读：牛顿和莱布尼茨简介

一、艾萨克·牛顿

（一）牛顿的生平

艾萨克·牛顿（1643 年 1 月 4 日—1727 年 3 月 31 日）是英国著名的物理学家、数学家和天文学家，是 17 世纪最伟大的科学巨匠.

1643 年 1 月 4 日牛顿诞生于英格兰林一家农村家庭，12 岁进入中学. 1661 年以减费生的身份进入剑桥大学三一学院. 1664 年成为奖学金获得者，1665 年获学士学位. 1665—1666 年伦敦大疫. 剑桥离伦敦不远，为恐波及，学校停课. 牛顿于 1665 年 6 月回故乡乌尔斯索普. 1667 年牛顿返剑桥大学，10 月 1 日被选为三一学院的仲院侣，次年 3 月 16 日被选为正院侣. 当时巴罗对牛顿的才能有充分认识. 1669 年 10 月 27 日巴罗便让年仅 26 岁的牛顿接替他担任卢卡斯讲座的教授. 1672 年起，他被接纳为皇家学会会员，1703 年被选为皇家学会主席.

牛顿于 1696 年谋得造币厂监督职位，1699 年升任厂长，1701 年辞去剑桥大学工作. 1705 年受封为爵士. 牛顿晚年患有膀胱结石、风湿等多种疾病，于 1727 年 3 月 30 日深夜在伦敦去世，葬在威斯特教堂，终年 84 岁. 人们为了纪念牛顿，特地用他的名字来命名力的单位，简称牛.

（二）牛顿的科学成就

1. 力学方面

（1）牛顿总结出了物体运动的三个基本定律.

（2）牛顿发现了万有引力定律.

2. 数学方面

（1）牛顿在前人工作的基础上建立了二项式定理.

（2）牛顿提出了"牛顿法"以趋近函数的零点，并为幂级数的研究作出了贡献.

（3）牛顿和莱布尼茨几乎同时创立微积分学，得出了导数、积分的概念和运算法则，阐明了求导数和求积分是互逆的两种运算.

3. 光学方面

（1）牛顿用三棱镜研究太阳光，得出结论：白光是由不同颜色的光混合而成的.

（2）牛顿环.

（3）创立了光的"微粒说".

4. 热学方面

牛顿确定了冷却定律，即当物体表面与周围有温差时，单位时间内从单位面积散失的热量与这一温差成正比.

5. 天文学方面

牛顿创制了反射望远镜.

6. 哲学方面

牛顿的哲学思想基本属于自发的唯物主义，他承认时间、空间的客观存在.

7. 经济学方面

牛顿提出金本位制度.

（三）趣闻轶事

1. 关于苹果落地的故事

一个偶然的事件往往能引发一位科学家思想的闪光.

这是 1666 年夏末一个温暖的傍晚，在英格兰一个腋下夹着一本书的年轻人走进他母亲家的花园里，坐在一棵树下，开始埋头读他的书. 当他翻动书页时，他头顶的树枝中有样东西晃动起来. 一个历史上最著名的苹果落了下来，打在 23 岁的牛顿的头上.

正好在那天，牛顿正苦苦思索着一个问题：是什么力量使月球保持在环绕地球运行的轨道上，以及使行星保持在其环绕太阳运行的轨道上？为什么这个打中他脑袋的苹果会坠落到地上？正是从思考这一问题开始，他找到了这些问题的答案——万有引力理论.

2. 科学研究的痴情

牛顿对于科学研究专心到痴情的地步. 据说有一次牛顿煮鸡蛋，他一边看书一边干活，糊里糊涂地把一块怀表扔进了锅里，等水煮开后，揭盖一看，才知道错把怀表当鸡蛋煮了.

3. 喜欢养猫

传说牛顿在盖房子时，坚持要留大小两个猫洞，好让大猫走大洞、小猫走小洞. 牛顿终身未婚，猫成了他生活中不可缺少的伙伴，但猫也给他惹了不小的麻烦，1692 年牛顿母亲去世使他极其痛苦. 一天早晨，他为了平静一下，到剑桥大学礼拜堂做礼拜时，忘了熄灭蜡烛，可能是猫闯的祸，蜡烛翻倒后，把摆在桌上的光学、化学手稿和其他论文化为灰烬.

4. 名言

"我不知道世人怎样看我，但我自己以为我不过像一个在海边玩耍的孩子，不时为发现比寻常更为美丽的一块卵石或一片贝壳而沾沾自喜，至于展现在我面前的浩瀚的真理海洋，却全然没有发现."

二、戈特弗里德·威廉·莱布尼茨

（一）莱布尼茨生平

戈特弗里德·威廉·莱布尼茨（Gottfried Wilhelm Leibniz，1646 年 7 月 1 日—1716 年 11 月 14 日），是 17 世纪、18 世纪之交德国最重要的数学家、物理学家和哲学家，一个举

牛顿

莱布尼茨

世罕见的科学天才，被誉为 17 世纪的亚里士多德. 他博览群书，涉猎百科，他的研究成果还遍及力学、逻辑学、化学、地理学、解剖学、动物学、植物学、气体学、航海学、地质学、语言学、法学、哲学、历史、外交等，"世界上没有两片完全相同的树叶"就是出自他之口，他还是最早研究中国文化和中国哲学的德国人，对丰富人类的科学知识宝库作出了不可磨灭的贡献. 然而，由于他创建了微积分，并精心设计了非常巧妙简洁的微积分符号，从而使他以伟大数学家的称号闻名于世.他本人是一名律师，经常往返于各大城镇，他许多的公式都是在颠簸的马车上完成的，他也自称具有男爵的贵族身份.

莱布尼茨出生于德国东部莱比锡的一个书香之家，父亲是莱比锡大学的道德哲学教授，母亲出生在一个教授家庭，父亲在他年仅 6 岁时便去世了，给他留下了丰富的藏书，他因此得以广泛接触古希腊罗马文化，阅读了许多著名学者的著作，并自学完中、小学课程.15 岁（1661 年）考入莱比锡大学学习法学，同时钻研数学和哲学，18 岁获得哲学硕士学位，并在热奈被聘为副教授.

20 岁时，莱布尼茨转入阿尔特道夫大学，这一年，他发表了第一篇数学论文《论组合的艺术》. 这是一篇关于数理逻辑的文章，其基本思想是出于想把理论的真理性论证归结于一种计算的结果. 这篇论文虽不够成熟，但却闪耀着创新的智慧和数学才华，莱布尼茨在阿尔特道夫大学获得博士学位后便投身外交界.

从 1671 年开始，他利用外交活动开拓了与外界的广泛联系，尤以通信作为他获取外界信息、与人进行思想交流的一种主要方式.在出访巴黎时，莱布尼茨深受帕斯卡事迹的鼓舞，决心钻研高等数学，并研究了笛卡尔、费尔马、帕斯卡等人的著作.

1673 年，莱布尼茨被推荐为英国皇家学会会员，此时，他的兴趣已明显地朝向了数学和自然科学. 他开始了对无穷小算法的研究，独立地创立了微积分的基本概念与算法，和牛顿并蒂双辉共同奠定了微积分学.

1676 年，他到汉诺威公爵府担任法律顾问兼图书馆馆长；1700 年，被选为巴黎科学院院士，促成建立了柏林科学院并任首任院长.

1716 年 11 月 14 日，莱布尼茨在汉诺威逝世，终年 70 岁.

（二）莱布尼茨的科学成就

莱布尼茨在数学史和哲学史上都占有重要地位.在数学上，他和牛顿先后独立发现了微积分，而且他所使用的微积分的数学符号被更广泛地使用，莱布尼茨所发明的符号被普遍认为更综合，适用范围更加广泛.莱布尼茨还对二进制的发展作出了贡献.在高等数学和数学分析领域，莱布尼茨判别法是用来判别交错级数的收敛性的.

在哲学上，莱布尼茨的乐观主义最为著名：他认为，"我们的宇宙，在某种意义上是上帝所创造的最好的一个。"他和笛卡尔、巴鲁赫·斯宾诺莎被认为是17世纪三位最伟大的理性主义哲学家. 莱布尼茨在哲学方面的工作在预见了现代逻辑学和分析哲学诞生的同时，也显然深受经院哲学传统的影响，更多地应用第一性原理或先验定义，而不是试验证据来推导以得到结论.

莱布尼茨在政治学、法学、伦理学、神学、哲学、历史学、语言学诸多方向都留下了著作.

本 章 小 结

一、（牛顿—莱布尼茨公式）

如果 $F(x)$ 是连续函数 $f(x)$ 在区间 $[a,b]$ 上的任意一个原函数，则有

$$\int_a^b f(x)\mathrm{d}x = F(b) - F(a).$$

二、定积分的性质

*性质 1 函数的代数和可逐项积分，即

$$\int_a^b [f(x) \pm g(x)]\mathrm{d}x = \int_a^b f(x)\mathrm{d}x \pm \int_a^b g(x)\mathrm{d}x.$$

*性质 2 被积分函数的常数因子可提到积分号外面，即

$$\int_a^b kf(x)\mathrm{d}x = k\int_a^b f(x)\mathrm{d}x \quad （k \text{ 为常数}）.$$

性质 3 积分上、下限调换则积分变号，即

$$\int_a^b f(x)\mathrm{d}x = -\int_b^a f(x)\mathrm{d}x.$$

*性质 4（积分区间的分割性质） 若 $a < c < b$，则

$$\int_a^b f(x)\mathrm{d}x = \int_a^c f(x)\mathrm{d}x + \int_c^b f(x)\mathrm{d}x.$$

注意：对于 a,b,c 三点的任何其他相对位置，上述性质仍成立.

性质 5（积分的比较性质） 在 $[a,b]$ 上，若 $f(x) \geqslant g(x)$，则

$$\int_a^b f(x)\mathrm{d}x \geqslant \int_a^b g(x)\mathrm{d}x.$$

性质 6（积分估值性质） 设 M 与 m 分别是 $f(x)$ 在 $[a,b]$ 上的最大值与最小值，则

$$m(b-a) \leqslant \int_a^b f(x)\mathrm{d}x \leqslant M(b-a).$$

性质 7（积分中值定理） 如果 $f(x)$ 在 $[a,b]$ 上连续，则至少存在一点 $\xi \in [a,b]$，使

$$\frac{1}{b-a}\int_a^b f(x)\mathrm{d}x = f(\xi), \qquad \int_a^b f(x)\mathrm{d}x = f(\xi)(b-a).$$

三、定积分的积分方法

（1）换元积分法：换元需换限，无须回代.

例　设 $f(x)$ 在对称区间 $[[-a,a]$ 上连续，试证明

$$\int_{-a}^{a} f(x)\mathrm{d}x = \begin{cases} 2\int_{0}^{a} f(x)\mathrm{d}x, & \text{当}f(x)\text{为偶函数时,} \\ 0, & \text{当}f(x)\text{为奇函数时.} \end{cases}$$

（2）定积分的分部积分法.

设 $u(x)$，$v(x)$ 在 $[a,b]$ 上有连续导数，则有

$$\int_{a}^{b} u\mathrm{d}v = uv\Big|_{a}^{b} - \int_{a}^{b} v\mathrm{d}u .$$

四、定积分的应用

（1）用定积分求一个分布在某区间上的整体量 Q 的步骤：

① 先用微分分析法求出它的微分表达式 $\mathrm{d}Q$. 一般微分的几何形状有条、段、环、带、扇、片、壳等.

② 然后用定积分来表示整体量 Q，并计算.

（2）定积分的应用.

定积分可应用于求平面图形的面积、旋转体的体积、变力做功和液体压力，或在已知某经济函数的变化率或边际函数时，求总量函数或总量函数在一定范围内的增量.

五、广义积分（选学）

无限区间上的广义积分，原则上是把它化为一个定积分，再通过求极限的方法确定该广义积分是否收敛.在广义积分收敛时，就求出了广义积分的值.

$$\int_{a}^{+\infty} f(x)\mathrm{d}x = \lim_{b\to+\infty} \int_{a}^{b} f(x)\mathrm{d}x .$$

$$\int_{-\infty}^{b} f(x)\mathrm{d}x = \lim_{a\to-\infty} \int_{a}^{b} f(x)\mathrm{d}x .$$

$$\int_{-\infty}^{+\infty} f(x)\mathrm{d}x = \lim_{a\to-\infty} \int_{a}^{0} f(x)\mathrm{d}x + \lim_{b\to+\infty} \int_{0}^{b} f(x)\mathrm{d}x .$$

数学实验与应用五

【实验课题】

1. 用 Mathematica 计算定积分.

2. 用 Mathematica 计算定积分的应用问题.

基本语句：

（1）Integrate[f[x], {x, a, b}]　　计算定积分 $\int_{a}^{b} f(x)\mathrm{d}x$.

（2）NIntegrate[f[x], {x, a, b}]　　计算定积分 $\int_{a}^{b} f(x)\mathrm{d}x$ 的近似值.

（3）Array[t, {n+1}]　　定义变量 t 为一 $n+1$ 维数组或向量.

（4）Print[expe]　　打印 expe.

（5）For[start，test，incr，body]　　循环语句，先计算 start，然后重复计算 body 和 incr 直至 test 取值 False.

（6）Do[expr，{I，m，di}]　　当 i 由 1 按步长 di 变至 m 时，重复计算 expr.

【实验内容】

1. 计算下列定积分：

（1）$\int_0^3 (2x^2 - x + 1)\, dx$；　　　（2）$\int_1^e \dfrac{1 + \ln x}{x} dx$；　　　（3）$\int_{-1}^1 \sqrt{1 + x^2}\, dx$；

（4）$\int_0^1 \dfrac{\sin x}{x} dx$；　　　　　（5）$\int_0^{+\infty} \dfrac{1}{x} dx$.

输入并运行下列 Mathematica 语句：

```
f1[x_]:= 2x^2 - x + 1;
f2[x_]:= (1 + Log[x])/x;
f3[x_]:= Sqrt[1 + x^2];
f4[x_]:= Sin[x]/x;
f5[x_]:= 1/x;
Integrate[f1[x], {x, 0, 3}]
Integrate[f2[x], {x, 1, E}]
NIntegrate[f3[x], {x, -1, 1}]
NIntegrate[f4[x], {x, 0, 1}]
NIntegrate[f5[x], {x, 0, Infinity}]
```

结果显示：$\dfrac{33}{2}$　　　$\dfrac{3}{2}$　　　2.29559　　　0.946083　　　23961.7

2. 计算平面曲线 $f(x) = e^{-(x-2)^3} \cos \pi x$ 和 $g(x) = 4\cos(x - 2)$ 所围成的平面图形的面积.

先运行下列程序，画出图形，求得两曲线交点的横坐标，如图 5-26 所示.

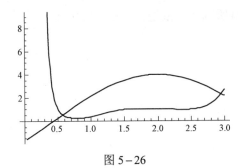

图 5-26

```
Clear[f,g];
f[x_]:= Exp[-(x - 2)^3*Cos[Pi*x]];
g[x_]:= 4Cos[x - 2];
Plot[{f[x],g[x]},{x,0,3}]
x1 = x /. FindRoot[f[x] == g[x],{x,0}];
x2 = x /. FindRoot[f[x] == g[x],{x,3}];
```

Print["x1 =",x1,"   x2 =",x2]

结果显示：

$$x1 = 0.565936 \quad x2 = 2.94948$$

由此确定积分表达式

$$\int_{x1}^{x2} [g(x) - f(x)]\mathrm{d}x.$$

运行下列程序，计算所围区域的面积.

s = NIntegrate[g[x] − f[x], {x, x1, x2}];

Print["s =", s]

得面积为 $s = 5.08847$.

复 习 题 五

1. 计算下列定积分：

（1）$\int_{-1}^{3} x|x|\mathrm{d}x$；

（2）$\int_{1}^{e} \dfrac{1}{x[(\ln x)^2 + 1]}\mathrm{d}x$；

（3）$\int_{0}^{1} (e^x - 1)^4 e^x \mathrm{d}x$；

（4）$\int_{-1}^{1} (2x^3 + x)\cos x \mathrm{d}x$；

（5）$\int_{0}^{1} x\arctan x\mathrm{d}x$；

（6）$\int_{1}^{2} x\ln x\mathrm{d}x$.

2. 计算下列广义积分：

（1）$\int_{0}^{+\infty} x^3 e^{-x^2}\mathrm{d}x$；   （2）$\int_{a}^{b} \dfrac{\mathrm{d}x}{(x-a)^k}\ (0 < k < 1)$；   （3）$\int_{-\infty}^{+\infty} \dfrac{1}{x^2 + 2x + 2}\mathrm{d}x$.

3. 求抛物线 $y = x^2$ 与 $y^2 = x$ 所围成图形的面积.

4. 求抛物线 $y = x^2$ 与直线 $y = x + 2$ 所围成图形的面积.

5. 求 $y = \sin x(0 \leqslant x \leqslant 2\pi)$ 与 x 轴所围成图形的面积.

6. 求由 $y = x^2 - 4, y = 0$ 所围成的曲边梯形绕 x 轴旋转一周所得旋转体的体积.

附录一 常用初等数学公式

一、乘法公式与二项式定理

1. $(a+b)^2 = a^2 + 2ab + b^2; (a-b)^2 = a^2 - 2ab + b^2$

2. $(a+b)^3 = a^3 + 3a^2b + 3ab^2 + b^3; (a-b)^3 = a^3 - 3a^2b + 3ab^2 - b^3$

3. $(a+b)^n = C_n^0 a^n + C_n^1 a^{n-1}b + C_n^2 a^{n-2}b^2 + \cdots + C_n^k a^{n-k}b^k + \cdots + C_n^{n-1}ab^{n-1} + C_n^n b^n$

4. $(a+b+c)(a^2+b^2+c^2-ab-ac-bc) = a^3 + b^3 + c^3 - 3abc$

5. $(a+b-c)^2 = a^2 + b^2 + c^2 + 2ab - 2ac - 2bc$

二、因式分解

1. $a^2 - b^2 = (a+b)(a-b)$

2. $a^3 + b^3 = (a+b)(a^2-ab+b^2); a^3 - b^3 = (a-b)(a^2+ab+b^2)$

3. $a^n - b^n = (a-b)(a^{n-1}+a^{n-2}b+\cdots+b^{n-1})$

三、分式裂项

1. $\dfrac{1}{x(x+1)} = \dfrac{1}{x} - \dfrac{1}{x+1}$

2. $\dfrac{1}{(x+a)(x+b)} = \dfrac{1}{b-a}\left(\dfrac{1}{x+a} - \dfrac{1}{x+b}\right)$

四、指数运算

1. $a^{-n} = \dfrac{1}{a^n}(a \neq 0)$

2. $a^0 = 1(a \neq 1)$

3. $a^{\frac{m}{n}} = \sqrt[n]{a^m}(a \geqslant 0)$

4. $a^m a^n = a^{m+n}$

5. $a^m \div a^n = a^{m-n}$

6. $(a^m)^n = a^{mn}$

7. $\left(\dfrac{b}{a}\right)^n = \dfrac{b^n}{a^n}(a \neq 0)$

8. $(ab)^n = a^n b^n$

9. $\sqrt{a^2} = |a|$

五、对数运算

1. $\log_a 1 = 0$

2. $\log_a a = 1$

3. $\log_a(MN) = \log_a M + \log_a N$

4. $\log_a \dfrac{M}{N} = \log_a M - \log_a N$

5. $\log_a M^n = n\log_a M(n \in \mathbf{R})$

6. $\log_{a^m} b^n = \dfrac{n}{m}\log_a b$

7. $a^{\log_a N} = N$

8. $\log_a b = \dfrac{\log_c b}{\log_c a}$

9. $\log_a b = \dfrac{1}{\log_b a}$

六、排列组合

1. $P_n^m = n(n-1)\cdots[n-(m-1)] = \dfrac{n!}{(n-m)!}$ （约定 $0!=1$ ）

2. $C_n^m = \dfrac{P_n^m}{m!} = \dfrac{n!}{m!(n-m)!}$ 　　　3. $C_n^m = C_n^{n-m}$

4. $C_n^m + C_n^{m-1} = C_{n+1}^m$ 　　　　　5. $C_n^0 + C_n^1 + C_n^2 + \cdots + C_n^n = 2^n$

七、三角函数公式

1. 诱导公式

角 ＼ 函数	sin	cos	tg	ctg
$-\alpha$	$-\sin\alpha$	$\cos\alpha$	$-\mathrm{tg}\,\alpha$	$-\mathrm{ctg}\,\alpha$
$90°-\alpha$	$\cos\alpha$	$\sin\alpha$	$\mathrm{ctg}\,\alpha$	$\mathrm{tg}\,\alpha$
$90°+\alpha$	$\cos\alpha$	$-\sin\alpha$	$-\mathrm{ctg}\,\alpha$	$-\mathrm{tg}\,\alpha$
$180°-\alpha$	$\sin\alpha$	$-\cos\alpha$	$-\mathrm{tg}\,\alpha$	$-\mathrm{ctg}\,\alpha$
$180°+\alpha$	$-\sin\alpha$	$-\cos\alpha$	$\mathrm{tg}\,\alpha$	$\mathrm{ctg}\,\alpha$
$270°-\alpha$	$-\cos\alpha$	$-\sin\alpha$	$\mathrm{ctg}\,\alpha$	$\mathrm{tg}\,\alpha$
$270°+\alpha$	$-\cos\alpha$	$\sin\alpha$	$-\mathrm{ctg}\,\alpha$	$-\mathrm{tg}\,\alpha$
$360°-\alpha$	$-\sin\alpha$	$\cos\alpha$	$-\mathrm{tg}\,\alpha$	$-\mathrm{ctg}\,\alpha$
$360°+\alpha$	$\sin\alpha$	$\cos\alpha$	$\mathrm{tg}\,\alpha$	$\mathrm{ctg}\,\alpha$

2. 同角三角函数的关系式

（1）商的关系：$\tan\theta = \dfrac{\sin\theta}{\cos\theta} = \sin\theta \cdot \sec\theta$ 　　　$\cot\theta = \dfrac{\cos\theta}{\sin\theta} = \cos\theta \cdot \csc\theta$

$\qquad\qquad\quad \sin\theta = \cos\theta \cdot \tan\theta$ 　　　　　　$\sec\theta = \tan\theta \cdot \csc\theta$

$\qquad\qquad\quad \cos\theta = \sin\theta \cdot \cot\theta$ 　　　　　　$\csc\theta = \cot\theta \cdot \sec\theta$

（2）倒数关系：$\sin\theta \cdot \csc\theta = \cos\theta \cdot \sec\theta = \tan\theta \cdot \cot\theta = 1$

（3）平方关系：$\sin^2\theta + \cos^2\theta = \sec^2\theta - \tan^2\theta = \csc^2\theta - \cot^2\theta = 1$

（4）$a\sin\theta + b\cos\theta = \sqrt{a^2+b^2}\,\sin(\theta+\phi)$ （其中辅助角 ϕ 与点 (a, b) 在同一象限，且 $\tan\varphi = \dfrac{b}{a}$ ）

3. 和差角公式

（1）$\sin(\alpha \pm \beta) = \sin\alpha\cos\beta \pm \cos\alpha\sin\beta$

（2）$\cos(\alpha \pm \beta) = \cos\alpha\cos\beta \mp \sin\alpha\sin\beta$

（3）$\tan(\alpha \pm \beta) = \dfrac{\tan\alpha \pm \tan\beta}{1 \mp \tan\alpha \cdot \tan\beta}$

（4）$\tan\alpha \pm \tan\beta = \tan(\alpha \pm \beta)(1 \mp \tan\alpha \cdot \tan\beta)$

（5）$\tan(\alpha + \beta + \gamma) = \dfrac{\tan\alpha + \tan\beta + \tan\gamma - \tan\alpha \cdot \tan\beta \cdot \tan\gamma}{1 - \tan\alpha \cdot \tan\beta - \tan\alpha \cdot \tan\gamma - \tan\beta \cdot \tan\gamma}$

4. 积化和差公式

（1）$\sin\alpha\cos\beta = \dfrac{1}{2}[\sin(\alpha + \beta) + \sin(\alpha - \beta)]$

（2）$\cos\alpha\sin\beta = \dfrac{1}{2}[\sin(\alpha + \beta) - \sin(\alpha - \beta)]$

（3）$\cos\alpha\cos\beta = \dfrac{1}{2}[\cos(\alpha + \beta) + \cos(\alpha - \beta)]$

（4）$\sin\alpha\sin\beta = -\dfrac{1}{2}[\cos(\alpha + \beta) - \cos(\alpha - \beta)]$

5. 和差化积公式

（1）$\sin\alpha + \sin\beta = 2\sin\dfrac{\alpha + \beta}{2}\cos\dfrac{\alpha - \beta}{2}$

（2）$\sin\alpha - \sin\beta = 2\cos\dfrac{\alpha + \beta}{2}\sin\dfrac{\alpha - \beta}{2}$

（3）$\cos\alpha + \cos\beta = 2\cos\dfrac{\alpha + \beta}{2}\cos\dfrac{\alpha - \beta}{2}$

（4）$\cos\alpha - \cos\beta = -2\sin\dfrac{\alpha + \beta}{2}\sin\dfrac{\alpha - \beta}{2}$

6. 二倍角公式（含万能公式）

（1）$\sin 2\theta = 2\sin\theta\cos\theta = \dfrac{2\tan\theta}{1 + \tan^2\theta}$

（2）$\cos 2\theta = \cos^2\theta - \sin^2\theta = 2\cos^2\theta - 1 = 1 - 2\sin^2\theta = \dfrac{1 - \tan^2\theta}{1 + \tan^2\theta}$

（3）$\tan 2\theta = \dfrac{2\tan\theta}{1 - \tan^2\theta}$

（4）$\sin^2\theta = \dfrac{\tan^2\theta}{1 + \tan^2\theta} = \dfrac{1 - \cos 2\theta}{2}$

（5）$\cos^2\theta = \dfrac{1 + \cos 2\theta}{2}$

7. 三倍角公式

（1）$\sin 3\theta = 3\sin\theta - 4\sin^3\theta = 4\sin\theta\sin(60° - \theta)\sin(60° + \theta)$

（2）$\cos 3\theta = -3\cos\theta + 4\cos^3\theta = 4\cos\theta\cos(60° - \theta)\cos(60° + \theta)$

（3）$\tan 3\theta = \dfrac{3\tan\theta - \tan^3\theta}{1 - 3\tan^2\theta} = \tan\theta \cdot \tan(60 - \theta) \cdot \tan(60 + \theta)$

8. 三角函数值

三角函数值　　三角函数 \ 角	0°	30°	45°	60°	90°
$\sin\alpha$	0	$\dfrac{1}{2}$	$\dfrac{\sqrt{2}}{2}$	$\dfrac{\sqrt{3}}{2}$	1
$\cos\alpha$	1	$\dfrac{\sqrt{3}}{2}$	$\dfrac{\sqrt{2}}{2}$	$\dfrac{1}{2}$	0
$\tan\alpha$	0	$\dfrac{\sqrt{3}}{3}$	1	$\sqrt{3}$	不存在
$\cot\alpha$	不存在	$\sqrt{3}$	1	$\dfrac{\sqrt{3}}{3}$	0

9. 半角公式（符号的选择由 $\dfrac{\theta}{2}$ 所在的象限确定）

（1）$\sin\dfrac{\theta}{2}=\pm\sqrt{\dfrac{1-\cos\theta}{2}}$ （2）$\sin^2\dfrac{\theta}{2}=\dfrac{1-\cos\theta}{2}$ （3）$\cos\dfrac{\theta}{2}=\pm\sqrt{\dfrac{1+\cos\theta}{2}}$

（4）$\cos^2\dfrac{\theta}{2}=\dfrac{1+\cos\theta}{2}$ （5）$1-\cos\theta=2\sin^2\dfrac{\theta}{2}$ （6）$1+\cos\theta=2\cos^2\dfrac{\theta}{2}$

（7）$\sqrt{1\pm\sin\theta}=\sqrt{\left(\cos\dfrac{\theta}{2}\pm\sin\dfrac{\theta}{2}\right)^2}=\left|\cos\dfrac{\theta}{2}\pm\sin\dfrac{\theta}{2}\right|$

（8）$\tan\dfrac{\theta}{2}=\pm\sqrt{\dfrac{1-\cos\theta}{1+\cos\theta}}=\dfrac{\sin\theta}{1+\cos\theta}=\dfrac{1-\cos\theta}{\sin\theta}$

10. 正弦定理：$\dfrac{a}{\sin A}=\dfrac{b}{\sin B}=\dfrac{c}{\sin C}=2R$

11. 余弦定理：$c^2=a^2+b^2-2ab\cos C$

$$a^2=b^2+c^2-2bc\cos A$$
$$b^2=c^2+a^2-2ca\cos B$$

12. 反三角函数性质：$\arcsin x=\dfrac{\pi}{2}-\arccos x$　　$\arctan x=\dfrac{\pi}{2}-\arctan x$

附录二　积　分　表

（一）含有 $ax+b$ 的积分（$a \neq 0$）

1. $\displaystyle\int \frac{\mathrm{d}x}{ax+b} = \frac{1}{a}\ln|ax+b| + C$

2. $\displaystyle\int (ax+b)^{\mu}\mathrm{d}x = \frac{1}{a(\mu+1)}(ax+b)^{\mu+1} + C \quad （\mu \neq -1）$

3. $\displaystyle\int \frac{x}{ax+b}\mathrm{d}x = \frac{1}{a^2}(ax+b-b\ln|ax+b|) + C$

4. $\displaystyle\int \frac{x^2}{ax+b}\mathrm{d}x = \frac{1}{a^3}\left[\frac{1}{2}(ax+b)^2 - 2b(ax+b) + b^2\ln|ax+b|\right] + C$

5. $\displaystyle\int \frac{\mathrm{d}x}{x(ax+b)} = -\frac{1}{b}\ln\left|\frac{ax+b}{x}\right| + C$

6. $\displaystyle\int \frac{\mathrm{d}x}{x^2(ax+b)} = -\frac{1}{bx} + \frac{a}{b^2}\ln\left|\frac{ax+b}{x}\right| + C$

7. $\displaystyle\int \frac{x}{(ax+b)^2}\mathrm{d}x = \frac{1}{a^2}\left(\ln|ax+b| + \frac{b}{ax+b}\right) + C$

8. $\displaystyle\int \frac{x^2}{(ax+b)^2}\mathrm{d}x = \frac{1}{a^3}\left(ax+b-2b\ln|ax+b| - \frac{b^2}{ax+b}\right) + C$

9. $\displaystyle\int \frac{\mathrm{d}x}{x(ax+b)^2} = \frac{1}{b(ax+b)} - \frac{1}{b^2}\ln\left|\frac{ax+b}{x}\right| + C$

（二）含有 $\sqrt{ax+b}$ 的积分

10. $\displaystyle\int \sqrt{ax+b}\,\mathrm{d}x = \frac{2}{3a}\sqrt{(ax+b)^3} + C$

11. $\displaystyle\int x\sqrt{ax+b}\,\mathrm{d}x = \frac{2}{15a^2}(3ax-2b)\sqrt{(ax+b)^3} + C$

12. $\displaystyle\int x^2\sqrt{ax+b}\,\mathrm{d}x = \frac{2}{105a^3}(15a^2x^2-12abx+8b^2)\sqrt{(ax+b)^3} + C$

13. $\displaystyle\int \frac{x}{\sqrt{ax+b}}\mathrm{d}x = \frac{2}{3a^2}(ax-2b)\sqrt{ax+b} + C$

14. $\displaystyle\int \frac{x^2}{\sqrt{ax+b}}\mathrm{d}x = \frac{2}{15a^3}(3a^2x^2-4abx+8b^2)\sqrt{ax+b} + C$

15. $\displaystyle\int \frac{\mathrm{d}x}{x\sqrt{ax+b}} = \begin{cases} \dfrac{1}{\sqrt{b}}\ln\left|\dfrac{\sqrt{ax+b}-\sqrt{b}}{\sqrt{ax+b}+\sqrt{b}}\right| + C, & (b>0) \\[4mm] \dfrac{2}{\sqrt{-b}}\arctan\sqrt{\dfrac{ax+b}{-b}} + C & (b<0) \end{cases}$

16. $\displaystyle\int \frac{\mathrm{d}x}{x^2\sqrt{ax+b}} = -\frac{\sqrt{ax+b}}{bx} - \frac{a}{2b}\int \frac{\mathrm{d}x}{x\sqrt{ax+b}}$

17. $\displaystyle\int \frac{\sqrt{ax+b}}{x}\mathrm{d}x = 2\sqrt{ax+b} + b\int \frac{\mathrm{d}x}{x\sqrt{ax+b}}$

18. $\displaystyle\int \frac{\sqrt{ax+b}}{x^2}\mathrm{d}x = -\frac{\sqrt{ax+b}}{x} + \frac{a}{2}\int \frac{\mathrm{d}x}{x\sqrt{ax+b}}$

（三）含有 $x^2 \pm a^2$ 的积分

19. $\displaystyle\int \frac{\mathrm{d}x}{x^2+a^2} = \frac{1}{a}\arctan\frac{x}{a} + C$

20. $\displaystyle\int \frac{\mathrm{d}x}{(x^2+a^2)^n} = \frac{x}{2(n-1)a^2(x^2+a^2)^{n-1}} + \frac{2n-3}{2(n-1)a^2}\int \frac{\mathrm{d}x}{(x^2+a^2)^{n-1}}$

21. $\displaystyle\int \frac{\mathrm{d}x}{x^2-a^2} = \frac{1}{2a}\ln\left|\frac{x-a}{x+a}\right| + C$

（四）含有 $ax^2+b(a>0)$ 的积分

22. $\displaystyle\int \frac{\mathrm{d}x}{ax^2+b} = \begin{cases} \dfrac{1}{\sqrt{ab}}\arctan\sqrt{\dfrac{a}{b}}x + C, & (b>0) \\[3mm] \dfrac{1}{2\sqrt{-ab}}\ln\left|\dfrac{\sqrt{a}x-\sqrt{-b}}{\sqrt{a}x+\sqrt{-b}}\right| + C & (b<0) \end{cases}$

23. $\displaystyle\int \frac{x}{ax^2+b}\mathrm{d}x = \frac{1}{2a}\ln\left|ax^2+b\right| + C$

24. $\displaystyle\int \frac{x^2}{ax^2+b}\mathrm{d}x = \frac{x}{a} - \frac{b}{a}\int \frac{\mathrm{d}x}{ax^2+b}$

25. $\displaystyle\int \frac{\mathrm{d}x}{x(ax^2+b)} = \frac{1}{2b}\ln\frac{x^2}{\left|ax^2+b\right|} + C$

26. $\displaystyle\int \frac{\mathrm{d}x}{x^2(ax^2+b)} = -\frac{1}{bx} - \frac{a}{b}\int \frac{\mathrm{d}x}{ax^2+b}$

27. $\displaystyle\int \frac{\mathrm{d}x}{x^3(ax^2+b)} = \frac{a}{2b^2}\ln\frac{\left|ax^2+b\right|}{x^2} - \frac{1}{2bx^2} + C$

28. $\displaystyle\int \frac{\mathrm{d}x}{(ax^2+b)^2} = \frac{x}{2b(ax^2+b)} + \frac{1}{2b}\int \frac{\mathrm{d}x}{ax^2+b}$

（五）含有 $ax^2+bx+c\ (a>0)$ 的积分

29. $\displaystyle\int \frac{\mathrm{d}x}{ax^2+bx+c} = \begin{cases} \dfrac{2}{\sqrt{4ac-b^2}}\arctan\dfrac{2ax+b}{\sqrt{4ac-b^2}} + C, & (b^2<4ac) \\[3mm] \dfrac{1}{\sqrt{b^2-4ac}}\ln\left|\dfrac{2ax+b-\sqrt{b^2-4ac}}{2ax+b+\sqrt{b^2-4ac}}\right| + C & (b^2>4ac) \end{cases}$

30. $\displaystyle\int \frac{x}{ax^2+bx+c}\mathrm{d}x = \frac{1}{2a}\ln\left|ax^2+bx+c\right| - \frac{b}{2a}\int \frac{\mathrm{d}x}{ax^2+bx+c}$

（六）含有 $\sqrt{x^2+a^2}$ $(a>0)$ 的积分

31. $\displaystyle\int\frac{\mathrm{d}x}{\sqrt{x^2+a^2}}=\operatorname{arsh}\frac{x}{a}+C_1=\ln(x+\sqrt{x^2+a^2})+C$

32. $\displaystyle\int\frac{\mathrm{d}x}{\sqrt{(x^2+a^2)^3}}=\frac{x}{a^2\sqrt{x^2+a^2}}+C$

33. $\displaystyle\int\frac{x}{\sqrt{x^2+a^2}}\mathrm{d}x=\sqrt{x^2+a^2}+C$

34. $\displaystyle\int\frac{x}{\sqrt{(x^2+a^2)^3}}\mathrm{d}x=-\frac{1}{\sqrt{x^2+a^2}}+C$

35. $\displaystyle\int\frac{x^2}{\sqrt{x^2+a^2}}\mathrm{d}x=\frac{x}{2}\sqrt{x^2+a^2}-\frac{a^2}{2}\ln(x+\sqrt{x^2+a^2})+C$

36. $\displaystyle\int\frac{x^2}{\sqrt{(x^2+a^2)^3}}\mathrm{d}x=-\frac{x}{\sqrt{x^2+a^2}}+\ln(x+\sqrt{x^2+a^2})+C$

37. $\displaystyle\int\frac{\mathrm{d}x}{x\sqrt{x^2+a^2}}=\frac{1}{a}\ln\frac{\sqrt{x^2+a^2}-a}{|x|}+C$

38. $\displaystyle\int\frac{\mathrm{d}x}{x^2\sqrt{x^2+a^2}}=-\frac{\sqrt{x^2+a^2}}{a^2x}+C$

39. $\displaystyle\int\sqrt{x^2+a^2}\,\mathrm{d}x=\frac{x}{2}\sqrt{x^2+a^2}+\frac{a^2}{2}\ln(x+\sqrt{x^2+a^2})+C$

40. $\displaystyle\int\sqrt{(x^2+a^2)^3}\,\mathrm{d}x=\frac{x}{8}(2x^2+5a^2)\sqrt{x^2+a^2}+\frac{3}{8}a^4\ln(x+\sqrt{x^2+a^2})+C$

41. $\displaystyle\int x\sqrt{x^2+a^2}\,\mathrm{d}x=\frac{1}{3}\sqrt{(x^2+a^2)^3}+C$

42. $\displaystyle\int x^2\sqrt{x^2+a^2}\,\mathrm{d}x=\frac{x}{8}(2x^2+a^2)\sqrt{x^2+a^2}-\frac{a^4}{8}\ln(x+\sqrt{x^2+a^2})+C$

43. $\displaystyle\int\frac{\sqrt{x^2+a^2}}{x}\mathrm{d}x=\sqrt{x^2+a^2}+a\ln\frac{\sqrt{x^2+a^2}-a}{|x|}+C$

44. $\displaystyle\int\frac{\sqrt{x^2+a^2}}{x^2}\mathrm{d}x=-\frac{\sqrt{x^2+a^2}}{x}+\ln(x+\sqrt{x^2+a^2})+C$

（七）含有 $\sqrt{x^2-a^2}$ $(a>0)$ 的积分

45. $\displaystyle\int\frac{\mathrm{d}x}{\sqrt{x^2-a^2}}=\frac{x}{|x|}\operatorname{arch}\frac{|x|}{a}+C_1=\ln\left|x+\sqrt{x^2-a^2}\right|+C$

46. $\displaystyle\int\frac{\mathrm{d}x}{\sqrt{(x^2-a^2)^3}}=-\frac{x}{a^2\sqrt{x^2-a^2}}+C$

47. $\displaystyle\int\frac{x}{\sqrt{x^2-a^2}}\mathrm{d}x=\sqrt{x^2-a^2}+C$

48. $\displaystyle\int\frac{x}{\sqrt{(x^2-a^2)^3}}\mathrm{d}x=-\frac{1}{\sqrt{x^2-a^2}}+C$

49. $\int \dfrac{x^2}{\sqrt{x^2-a^2}}dx = \dfrac{x}{2}\sqrt{x^2-a^2}+\dfrac{a^2}{2}\ln\left|x+\sqrt{x^2-a^2}\right|+C$

50. $\int \dfrac{x^2}{\sqrt{(x^2-a^2)^3}}dx = -\dfrac{x}{\sqrt{x^2-a^2}}+\ln\left|x+\sqrt{x^2-a^2}\right|+C$

51. $\int \dfrac{dx}{x\sqrt{x^2-a^2}} = \dfrac{1}{a}\arccos\dfrac{a}{|x|}+C$

52. $\int \dfrac{dx}{x^2\sqrt{x^2-a^2}} = \dfrac{\sqrt{x^2-a^2}}{a^2 x}+C$

53. $\int \sqrt{x^2-a^2}\,dx = \dfrac{x}{2}\sqrt{x^2-a^2}-\dfrac{a^2}{2}\ln\left|x+\sqrt{x^2-a^2}\right|+C$

54. $\int \sqrt{(x^2-a^2)^3}\,dx = \dfrac{x}{8}(2x^2-5a^2)\sqrt{x^2-a^2}+\dfrac{3}{8}a^4\ln\left|x+\sqrt{x^2-a^2}\right|+C$

55. $\int x\sqrt{x^2-a^2}\,dx = \dfrac{1}{3}\sqrt{(x^2-a^2)^3}+C$

56. $\int x^2\sqrt{x^2-a^2}\,dx = \dfrac{x}{8}(2x^2-a^2)\sqrt{x^2-a^2}-\dfrac{a^4}{8}\ln\left|x+\sqrt{x^2-a^2}\right|+C$

57. $\int \dfrac{\sqrt{x^2-a^2}}{x}dx = \sqrt{x^2-a^2}-a\arccos\dfrac{a}{|x|}+C$

58. $\int \dfrac{\sqrt{x^2-a^2}}{x^2}dx = -\dfrac{\sqrt{x^2-a^2}}{x}+\ln\left|x+\sqrt{x^2-a^2}\right|+C$

（八）含有 $\sqrt{a^2-x^2}$ $(a>0)$ 的积分

59. $\int \dfrac{dx}{\sqrt{a^2-x^2}} = \arcsin\dfrac{x}{a}+C$

60. $\int \dfrac{dx}{\sqrt{(a^2-x^2)^3}} = \dfrac{x}{a^2\sqrt{a^2-x^2}}+C$

61. $\int \dfrac{x}{\sqrt{a^2-x^2}}dx = -\sqrt{a^2-x^2}+C$

62. $\int \dfrac{x}{\sqrt{(a^2-x^2)^3}}dx = \dfrac{1}{\sqrt{a^2-x^2}}+C$

63. $\int \dfrac{x^2}{\sqrt{a^2-x^2}}dx = -\dfrac{x}{2}\sqrt{a^2-x^2}+\dfrac{a^2}{2}\arcsin\dfrac{x}{a}+C$

64. $\int \dfrac{x^2}{\sqrt{(a^2-x^2)^3}}dx = \dfrac{x}{\sqrt{a^2-x^2}}-\arcsin\dfrac{x}{a}+C$

65. $\int \dfrac{dx}{x\sqrt{a^2-x^2}} = \dfrac{1}{a}\ln\dfrac{a-\sqrt{a^2-x^2}}{|x|}+C$

66. $\int \dfrac{dx}{x^2\sqrt{a^2-x^2}} = -\dfrac{\sqrt{a^2-x^2}}{a^2 x}+C$

67. $\int \sqrt{a^2-x^2}\,\mathrm{d}x = \dfrac{x}{2}\sqrt{a^2-x^2} + \dfrac{a^2}{2}\arcsin\dfrac{x}{a} + C$

68. $\int \sqrt{(a^2-x^2)^3}\,\mathrm{d}x = \dfrac{x}{8}(5a^2-2x^2)\sqrt{a^2-x^2} + \dfrac{3}{8}a^4\arcsin\dfrac{x}{a} + C$

69. $\int x\sqrt{a^2-x^2}\,\mathrm{d}x = -\dfrac{1}{3}\sqrt{(a^2-x^2)^3} + C$

70. $\int x^2\sqrt{a^2-x^2}\,\mathrm{d}x = \dfrac{x}{8}(2x^2-a^2)\sqrt{a^2-x^2} + \dfrac{a^4}{8}\arcsin\dfrac{x}{a} + C$

71. $\int \dfrac{\sqrt{a^2-x^2}}{x}\,\mathrm{d}x = \sqrt{a^2-x^2} + a\ln\dfrac{a-\sqrt{a^2-x^2}}{|x|} + C$

72. $\int \dfrac{\sqrt{a^2-x^2}}{x^2}\,\mathrm{d}x = -\dfrac{\sqrt{a^2-x^2}}{x} - \arcsin\dfrac{x}{a} + C$

（九）含有 $\sqrt{\pm ax^2+bx+c}\ (a>0)$ 的积分

73. $\int \dfrac{\mathrm{d}x}{\sqrt{ax^2+bx+c}} = \dfrac{1}{\sqrt{a}}\ln\left|2ax+b+2\sqrt{a}\sqrt{ax^2+bx+c}\right| + C$

74. $\int \sqrt{ax^2+bx+c}\,\mathrm{d}x = \dfrac{2ax+b}{4a}\sqrt{ax^2+bx+c} + \dfrac{4ac-b^2}{8\sqrt{a^3}}\ln\left|2ax+b+2\sqrt{a}\sqrt{ax^2+bx+c}\right| + C$

75. $\int \dfrac{x}{\sqrt{ax^2+bx+c}}\,\mathrm{d}x = \dfrac{1}{a}\sqrt{ax^2+bx+c} - \dfrac{b}{2\sqrt{a^3}}\ln\left|2ax+b+2\sqrt{a}\sqrt{ax^2+bx+c}\right| + C$

76. $\int \dfrac{\mathrm{d}x}{\sqrt{c+bx-ax^2}} = -\dfrac{1}{\sqrt{a}}\arcsin\dfrac{2ax-b}{\sqrt{b^2+4ac}} + C$

77. $\int \sqrt{c+bx-ax^2}\,\mathrm{d}x = \dfrac{2ax-b}{4a}\sqrt{c+bx-ax^2} + \dfrac{b^2+4ac}{8\sqrt{a^3}}\arcsin\dfrac{2ax-b}{\sqrt{b^2+4ac}} + C$

78. $\int \dfrac{x}{\sqrt{c+bx-ax^2}}\,\mathrm{d}x = -\dfrac{1}{a}\sqrt{c+bx-ax^2} + \dfrac{b}{2\sqrt{a^3}}\arcsin\dfrac{2ax-b}{\sqrt{b^2+4ac}} + C$

（十）含有 $\sqrt{\pm\dfrac{x-a}{x-b}}$ 或 $\sqrt{(x-a)(b-x)}$ 的积分

79. $\int \sqrt{\dfrac{x-a}{x-b}}\,\mathrm{d}x = (x-b)\sqrt{\dfrac{x-a}{x-b}} + (b-a)\ln(\sqrt{|x-a|}+\sqrt{|x-b|}) + C$

80. $\int \sqrt{\dfrac{x-a}{b-x}}\,\mathrm{d}x = (x-b)\sqrt{\dfrac{x-a}{b-x}} + (b-a)\arcsin\sqrt{\dfrac{x-a}{b-x}} + C$

81. $\int \dfrac{\mathrm{d}x}{\sqrt{(x-a)(b-x)}} = 2\arcsin\sqrt{\dfrac{x-a}{b-x}} + C \quad (a<b)$

82. $\int \sqrt{(x-a)(b-x)}\,\mathrm{d}x = \dfrac{2x-a-b}{4}\sqrt{(x-a)(b-x)} + \dfrac{(b-a)^2}{4}\arcsin\sqrt{\dfrac{x-a}{b-x}} + C\ (a<b)$

（十一）含有三角函数的积分

83. $\int \sin x\,\mathrm{d}x = -\cos x + C$

84. $\int \cos x\,\mathrm{d}x = \sin x + C$

85. $\displaystyle\int \tan x\mathrm{d}x = -\ln|\cos x| + C$

86. $\displaystyle\int \cot x\mathrm{d}x = \ln|\sin x| + C$

87. $\displaystyle\int \sec x\mathrm{d}x = \ln\left|\tan\left(\frac{\pi}{4} + \frac{x}{2}\right)\right| + C = \ln|\sec x + \tan x| + C$

88. $\displaystyle\int \csc x\mathrm{d}x = \ln\left|\tan\frac{x}{2}\right| + C = \ln|\csc x - \cot x| + C$

89. $\displaystyle\int \sec^2 x\mathrm{d}x = \tan x + C$

90. $\displaystyle\int \csc^2 x\mathrm{d}x = -\cot x + C$

91. $\displaystyle\int \sec x\tan x\mathrm{d}x = \sec x + C$

92. $\displaystyle\int \csc x\cot x\mathrm{d}x = -\csc x + C$

93. $\displaystyle\int \sin^2 x\mathrm{d}x = \frac{x}{2} - \frac{1}{4}\sin 2x + C$

94. $\displaystyle\int \cos^2 x\mathrm{d}x = \frac{x}{2} + \frac{1}{4}\sin 2x + C$

95. $\displaystyle\int \sin^n x\mathrm{d}x = -\frac{1}{n}\sin^{n-1} x\cos x + \frac{n-1}{n}\int \sin^{n-2} x\mathrm{d}x$

96. $\displaystyle\int \cos^n x\mathrm{d}x = \frac{1}{n}\cos^{n-1} x\sin x + \frac{n-1}{n}\int \cos^{n-2} x\mathrm{d}x$

97. $\displaystyle\int \frac{\mathrm{d}x}{\sin^n x} = -\frac{1}{n-1}\cdot\frac{\cos x}{\sin^{n-1} x} + \frac{n-2}{n-1}\int \frac{\mathrm{d}x}{\sin^{n-2} x}$

98. $\displaystyle\int \frac{\mathrm{d}x}{\cos^n x} = \frac{1}{n-1}\cdot\frac{\sin x}{\cos^{n-1} x} + \frac{n-2}{n-1}\int \frac{\mathrm{d}x}{\cos^{n-2} x}$

99. $\displaystyle\int \cos^m x\sin^n x\mathrm{d}x = \frac{1}{m+n}\cos^{m-1} x\sin^{n+1} x + \frac{m-1}{m+n}\int \cos^{m-2} x\sin^n x\mathrm{d}x$

$\displaystyle\qquad = -\frac{1}{m+n}\cos^{m+1} x\sin^{n-1} x + \frac{n-1}{m+n}\int \cos^m x\sin^{n-2} x\mathrm{d}x$

100. $\displaystyle\int \sin ax\cos bx\mathrm{d}x = -\frac{1}{2(a+b)}\cos(a+b)x - \frac{1}{2(a-b)}\cos(a-b)x + C$

101. $\displaystyle\int \sin ax\sin bx\mathrm{d}x = -\frac{1}{2(a+b)}\sin(a+b)x + \frac{1}{2(a-b)}\sin(a-b)x + C$

102. $\displaystyle\int \cos ax\cos bx\mathrm{d}x = \frac{1}{2(a+b)}\sin(a+b)x + \frac{1}{2(a-b)}\sin(a-b)x + C$

103. $\displaystyle\int \frac{\mathrm{d}x}{a+b\sin x} = \frac{2}{\sqrt{a^2-b^2}}\arctan\frac{a\tan\dfrac{x}{2}+b}{\sqrt{a^2-b^2}} + C \quad (a^2 > b^2)$

104. $\displaystyle\int \frac{\mathrm{d}x}{a+b\sin x} = \frac{1}{\sqrt{b^2-a^2}}\ln\left|\frac{a\tan\dfrac{x}{2}+b-\sqrt{b^2-a^2}}{a\tan\dfrac{x}{2}+b+\sqrt{b^2-a^2}}\right| + C \quad (a^2 < b^2)$

105. $\int \dfrac{\mathrm{d}x}{a+b\cos x} = \dfrac{2}{a+b}\sqrt{\dfrac{a+b}{a-b}}\arctan\left(\sqrt{\dfrac{a-b}{a+b}}\tan\dfrac{x}{2}\right)+C$ $(a^2 > b^2)$

106. $\int \dfrac{\mathrm{d}x}{a+b\cos x} = \dfrac{1}{a+b}\sqrt{\dfrac{a+b}{b-a}}\ln\left|\dfrac{\tan\dfrac{x}{2}+\sqrt{\dfrac{a+b}{b-a}}}{\tan\dfrac{x}{2}-\sqrt{\dfrac{a+b}{b-a}}}\right|+C$ $(a^2 < b^2)$

107. $\int \dfrac{\mathrm{d}x}{a^2\cos^2 x+b^2\sin^2 x} = \dfrac{1}{ab}\arctan\left(\dfrac{b}{a}\tan x\right)+C$

108. $\int \dfrac{\mathrm{d}x}{a^2\cos^2 x-b^2\sin^2 x} = \dfrac{1}{2ab}\ln\left|\dfrac{b\tan x+a}{b\tan x-a}\right|+C$

109. $\int x\sin ax\,\mathrm{d}x = \dfrac{1}{a^2}\sin ax-\dfrac{1}{a}x\cos ax+C$

110. $\int x^2\sin ax\,\mathrm{d}x = -\dfrac{1}{a}x^2\cos ax+\dfrac{2}{a^2}x\sin ax+\dfrac{2}{a^3}\cos ax+C$

111. $\int x\cos ax\,\mathrm{d}x = \dfrac{1}{a^2}\cos ax+\dfrac{1}{a}x\sin ax+C$

112. $\int x^2\cos ax\,\mathrm{d}x = \dfrac{1}{a}x^2\sin ax+\dfrac{2}{a^2}x\cos ax-\dfrac{2}{a^3}\sin ax+C$

（十二）含有反三角函数的积分（$a>0$）

113. $\int \arcsin\dfrac{x}{a}\,\mathrm{d}x = x\arcsin\dfrac{x}{a}+\sqrt{a^2-x^2}+C$

114. $\int x\arcsin\dfrac{x}{a}\,\mathrm{d}x = \left(\dfrac{x^2}{2}-\dfrac{a^2}{4}\right)\arcsin\dfrac{x}{a}+\dfrac{x}{4}\sqrt{a^2-x^2}+C$

115. $\int x^2\arcsin\dfrac{x}{a}\,\mathrm{d}x = \dfrac{x^3}{3}\arcsin\dfrac{x}{a}+\dfrac{1}{9}(x^2+2a^2)\sqrt{a^2-x^2}+C$

116. $\int \arccos\dfrac{x}{a}\,\mathrm{d}x = x\arccos\dfrac{x}{a}-\sqrt{a^2-x^2}+C$

117. $\int x\arccos\dfrac{x}{a}\,\mathrm{d}x = \left(\dfrac{x^2}{2}-\dfrac{a^2}{4}\right)\arccos\dfrac{x}{a}-\dfrac{x}{4}\sqrt{a^2-x^2}+C$

118. $\int x^2\arccos\dfrac{x}{a}\,\mathrm{d}x = \dfrac{x^3}{3}\arccos\dfrac{x}{a}-\dfrac{1}{9}(x^2+2a^2)\sqrt{a^2-x^2}+C$

119. $\int \arctan\dfrac{x}{a}\,\mathrm{d}x = x\arctan\dfrac{x}{a}-\dfrac{a}{2}\ln(a^2+x^2)+C$

120. $\int x\arctan\dfrac{x}{a}\,\mathrm{d}x = \dfrac{1}{2}(a^2+x^2)\arctan\dfrac{x}{a}-\dfrac{a}{2}x+C$

121. $\int x^2\arctan\dfrac{x}{a}\,\mathrm{d}x = \dfrac{x^3}{3}\arctan\dfrac{x}{a}-\dfrac{a}{6}x^2+\dfrac{a^3}{6}\ln(a^2+x^2)+C$

（十三）含有指数函数的积分

122. $\int a^x\,\mathrm{d}x = \dfrac{1}{\ln a}a^x+C$

123. $\int e^{ax} dx = \dfrac{1}{a} e^{ax} + C$

124. $\int x e^{ax} dx = \dfrac{1}{a^2}(ax-1)e^{ax} + C$

125. $\int x^n e^{ax} dx = \dfrac{1}{a} x^n e^{ax} - \dfrac{n}{a} \int x^{n-1} e^{ax} dx$

126. $\int x a^x dx = \dfrac{x}{\ln a} a^x - \dfrac{1}{(\ln a)^2} a^x + C$

127. $\int x^n a^x dx = \dfrac{1}{\ln a} x^n a^x - \dfrac{n}{\ln a} \int x^{n-1} a^x dx$

128. $\int e^{ax} \sin bx dx = \dfrac{1}{a^2+b^2} e^{ax}(a\sin bx - b\cos bx) + C$

129. $\int e^{ax} \cos bx dx = \dfrac{1}{a^2+b^2} e^{ax}(b\sin bx + a\cos bx) + C$

130. $\int e^{ax} \sin^n bx dx = \dfrac{1}{a^2+b^2 n^2} e^{ax} \sin^{n-1} bx(a\sin bx - nb\cos bx) + \dfrac{n(n-1)b^2}{a^2+b^2 n^2} \int e^{ax} \sin^{n-2} bx dx$

131. $\int e^{ax} \cos^n bx dx = \dfrac{1}{a^2+b^2 n^2} e^{ax} \cos^{n-1} bx(a\cos bx + nb\sin bx) + \dfrac{n(n-1)b^2}{a^2+b^2 n^2} \int e^{ax} \cos^{n-2} bx dx$

（十四）含有对数函数的积分

132. $\int \ln x dx = x\ln x - x + C$

133. $\int \dfrac{dx}{x\ln x} = \ln|\ln x| + C$

134. $\int x^n \ln x dx = \dfrac{1}{n+1} x^{n+1}\left(\ln x - \dfrac{1}{n+1}\right) + C$

135. $\int (\ln x)^n dx = x(\ln x)^n - n\int (\ln x)^{n-1} dx$

136. $\int x^m (\ln x)^n dx = \dfrac{1}{m+1} x^{m+1}(\ln x)^n - \dfrac{n}{m+1} \int x^m (\ln x)^{n-1} dx$

（十五）含有双曲函数的积分

137. $\int \text{sh}\, x dx = \text{ch}\, x + C$

138. $\int \text{ch}\, x dx = \text{sh}\, x + C$

139. $\int \text{th}\, x dx = \ln \text{ch}\, x + C$

140. $\int \text{sh}^2 x dx = -\dfrac{x}{2} + \dfrac{1}{4}\text{sh}\, 2x + C$

141. $\int \text{ch}^2 x dx = \dfrac{x}{2} + \dfrac{1}{4}\text{sh}\, 2x + C$

（十六）定积分

142. $\int_{-\pi}^{\pi} \cos nx dx = \int_{-\pi}^{\pi} \sin nx dx = 0$

143. $\int_{-\pi}^{\pi} \cos mx \sin nx dx = 0$

144. $\displaystyle\int_{-\pi}^{\pi}\cos mx\cos nx\mathrm{d}x=\begin{cases}0, & m\neq n,\\ \pi, & m=n\end{cases}$

145. $\displaystyle\int_{-\pi}^{\pi}\sin mx\sin nx\mathrm{d}x=\begin{cases}0, & m\neq n,\\ \pi, & m=n\end{cases}$

146. $\displaystyle\int_{0}^{\frac{\pi}{2}}\cos mx\cos nx\mathrm{d}x=\int_{0}^{\frac{\pi}{2}}\sin mx\sin nx\mathrm{d}x=\begin{cases}0, & m\neq n,\\ \dfrac{\pi}{2}, & m=n\end{cases}$

147. $\displaystyle I_{n}=\int_{0}^{\frac{\pi}{2}}\sin^{n}x\mathrm{d}x=\int_{0}^{\frac{\pi}{2}}\cos^{n}x\mathrm{d}x$

$$I_{n}=\frac{n-1}{n}I_{n-2}$$

$$I_{n}=\frac{n-1}{n}\cdot\frac{n-3}{n-2}\cdot\cdots\cdot\frac{4}{5}\cdot\frac{2}{3} \quad (n\text{为大于}1\text{的正奇数}),\quad I_{1}=1$$

$$I_{n}=\frac{n-1}{n}\cdot\frac{n-3}{n-2}\cdot\cdots\cdot\frac{3}{4}\cdot\frac{1}{2}\cdot\frac{\pi}{2} \quad (n\text{为正偶数}),\quad I_{0}=\frac{\pi}{2}$$

参考答案与提示

习题 1.1

1. $f(0)=7$；$f(4)=27$；$f\left(-\dfrac{1}{2}\right)=9$；$f(a)=2a^2-3a+7$；$f(x+1)=2x^2+x+6$.

2. $f(-2)=-1$；$f(-1)=0$；$f(0)=1$；$f(1)=2$.

3. （1）$[-1,0)\cup(0,1]$；（2）$(1,+\infty)$；（3）$[-1,3]$；（4）$(-\infty,1)\cup(1,2)\cup(2,+\infty)$.

4. （1）$y=\sqrt{2+\cos^2 x}$；（2）$y=\operatorname{arccot}3^{x^2}$.

5. 略.

6. （1）偶函数；（2）奇函数；（3）奇函数；（4）奇函数.

7. （1）$\dfrac{\pi}{2}$；（2）$\dfrac{\pi}{2}$；（3）$\dfrac{\pi}{6}$；（4）$\dfrac{\pi}{6}$；（5）0；（6）$-\dfrac{\pi}{4}$.

8. （1）2，9；（2）12；（3）$L(10)=-8$，不能盈利.

9. $Q=-8p+6\,000$.

10. $C=2q+180$，每天的固定成本为 180 元，可变成本为 2 元.

习题 1.2

1. （1）C；（2）D；（3）B；（4）A.

2. （1）5；（2）1；（3）不存在；（4）不存在.

3. $\lim\limits_{x\to1^-}f(x)=5$，$\lim\limits_{x\to1^+}f(x)=1$，$\lim\limits_{x\to1}f(x)$ 不存在.

习题 1.3

1. （1）24；（2）0；（3）$\dfrac{5}{3}$；（4）∞；（5）$\dfrac{2^{30}\cdot3^{30}}{5^{50}}$；（6）$-\dfrac{1}{2}$；（7）0；（8）$-\dfrac{9}{125}$；（9）$\dfrac{5\sqrt{2}+9}{24}$；（10）0.

2. （1）$\dfrac{5}{3}$；（2）-1；（3）4；（4）$\dfrac{2}{3}$；（5）2；（6）2.

3. （1）e^8；（2）e^{-1}；（3）$e^{-\frac{2}{3}}$；（4）e^{-2}；（5）e^5；（6）e.

习题 1.4

1. （1）无穷小；（2）无穷大；（3）无穷大（$-\infty$）；（4）$x\to0^-$ 时是无穷小；$x\to0^+$ 时是无穷大.

2. （1）同阶无穷小；（2）高阶无穷小；（3）等价无穷小.

3. （1）1；（2）$\dfrac{1}{2}$；（3）$\dfrac{2}{3}$；（4）1.

习题 1.5

1. $a=1$；$b=1$.

2.（1）$x=\pm 1$ 是第二类间断点中的无穷间断点；（2）$x=0$ 是第二类间断点中的无穷间断点；（3）$x=1$ 是第一类间断点中的可去间断点；（4）$x=-1$ 是第二类间断点中的无穷间断点，$x=1$ 是第一类间断点中的跳跃间断点.

3.（1）$\ln(e+1)$；（2）$\dfrac{2}{3}\sqrt{2}$；（3）$3\log_a e$；（4）1.

4. 略.

复习题一

1.（1）1；（2）$[-3,2]$；（3）$[0,3)$；（4）3；（5）e^k；（6）$\dfrac{3}{2}$；（7）2；（8）第一类间断点中的可去间断点.

2.（1）C；（2）C；（3）B；（4）B；（5）C；（6）D；（7）A；（8）A.

3.（1）$\dfrac{4}{3}$；（2）$\dfrac{1}{3}$；（3）e^{-2}；（4）1；（5）$\dfrac{1}{3}$；（6）0；（7）0；（8）e^{-1}.

4. $\lim\limits_{x\to 0} f(x)$ 不存在.　　　5. $a=1$.　　　6. $a=\dfrac{3}{2}$.

7. $a=4$，$b=6$.　　　8.（1）$\dfrac{1}{2}$；（2）$\sqrt{2}a$.

9.（1）$x_1=1$ 是第一类间断点中的可去间断点，$x_2=2$ 是第二类中的无穷间断点；

（2）$x_1=0$ 是第一类间断点中的可去间断点，$x_2=k\pi+\dfrac{\pi}{2}(k\in \mathbf{Z})$ 是第二类中的无穷间断点；

（3）$x=0$ 是第一类间断点中的可去间断点；（4）$x=0$ 是第一类间断点中的跳跃间断点.

10. $a=1$.

11. 略.

习题 2.1

1.（1）√；（2）×；（3）×；（4）×；（5）×；（6）√.

2.（1）$-f'(x_0)$；　　（2）1；　　（3）$10-gt$；　　（4）-1.

3. $\overline{v}=12+6\Delta t+(\Delta t)^2$；　　$\overline{v}|_{\Delta t=0.1}=12.61$　；$\overline{v}|_{\Delta t=0.01}=12.0601$　；$v|_{t=2}=12$.

4. $f'(x)=2$.

5.（1）在 $x=0$ 处连续且可导；

（2）在 $x=0$ 处连续，但不可导.

6. 切线方程：$2x-y-1=0$；　法线方程：$x+2y-3=0$.

7. $\dfrac{d\theta}{dt}\Big|_{t=t_0}$.

习题 2.2

1. （1）×；　　（2）×；　　（3）×；　　（4）√；　　（5）×.

2. （1）$f'(0)=1$　$f'(\pi)=-1$；　（2）$f'(0)=0$　$f'(1)=13$

3. 略.

4. （1）$6x^2+6x+4$；

（2）$2^x\ln 2-\dfrac{1}{x^2}$；

（3）$2x^{-\frac{1}{3}}-2x^{-2}-20x^{-6}$；

（4）$\cos x+\dfrac{1}{x}-\dfrac{1}{2\sqrt{x}}$；

（5）$a^x(\ln a\cdot\sin x+\cos x)$；

（6）$\cos x\cdot\ln x+\dfrac{1}{x}\sin x$；

（7）$9x^2+8x-3$；

（8）$2(2x+x^2\tan x+2\sec x)\sec x$；

（9）$-\dfrac{1}{2}x^{-\frac{3}{2}}-\dfrac{1}{2}x^{-\frac{1}{2}}$；

（10）$-\dfrac{x\sin x+1+\cos x}{x^2}$；

（11）$-\dfrac{x^{\frac{1}{2}}+x^{-\frac{1}{2}}}{(x-1)^2}$；

（12）$-\dfrac{2\cos x}{(\sin x-1)^2}$；

（13）$\dfrac{\cos x-x}{1+\sin x}$；

（14）$\dfrac{\sin x+x\cos x+x^2\cos x}{(1+x)^2}$；

（15）$2^x x^{-1}\ln 2-2^x x^{-2}$；

（16）$\dfrac{x\cos x-2\sin x}{2x^3}$.

5. 切线方程：$x\ln 2-y+1=0$；　　法线方程：$x+y\ln 2-\ln 2=0$.

6. 切点坐标：$(-1,-1)$；　　切线方程：$x+y+2=0$；　　法线方程：$x-y=0$.

习题 2.3

1. （1）×；　　　　（2）×.

2. （1）$e^x(x^2+4x+1)$；　　（2）$\dfrac{e^{\sqrt{x}}}{2\sqrt{x}}$；　　　　（3）$-\tan x$；

（4）$\dfrac{3\ln^2(x+1)}{x+1}$；　　（5）$nx^{n-1}(\ln x+1)$；　　（6）$\sin 2x\sin x^2+2x\sin^2 x\cos x^2$；

（7）$\dfrac{\cos(\ln x)}{2x\sqrt{\sin(\ln x)}}$；　　（8）$\dfrac{2\sqrt{x}+1}{4\sqrt{x}\sqrt{x+\sqrt{x}}}$；　　（9）$-\dfrac{4}{(e^x-e^{-x})^2}$；

（10）$\dfrac{e^{\arcsin x}}{\sqrt{1-x^2}}$；　　（11）$\dfrac{1}{\sqrt{4-x^2}}$；　　（12）$\dfrac{2(1-x^2)}{1+6x^2+x^4}$.

3. 切线方程：$2x-y-e=0$；　　法线方程：$x+2y-3e=0$.

4. $3x-y-2\sqrt{e}=0$.

习题 2.4

1．（1）$\dfrac{2a}{3(1-y^2)}$；　　　　　（2）$-\dfrac{x+ay}{ax+y}$；　　　　　（3）$\dfrac{e^{x-y}-y}{e^{x-y}+x}$；

（4）$\dfrac{y^2}{1-xy}$；　　　　　　　（5）$-\dfrac{y}{e^y+x}$；　　　　　（6）$-\dfrac{e^{x+y}+y\cos(xy)}{e^{x+y}+x\cos(xy)}$．

2．（1）$\dfrac{y}{2(x+2)}+\dfrac{2y}{x-3}-\dfrac{3y}{x+1}$；　　（2）$\dfrac{y}{2x}+\dfrac{y}{2}\cot x-\dfrac{ye^x}{4(1-e^x)}$；

（3）$y(\cos x\ln\cos x-\sin x\tan x)$；　　（4）$-y\ln(x+5)-\dfrac{xy}{x+5}$．

3．（1）$-\dfrac{3}{2}e^{2t}$；　　　　　　　（2）$\tan t$．

4．$\dfrac{dy}{dx}\Big|_{t=\frac{\pi}{3}}=-2-\sqrt{3}$．

5．（1）在 $x=0$ 处切线方程：$2x+y-1=0$；　　法线方程：$x-2y+2=0$．

（2）在 $t=2$ 处切线方程：$4x+3y-12a=0$；　　法线方程：$3x-4y+6a=0$．

习题 2.5

1．（1）$(\ln 3)^2 3^x-\dfrac{1}{x^2}$；　　（2）$2\csc^2 x\cdot\cot x$；　　（3）$2\left(\arctan x+\dfrac{x}{1+x^2}\right)$；

（4）$\sec x(\tan x+\sec x)^2$；　　（5）$x(x^2+1)^{-\frac{3}{2}}$；　　（6）$x^x(\ln x+1)^2+x^{x-1}$．

2．（1）$f'(1)=7, f''(1)=4, f'''(1)=0$；　　（2）$f''(-1)=\dfrac{1}{2}, f''(0)=-2, f''(1)=\dfrac{1}{2}$．

3．（1）0；　　　　　　　　（2）$3^x(\ln 3)^n$；

（3）$y'=\ln x+1$，　　$y''=\dfrac{1}{x}$，　　$y^{(n)}=(-1)^n\cdot\dfrac{(n-2)!}{x^{n-1}}$　$(n\geqslant 3)$；

（4）$(n+x)e^x$．

4．略．

5．（1）$y^{(4)}=-4e^x\sin x$；　　（2）$y^{(5)}=2x\sin x-x^2\cos x-16\cos x$；

（3）$y^{(20)}=0$．

习题 2.6

1．（1）$\Delta y=0.02$，　$dy=0.02$；　　　　（2）$\Delta y=0.030\,301$，　$dy=0.03$．

2．（1）$dy|_{x=1}=0$，　$dy|_{x=2}=-\dfrac{3}{25}dx$；

（2）$dy|_{x=-1}=\left(\dfrac{1}{e}-e\right)dx$，　$dy|_{x=0}=0$，　$dy|_{x=1}\left(e-\dfrac{1}{e}\right)dx$．

3．（1）$dy=6(x+1)(x^2+2x+3)^2dx$；　　（2）$dy=\left(\dfrac{1}{2\sqrt{x}}-\dfrac{1}{x^2}\right)dx$；

（3） $dy = \left[2 - \left(\dfrac{1}{x+1} \right)^2 \right] dx$；　　　　（4） $dy = (\sin x + x \cos x) dx$；

（5） $dy = 2(x^2+1)^{-\frac{3}{2}} dx$；　　　　（6） $dy = (1+x)e^x dx$；

（7） $dy = \dfrac{x}{x^2-1} dx$；　　　　（8） $dy = -2x \sin 2(1+x^2) dx$；

（9） $dy = x^{\sin x} \left(\cos x \ln x + \dfrac{\sin x}{x} \right) dx$；　　　（10） $dy = A\omega \cos(\omega x + \varphi)$.

4. （1） $\dfrac{x^2}{2} + C$；　　　　（2） $-\cos x + C$；　　　　（3） $\sin x + C$；

（4） $\ln(1+t) + C$；　　　（5） $2\sqrt{x} + C$；　　　（6） $-e^{-t} + C$；

（7） $\tan x + C$；　　　（8） $\arcsin x + C$；　　　（9） $2\sin x$；

（10） $\dfrac{1}{3x+2}$，$\dfrac{3}{3x+2}$.

5. 精确值：$256\,387.470\,9\,\text{mm}^3$；近似值：$251\,327.412\,3\,\text{mm}^3$.

6. 半径约增加 $0.003\,\text{cm}$.

7. （1）$0.492\,4$；　　　（2）1.01；　　　（3）$2.745\,5$.

复习题二

1. （1）×；（2）×；（3）√；（4）×.

2. （1） $v(t) = 2t + 2$，$a(t) = 2$；　　　（2）-1；

（3）与 x 轴平行的切线，与 x 轴垂直的切线；

（4） $-\dfrac{1}{x^2+1}$，$\dfrac{2x}{(x^2+1)^2}$；

（5） $\ln(1+x) + C$；　　　（6） $x - y - 1 = 0$.

3. （1）B；　　（2）A；　　（3）A；　　（4）C；　　（5）C；

（6）D；　　　（7）D；　　（8）B；　　（9）C；　　（10）A.

4. （1） $\dfrac{a}{2(x^2-a^2)}$；　　　　（2） $\dfrac{2(1-x)}{a^2+x^2}$.

5. （1） $y' = \dfrac{y\cos(xy)}{1 - x\cos(xy)}$，$dy = \dfrac{y\cos(xy)}{1 - x\cos(xy)} \cdot dx$；

（2） $y' = \dfrac{y(x\ln y - y)}{x(y\ln x - x)}$，$dy = \dfrac{y(x\ln y - y)}{x(y\ln x - x)} \cdot dx$.

6. $a = \dfrac{1}{2}$，$b = 1$，$c = 1$.

习题 3.1

1. （1）D；（2）C.

2. 略.　　3. 略.

4. 有分别位于区间 $(1,2)$，$(2,3)$ 及 $(3,4)$ 内的三个根.

5. 略.

习题 3.2

1. 略.　　2. 略.

3.（1）$\dfrac{a}{b}$;　　（2）$-\dfrac{3}{5}$;　　（3）$\cos a$;　　（4）2;　　（5）$-\dfrac{1}{8}$;

（6）$\dfrac{m}{n}a^{m-n}$;　　（7）3;　　（8）0;　　（9）$+\infty$.

4.（1）0;　　（2）0;　　（3）$\dfrac{1}{2}$;　　（4）1;　　（5）1;　　（6）$\dfrac{1}{e}$.

习题 3.3

1. 略.

2.（1）单调减少;　　（2）单调增加;　　（3）单调增加.

3.（1）单调增区间为：$(-\infty,-1]$ 与 $[3,+\infty)$，单调减区间为：$[-1,3]$;

（2）单调增区间为：$[0,+\infty)$，单调减区间为：$(-\infty,0]$;

（3）单调增区间为：$\left[\dfrac{1}{2},+\infty\right)$，单调减区间为：$\left(0,\dfrac{1}{2}\right]$;

（4）单调增区间为：$\left[\dfrac{1}{2},+\infty\right)$，单调减区间为：$\left(-\infty,\dfrac{1}{2}\right]$;

（5）单调增区间为：$(-\infty,0]$，单调减区间为：$[0,+\infty)$;

（6）单调增区间为：$\left(-\infty,\dfrac{3}{4}\right)$，单调减区间为：$\left[\dfrac{3}{4},1\right]$;

（7）单调增区间为：$\left[\dfrac{\pi}{3},\dfrac{5\pi}{3}\right]$，单调减区间为：$\left[0,\dfrac{\pi}{3}\right]$ 与 $\left[\dfrac{5\pi}{3},2\pi\right]$;

（8）单调增区间为：$(-\infty,+\infty)$.

4. 略.

习题 3.4

1. 略.

2. 略.

3.（1）极小值 $f(1)=2$;（2）极大值 $f(0)=0$，极小值 $f(1)=-1$;

（3）极小值 $f(0)=0$;（4）无极值;（5）极小值 $f\left(-\dfrac{1}{2}\ln 2\right)=2\sqrt{2}$;

（6）极大值 $f\left(\dfrac{3}{4}\right)=\dfrac{5}{4}$.

4.（1）当 $x=-2$ 及 $x=2$ 时，函数有最大值13；当 $x=1$ 及 $x=-1$ 时，函数有最小值4.

（2）当 $x=\dfrac{\pi}{4}$ 时，函数有最大值 -1；当 $x=-\dfrac{\pi}{4}$ 时，函数有最小值 -3.

（3）当 $x = \dfrac{3}{4}$ 时，函数有最大值 $\dfrac{5}{4}$；当 $x = -5$ 时，函数有最小值 $-5 + \sqrt{6}$.

（4）当 $x = 1$ 时，函数有最大值 $\dfrac{1}{2}$；当 $x = 0$ 时，函数有最小值 0.

5. 围成长为 $10\,\text{m}$，宽为 $5\,\text{m}$ 的长方形时，才能使小屋的面积最大.

6. $x = 2.5$ 个单位时获最大利润.

7. $V = \dfrac{1}{3}\pi r^2 h = \dfrac{1}{3}\pi r^2 h$，当炸药包埋深为 $h = \dfrac{\sqrt{3}}{3}R$ 时，爆破体积最大.

8. 当矩形截面的宽 $b = \dfrac{\sqrt{3}}{3}d$，而高 $h = \sqrt{\dfrac{2}{3}}d$ 时，才能使梁的抗弯截面模量最大.

9. 略.

习题 3.5

1.（1）边际函数：$y' = 2x\mathrm{e}^{-x} - x^2\mathrm{e}^{-x} = \mathrm{e}^{-x}(2x - x^2)$；

弹性函数：$\dfrac{Ey}{Ex} = y'\dfrac{x}{y} = \mathrm{e}^{-x}(2x - x^2) \cdot \dfrac{x}{x^2\mathrm{e}^{-x}} = 2 - x$.

（2）边际函数：$y' = \dfrac{x\mathrm{e}^x - \mathrm{e}^x}{x^2} = \dfrac{(x-1)\mathrm{e}^x}{x^2}$；

弹性函数：$\dfrac{Ey}{Ex} = y'\dfrac{x}{y} = \dfrac{(x-1)\mathrm{e}^x}{x^2} \cdot \dfrac{x}{\dfrac{\mathrm{e}^x}{x}} = x - 1$.

（3）边际函数：$y' = ax^{a-1}\mathrm{e}^{-b(x+c)} - bx^a\mathrm{e}^{-b(x+c)} = (a - bx)x^{a-1}\mathrm{e}^{-b(x+c)}$；

弹性函数：$\dfrac{Ey}{Ex} = y'\dfrac{x}{y} = (a - bx)x^{a-1}\mathrm{e}^{-b(x+c)} \cdot \dfrac{x}{x^a\mathrm{e}^{-b(x+c)}} = a - bx$.

2.（1）$R'(Q) = 104 - 0.8Q$.　　（2）$R'(50) = 104 - 0.8 \times 50 = 64$.

（3）$\dfrac{ER}{EQ} = R'\dfrac{Q}{R} = (104 - 0.8Q)\dfrac{Q}{104Q - 0.4Q^2} = \dfrac{104 - 0.8Q}{104 - 0.4Q}$，

$$\left.\dfrac{ER}{EQ}\right|_{Q=100} = \dfrac{104 - 0.8 \times 100}{104 - 0.4 \times 100} = \dfrac{24}{64} = \dfrac{3}{8} = 0.375.$$

3.（1）$C'(x) = 7 + 50 \cdot \dfrac{1}{2\sqrt{x}} = 7 + \dfrac{25}{\sqrt{x}}$，$C'(100) = 7 + \dfrac{25}{\sqrt{100}} = 9.5$（元）.

（2）$\bar{C}(x) = \dfrac{C(x)}{x} = \dfrac{1\,000}{x} + 7 + 50\dfrac{\sqrt{x}}{x} = 7 + \dfrac{50}{\sqrt{x}} + \dfrac{1\,000}{x}$.

$$\bar{C}(100) = 7 + \dfrac{50}{\sqrt{100}} + \dfrac{1\,000}{100} = 22 \text{（元）}.$$

4.（1）总收益函数为 $R(Q) = PQ = \left(10 - \dfrac{Q}{5}\right)Q = 10Q - \dfrac{Q^2}{5}$；

平均收益函数为 $\bar{R}(Q) = \dfrac{R(Q)}{Q} = P = 10 - \dfrac{Q}{5}$；

边际收益函数为 $R'(Q) = 10 - \dfrac{2Q}{5}$.

（2） $R(20) = 10 \times 20 - \dfrac{20^2}{5} = 120$;

$$\overline{R}(20) = 10 - \dfrac{20}{5} = 6 ; \quad R'(Q) = 10 - \dfrac{2 \times 20}{5} = 2 .$$

5. 利润函数 $L(Q) = R - C = 40Q - (100 + 12Q + Q^2) = -Q^2 + 28Q - 100$;
若边际利润 $L'(Q) = 28 - 2Q = 0$ ，则每周产量 $Q = 14$ （百件）.

6. 边际需求量 $Q' = f'(P) = -\dfrac{1\,000 \times 2}{(2P+1)^3} = -\dfrac{2\,000}{(2P+1)^3}$,

当 $P = 10$ （元）时，巧克力糖的边际需求量为

$$Q'\big|_{P=10} = f'(10) = -\dfrac{2\,000}{(2 \times 10 + 1)^3} = -0.216 \text{（kg）.}$$

经济意义：当价格为10元时，价格再上涨（下降）1元，巧克力糖每周的需求量将减少（增加）0.216 kg.

7. （1）需求弹性： $\eta(P) = -\dfrac{P}{Q} \dfrac{\mathrm{d}Q}{\mathrm{d}P} = -\dfrac{P}{a-bP} \cdot (-b) = \dfrac{bP}{a-bP}$.

（2）若 $\eta(P) = 1$ ，即 $\dfrac{bP}{a-bP} = 1$ ，此时价格 $P = \dfrac{a}{2b}$.

8. （1）需求弹性函数 $\eta(P) = -\dfrac{P}{Q} \dfrac{\mathrm{d}Q}{\mathrm{d}P} = -\dfrac{P}{\mathrm{e}^{-\frac{P}{5}}} \left(-\dfrac{1}{5} \mathrm{e}^{-\frac{P}{5}} \right) = \dfrac{P}{5}$.

（2） $\eta(3) = \dfrac{3}{5} = 0.6 < 1$ ，说明需求变动的幅度小于价格变动的幅度，

即当 $P = 3$ 时，价格上涨1%，需求只减少 0.6% ;

$\eta(4) = \dfrac{5}{5} = 1$ ，说明当 $P = 5$ 时，需求与价格变动的幅度相同；

$\eta(6) = \dfrac{6}{5} = 1.2 > 1$ ，说明需求变动的幅度大于价格变动的幅度，

即当 $P = 6$ 时，价格上涨1%，需求则减少 1.2% .

9. 需求弹性 $\eta(P) = -\dfrac{P}{Q} \dfrac{\mathrm{d}Q}{\mathrm{d}P} = -\dfrac{P}{100-5P} \cdot (-5) = \dfrac{5P}{100-5P}$,

显然 $Q = 100 - 5P > 0$ ，即 $P < 20$.

若 $\eta(P) = \dfrac{5P}{100-5P} > 1$ ，则商品价格的取值范围为 $10 < P < 10$;

若 $\eta(P) = \dfrac{5P}{100-5P} = 1$ ，则商品价格的取值应为 $P = 10$.

10. （1） $\eta(P) = -\dfrac{P}{Q} \dfrac{\mathrm{d}Q}{\mathrm{d}P} = -\dfrac{P}{12 - \dfrac{P}{2}} \cdot \left(-\dfrac{1}{2} \right) = \dfrac{P}{24 - P}$.

（2）$\eta(6) = \dfrac{6}{24-6} = \dfrac{1}{3} = 0.333$.

（说明价格 $P = 6$ 时，价格上涨 1% ，需求则减少 0.333% .）

（3）总收益函数为 $R(Q) = PQ = \left(12 - \dfrac{Q}{2}\right)Q = 12Q - \dfrac{Q^2}{2}$ ，

总收益弹性函数为 $\dfrac{ER}{EQ} = R' \dfrac{Q}{R} = (12 - Q) \dfrac{Q}{12Q - \dfrac{Q^2}{2}} = \dfrac{24 - 2Q}{24 - Q}$ ，

$$\left. \dfrac{ER}{EQ} \right|_{P=6} = \left. \dfrac{24-2Q}{24-Q} \right|_{P=6} = \dfrac{24 - 2\times 6}{24-6} = \dfrac{2}{3} = 0.667 ,$$

说明价格上涨 1% ，总收益增加 0.667% .

11. 供给弹性函数为 $E_P = \dfrac{\mathrm{d}Q}{\mathrm{d}P} \times \dfrac{P}{Q} = 5 \times \dfrac{P}{4+5P} = \dfrac{5P}{4+5P}$ ；

当 $P = 2$ 时，供给弹性为 $\left. E_P \right|_{P=2} = \dfrac{5 \times 2}{4 + 5 \times 2} = \dfrac{5}{7} = 0.714$.

（说明价格 $P = 2$ 时，价格上涨 1% ，供给则增加 0.714% .）

12. 已知收益函数为 $R = PQ$ ，其中 $Q = Q(P)$ ，$P = Q^{-1}(Q)$ ，那么

收益对需求量的边际收益为 $\dfrac{\mathrm{d}R}{\mathrm{d}Q} = \dfrac{Q}{Q'} + P$ ，

收益对价格的边际收益为 $\dfrac{\mathrm{d}R}{\mathrm{d}P} = Q + PQ'$ ，

需求对价格的弹性为 $\eta(P) = -\dfrac{P}{Q} \dfrac{\mathrm{d}Q}{\mathrm{d}P} = -\dfrac{P}{Q}Q'$ ，

依题意，当价格为 P_0 ，对应产量为 Q_0 ，$Q_0' = Q'(P_0)$ 时，有

$$\left. \dfrac{\mathrm{d}R}{\mathrm{d}Q} \right|_{Q=Q_0} = \dfrac{Q_0}{Q_0'} + P_0 = a , \quad \left. \dfrac{\mathrm{d}R}{\mathrm{d}P} \right|_{P=P_0} = Q_0 + P_0 Q_0' = c , \quad \eta(P_0) = -\dfrac{P_0}{Q_0}Q_0' = b ,$$

于是， $P_0 = \dfrac{ab}{b-1}$ ，$\quad Q_0 = \dfrac{c}{1-b}$.

习题 3.6

1～3. 略.

4.（1）$(0, +\infty)$ 为凹区间；无拐点.

（2）$(-\infty, 4)$ 为凸区间； $(4, +\infty)$ 为凹区间；拐点是 $(4, 0)$.

（3）$\left(-\infty, -\dfrac{1}{2}\right)$ 为凸区间； $\left(-\dfrac{1}{2}, +\infty\right)$ 为凹区间；拐点是 $\left(-\dfrac{1}{2}, 2\right)$.

（4）$(-\infty, 2)$ 为凸区间； $(2, +\infty)$ 为凹区间；拐点是 $\left(2, \dfrac{2}{\mathrm{e}^2}\right)$.

5.（1）$y = 3$ 为水平渐近线， $x = 0$ 为垂直渐近线；

（2）$y=0$ 和 $y=\pi$ 为水平渐近线；

（3）$y=0$ 为水平渐近线；

（4）$y=0$ 为水平渐近线，$x=-3$ 为垂直渐近线.

6. 略.

7. $a=-\dfrac{3}{2}$，$b=\dfrac{9}{2}$. 　　　　8. $a=0$，$b=-1$，$c=3$.

习题 3.7

1. 略.

2.（1）$K=\dfrac{3}{50}\sqrt{10}$；　　　（2）$K=2$；　　　（3）$K=2$；（4）$K=0$.

3.（1）$R=2\sqrt{2}$，$K=\dfrac{\sqrt{2}}{4}$；　　　（2）$R=\dfrac{5\sqrt{5}}{4}$，$K=\dfrac{4\sqrt{5}}{25}$.

4. $(1,1)$.　　　　　　　5. $\left(\dfrac{\sqrt{2}}{2},-\dfrac{1}{2}\ln 2\right)$；$R=\dfrac{3\sqrt{3}}{2}$.

复习题三

1.（1）$\dfrac{1}{2}$；　　　（2）$(-1,0)$ 与 $(0,1)$；　　　（3）$-1,x=1$.

（4）e^{-1}；　　　（5）$(-\infty,0]$；　　　（6）驻点，不可导的点，区间端点；

（7）$\left(\dfrac{1}{2},2\right)$；　　　（8）$-\dfrac{3}{2}$，$\dfrac{9}{2}$；　　　（9）$f(a)+f'(\xi)(b-a)$.

2.（1）D；（2）D；（3）C；（4）C；（5）A；（6）A；（7）A；（8）C.

3.（1）-2；（2）-1；（3）e；（4）$\dfrac{4}{\pi}$.

4. 函数 $f(x)$ 的单调增区间为 $\left(-\infty,\dfrac{1}{3}\right]$ 和 $[1,+\infty)$，单调减区间为 $\left[\dfrac{1}{3},1\right]$；极大值

$f(x)=\dfrac{1}{3}\sqrt[3]{4}$，极小值 $f(1)=0$.

5. 曲线在 $(-\infty,-1]$ 和 $[1,+\infty)$ 内是凸的，在 $[-1,1]$ 内是凹的.

6. $1:2$.

7. 当版心高 x 为 16 dm，宽为 8 dm 时，海报四周空白面积最小.

习题 4.1

1. 略.

2.（1）$-\dfrac{1}{x}+C$；　　　（2）$\dfrac{2}{7}x^{\frac{7}{2}}+C$；　　　（3）$\dfrac{(3\mathrm{e})^{x}}{1+\ln 3}+C$；

（4）$\dfrac{a^{x}\mathrm{e}^{x}}{1+\ln a}+C$；　　　（5）$\mathrm{e}^{x+3}+C$；　　　（6）$\dfrac{1}{6}x^{6}+3\mathrm{e}^{x}-\cot x-\dfrac{2^{x}}{\ln 2}+C$；

（7）$\dfrac{1}{12}x^3+3x-\dfrac{9}{x}+C$；　　　（8）$\dfrac{1}{2}(x+\sin x)+C$．

3．$f(x)=x^3+x+1$．　　　　4．$y=\ln|x|+2$．

习题 4.2

1．略．　2．略．

3．（1）$-\dfrac{1}{8}(3-2x)^4+C$；　（2）$-\dfrac{1}{2\ln 2}2^{-2x}+C$；　（3）$-\dfrac{1}{2}\ln|1-2x|+C$；

（4）$2\arctan\sqrt{x}+C$；　（5）$-\dfrac{1}{2(1+2x)}+C$；　（6）$-\dfrac{1}{2}(2-3x)^{\frac{2}{3}}+C$；

（7）$-\dfrac{1}{2\sin^2 x}+C$；　（8）$-2\sqrt{\cos x}+C$；　（9）$\dfrac{1}{2}(1+\ln x)^2+C$；

（10）$\arctan e^x+C$；　（11）$\ln|\ln x|+C$；　（12）$-\dfrac{1}{2}e^{-x^2}+C$；

（13）$\dfrac{1}{2}\sin(x^2)+C$；　（14）$-\dfrac{1}{3}(2-3x^2)^{\frac{1}{2}}+C$；　（15）$-\dfrac{3}{4}\ln|1-x^4|+C$；

（16）$\sin x-\dfrac{1}{3}\sin^3 x+C$．

习题 4.3

1．略．

2．（1）$-x\cos x+\sin x+C$；　　（2）$x\ln(1+x^2)-2x+2\arctan x+C$；

（3）$x^2e^x-2xe^x+2e^x+C$；　　（4）$x\arccos x-\sqrt{1-x^2}+C$；

（5）$\dfrac{x^2}{2}\arctan x-\dfrac{x}{2}+\dfrac{1}{2}\arctan x+C$；　（6）$\dfrac{1}{2}e^x(\sin x-\cos x)+C$．

习题 4.4

1．（1）$\dfrac{1}{3}x^3-\dfrac{3}{2}x^2+9x-27\ln|x+3|+C$；　（2）$3\ln|x-2|-2\ln|x-1|+C$；

（3）$\ln|x^2+3x-10|+C$；　　　（4）$\ln x-\dfrac{1}{2}\ln(x^2+1)+C$；

（5）$\dfrac{1}{4}\ln\left|\dfrac{2+\tan\dfrac{x}{2}}{2-\tan\dfrac{x}{2}}\right|+C$；　　（6）$\tan x-\sec x+C$．

2．（1）$\dfrac{1}{2}\ln\left|2x+\sqrt{4x^2-9}\right|+C$；　　（2）$\dfrac{1}{2}\arctan\dfrac{x+1}{2}+C$；

（3）$\ln[(x-2)+\sqrt{5-4x+x^2}]+C$；　（4）$\dfrac{x}{2}\sqrt{2x^2+9}+\dfrac{9\sqrt{2}}{4}\ln(\sqrt{2}x+\sqrt{2x^2+9})+C$；

（5）$\dfrac{x}{2}\sqrt{3x^2-2}-\dfrac{\sqrt{3}}{3}\ln\left|\sqrt{3}x+\sqrt{3x^2-2}\right|+C$；　（6）$\dfrac{e^{2x}}{5}(\sin x+2\cos x)+C$；

（7）$\left(\dfrac{x^2}{2}-1\right)\arcsin\dfrac{x}{2}+\dfrac{x}{4}\sqrt{4-x^2}+C$；　　　（8）$x\ln^3 x-3x\ln^2 x+6x\ln x-6x+C$.

复习题四

1.（1）$F(x)$，$f(x)$；（2）$ax+C$；（3）全体原函数；（4）$6e^{2x}$；（5）$\sin x+C$；

（6）$-\dfrac{1}{\sqrt{1-x^2}}$；（7）$\dfrac{2}{7}x^{\frac{7}{2}}+C$；（8）$e^{-x}(x^2+x+1)+C$.

2.（1）D；（2）B；（3）C；（4）B；（5）B.

3.（1）$\dfrac{1}{3}x^3+x^2+4x+C$；　　（2）$\ln|x|-\dfrac{2^x}{\ln 2}+5\sin x+C$；　　（3）$2\sin\sqrt{x}+C$；

（4）$\ln|x^2-3x+8|+C$；　　　（5）$\dfrac{3}{8}(x^4+1)^{\frac{2}{3}}+C$；　　　（6）$\dfrac{1}{2}x-\dfrac{1}{4}\sin 2x+C$；

（7）$x(\ln x)^2-2x\ln x+2x+C$；（8）$\dfrac{1}{2}\ln\left|\dfrac{x-1}{x+1}\right|+C$.

4.$y=x^3$.

5.略.

习题 5.1

1.（1）$\displaystyle\int_1^3(x^2+1)\mathrm{d}x$；（2）3；$-3$；$[-3,3]$；（3）0.　　　2.30.

3.（a）$\displaystyle\int_1^3\dfrac{1}{x}\mathrm{d}x$；　　　　　　（b）$\displaystyle\int_{-1}^3[(2x+3)-x^2\mathrm{d}x]$；

（c）$\displaystyle\int_a^b(f(x)-g(x))\mathrm{d}x$；　　　（d）$\displaystyle\int_{-1}^1(\sqrt{2-x^2}-x^2)\mathrm{d}x$.

4.（1）正；（2）负；（3）负.　　　5.略.　　　6.（1）$>$；（2）$<$.　　　7.（1）3；（2）18.

8.略.

习题 5.2

1.（1）$2(\sqrt{3}-1)$；　　（2）1；　　　（3）$\dfrac{\pi}{2}+1$；　　（4）$\dfrac{\pi}{4}+1$；

（5）$\ln 2-\ln(e+1)$；　　（6）$\dfrac{\pi}{3}$；　　　（7）$-\dfrac{1}{3}$.

2.（1）$\dfrac{76}{3}$；　　　　　　（2）0.

习题 5.3

（1）$\dfrac{\pi}{4}$；　　（2）$\dfrac{3}{2}$；　　（3）$\dfrac{\pi}{2}$；　　　（4）$\dfrac{2}{3}(2+\ln 3)$；　　（5）$\dfrac{1}{2}$；

（6）0　　　（7）$\dfrac{\pi}{2}-1$；　　（8）$\dfrac{1}{2}\left(e^{\frac{\pi}{2}}+1\right)$　　（9）$4-2\ln 3$；　　（10）$2a^2$；

(11) $-\dfrac{2}{3}$；　(12) 1；　　(13) 0；　　　　(14) 0.

习题 5.4

1.（1）$\dfrac{1}{2}+\ln 2$；（2）$\pi+\dfrac{2}{3}$；（3）$e+e^{-1}-2$；（4）$b-a$.

2. -2 和 4.　　3. πa^2.　　　　4. $\dfrac{128\pi}{7}$；$\dfrac{64\pi}{5}$.

5. 1 000.　　　　6. 50，100.　　　　7. 260，8.　　　8. 40.　　　9. 1.25 J.

10. $\pi g\rho R^3$.　　　11. $1.37\times10^9(J)$.　　　12. $8.23\times10^5(N)$.

习题 5.5

1.（1）$+\infty$；（2）$+\infty$；（3）2；（4）-1；（5）$\dfrac{\pi}{2}$；（6）$+\infty$；（7）$+\infty$；（8）$+\infty$.

2.（1）$p>1$，收敛；$p<1$，发散；（2）$q<1$，收敛；$q>1$ 发散.

复习题五

1.（1）$\dfrac{26}{3}$；　　　　（2）$\dfrac{\pi}{4}$；　　　　　　（3）$\dfrac{(e-1)^5}{5}$；

（4）0；　　　　　　（5）$\dfrac{\pi}{4}-\dfrac{1}{2}$；　　　　（6）$2\ln 2-\dfrac{3}{4}$.

2.（1）6；　　　　（2）$\dfrac{1}{1-k}\cdot\dfrac{1}{(b-a)^{k-1}}$；　　　（3）$\pi$.

3. $\dfrac{1}{3}$.

4. $\dfrac{9}{2}$.

5. 4.

6. $\dfrac{512\pi}{15}$.